TRAINING Grundwissen
MATHEMATIK

Alfred Müller

Mathematik 5. Klasse

Aufgaben mit Lösungen

STARK

Bildnachweis
Umschlag: © 2004, Rolf van Melis
S. 5: © Christian Lekebusch; S. 8, 45: David Fuchs, Berlin; S. 21: © Universität Greifswald, Rechentechnische Sammlung; S. 48: © www.wettershop.de; S. 49: © Bayerisches Landesvermessungsamt; S. 49: © ESA/CNES/Arianespace – Photo CEF; S. 53: © www.freeimages.co.uk; S. 63: © Westfälisches Landesmuseum Detmold. Landesmuseum für Volkskunde, Fotograf: A. Krukemeyer, Holzminden; S. 69: © Bjoern Beyer, www.top-wetter.de; S. 69: © Andreas Busslinger; Sporttag der Oberstufe Hünenberg, Schweiz; S. 72: © Chor der Humboldt Universität; http://www.hu-berlin.de/ hochschulchor; S. 72: © Helmut Pangerl, Bietigheimer Zeitung, Kronenbergstraße 10, 74321 Bietigheim-Bissingen; S. 74: © Angela Schumann; S. 76: © Rita Dehla-Bonte; S. 77: © Bayerisches Landesvermessungsamt (Landkarte); S. 79: © Ziegelwerk Klosterbeuren, www.zwk.de; S. 81: © Verkehrsamt der Stadt Köln – Skylife; S. 90: © MVV, München; S. 100: © Space Imaging (Pentagon); S. 116: © Dr. Barbara Pöhlmann; S. 118: © Gabriele Kantel; S. 120: © www.carb.de; S. 126: © Klaus Hübner; S. 129: © www.freeimages.co.uk; S. 137: © Dr. Oppermann; S. 138: © www.bowling-center.ch; S. 143: © Christoph Deiters
Redaktion: S. 1, 28, 44, 46, 65, 66, 67, 78, 89, 98, 100, 104, 109, 115, 128, 130, 131, 134, 142

ISBN: 978-3-89449-216-8

D-85318 Freising · Postfach 1852 · Tel. (08161) 1790
Auflage 2007

Inhalt

Fortsetzung siehe nächste Seite

Autor: Alfred Müller

Vorwort an die Schüler

Liebe Schülerin, lieber Schüler,

du hast jetzt den Übertritt ans Gymnasium geschafft, wozu ich dir ganz herzlich gratuliere. Ich wünsche dir auch weiterhin viel Erfolg in der Schule. Gerade die erste Zeit am Gymnasium ist oft schwierig. Damit du gleich von Anfang an gut mitkommst, empfehle ich, dieses Buch parallel zum Unterricht zu benutzen. Es ist exakt auf den neuen Lehrplan des G 8 abgestimmt.

Der Mathematikstoff der 5. Klasse knüpft an den Unterricht der 4. Jahrgangsstufe an. Die bisher erworbenen Kenntnisse werden nun gefestigt und erweitert. Du wirst jedoch bald merken, dass der Unterricht um einiges schwieriger geworden ist, als er in der Grundschule war. Es wird im Unterrichtsstoff schneller vorangegangen und es treten viel mehr Fachbegriffe auf. Wenn du etwas nicht sofort verstanden haben solltest, so brauchst du nicht gleich zu verzweifeln. Dieses Buch hilft dir, den Lernstoff daheim noch einmal selbst durchzuarbeiten und dich gut auf Schulaufgaben vorzubereiten.

Das Buch ist folgendermaßen aufgebaut:

- Die **wichtigen Inhalte** aus dem Unterricht werden kurz aufgegriffen und an **Beispielen** verdeutlicht.
- Zu jedem Kapitel findest du eine große Anzahl von **Übungsaufgaben**.
- Anhand von 30 ausgesuchten **Probeschulaufgaben** kannst du den gesamten Lernstoff noch einmal üben.
- Am Ende des Buches gibt es einen **ausführlichen Lösungsteil**. Hier kannst du nachschauen, ob du richtig gerechnet hast.

Ich wünsche dir viel Erfolg und Freude mit diesem Buch.

Alfred Müller

Vorwort an die Eltern

Liebe Eltern,

Ihr Kind kommt nun in eine Jahrgangsstufe, bei der die Reformen des bayerischen Kultusministeriums voll in Kraft treten. Die rasante Einführung des achtstufigen Gymnasiums (G 8) erforderte eine erneute Änderung des Lehrplans für die 5. Klassen. Dieses Buch ist exakt auf den neuen Lehrplan des G 8 zugeschnitten. Am deutlichsten sind die Reformen in der größeren Menge an Unterrichtstoff spürbar. Zu dem alten Lehrstoff ist das **Rechnen mit negativen Zahlen neu hinzugekommen**.

Dieses Buch hilft Ihrem Kind, die neuen Herausforderungen zu meistern. Es ersetzt nicht den Unterricht, sondern ergänzt ihn auf vielfältige Art.

- Sie können Ihr Kind das Buch zur **Wiederholung** und **Festigung** benutzen lassen, da das gesamte **Grundwissen** in kurzer Form dargestellt ist und durch treffende Beispiele erläutert wird.
- Sie können es aber auch gezielt dort einsetzen, wo Ihr Kind **Lücken** hat, indem Sie spezielle Kapitel auswählen, diese wiederholen und die dazugehörigen Aufgaben rechnen lassen.
- Sie können es aber auch nutzen, um Ihr Kind auf **Schulaufgaben** vorzubereiten. Denn neben dem Unterrichtsstoff finden Sie insgesamt 30 Beispiele für Schulaufgaben in diesem Buch.

Beachten Sie beim Einsatz des Buches **folgende Vorgehensweise**:

- Lassen Sie Ihr Kind erst dann den Lösungsteil aufschlagen, wenn es die Aufgabe vollständig gelöst hat.
- Falls das nicht sofort gelingt, kann man oftmals durch das Nachvollziehen der Beispiele vergleichbare Aufgaben lösen.
- Erscheint die Aufgabe dennoch im Moment zu schwierig, sollte Ihr Kind die Aufgabe markieren und den Lösungsvorschlag des Lösungsteils durcharbeiten. Achten Sie unbedingt darauf, dass Ihr Kind die markierte Aufgabe später nochmals selbstständig löst.

Ich wünsche Ihrem Kind viel Freude bei der Arbeit mit dem Buch und anhaltenden Erfolg in der Schule.

Alfred Müller

Weiterentwicklung der Zahlvorstellung

Wie viele sind's wohl?

1 Aufbau und Erweiterung des Zehnersystems und andere Zahlsysteme

1.1 Dezimalsystem (Zehnersystem)

Schreibt man eine Zahl durch eine Abfolge von Ziffern, so spricht man von einem **Stellenwertsystem**, wenn der Wert einer Ziffer innerhalb der Zahl von der Stelle (Stufe) abhängt, an der sie steht. Dieser Wert wird durch die zugehörige **Stufenzahl** bestimmt. Sie gibt an, wie viele Einheiten einer Stufe zusammengefasst werden, damit man zur nächsten kommt.

> Die Stufenzahlen des **Zehnersystems** sind 1, 10, 100, 1 000, … weil man jeweils 10 Einheiten einer Stufe zusammenfasst und damit zur nächsten Stufe kommt. Jede Zahl lässt sich mit den **zehn Ziffern 0, 1, 2, …, 9** schreiben.

Beispiele

(in tabellarischer Anordnung)

	Billiarden			Billionen			Milliarden			Millionen			Tausender						
	Hunderter	Zehner	Einer	Hunderter	Zehner	Einer	Hunderter	Zehner	Einer	Hunderter	Zehner	Einer	Hunderter	Zehner	Einer	Hunderter	Zehner	Einer	
	…	…	Bd	HB	ZB	B	HMd	ZMd	Md	HM	ZM	M	HT	ZT	T	H	Z	E	Abkürzungen der Stufen
	…	…	16.	15.	14.	13.	12.	11.	10.	9.	8.	7.	6.	5.	4.	3.	2.	1.	Stelle
1B 4M 5HT 6Z						1	0	0	0	0	0	4	5	0	0	0	6	0	
											5	3	0	1	0	0	1	1	5ZM 3M 1ZT 1Z 1E
6Md 6M 6T 6E									6	0	0	6	0	0	6	0	0	6	
					4	0	0	1	0	0	0	1	5	0	0	0	0	3	4ZB 1ZMd 1M 5HT 3E

Aufgaben

1. Schreibe mit Ziffern:
   a) 5 ZB 1 Md 6 HM 3 T 4 Z =
   b) 1 HMd 1 ZMd 1 M 1 HT 1 ZT 1 E =
   c) acht Billionen vierhundertvier =
   d) eine Milliarde fünf Millionen dreitausendeins =
   e) elftausendelfhundertelf =

2. Zerlege in Stufen:

a) 10 040 031 =

b) 10 203 040 506 =

c) 1 234 567 890 =

3. Es gibt noch eine Reihe anderer Stellenwertsysteme. Die Stufenzahlen des Zweiersystems (Dualsystems) sind beispielsweise 1, 2, 4, 8, 16, 32, 64, … Man benötigt zur Darstellung einer Zahl im Zweiersystem nur die Ziffern 0 und 1, z. B. gilt:
$37 = 1 \cdot 32 + 0 \cdot 16 + 0 \cdot 8 + 1 \cdot 4 + 0 \cdot 2 + 1 \cdot 1 = (100\,101)_2$ bzw.
$(11\,011)_2 = 1 \cdot 16 + 1 \cdot 8 + 1 \cdot 2 + 1 \cdot 1 = 27.$

Jede Zahl $\neq 1$ lässt sich als Ausgangszahl eines Stellenwertsystems wählen. Man benötigt so viele Zahlzeichen (Ziffern), wie die Ausgangszahl angibt. Schreibe im

a) Zweiersystem: 86 =

b) Zehnersystem: $(110\,001)_2 =$

c) Dreiersystem: 100 =

d) Zehnersystem: $(120\,210)_3 =$

e) Fünfersystem: 716 =

f) Zehnersystem: $(12\,340)_5 =$

g) Zwölfersystem: 1 000 =

h) Zehnersystem: $(ZE9)_{12} =$

(Hinweis: Ziffer Z für zehn; Ziffer E für elf)

1.2 Römisches Zahlensystem

Das römische Zahlensystem ist **kein** Stellenwertsystem. Die Zahlen werden durch Aneinanderreihen der sieben Ziffern **I**(= 1), **V**(= 5), **X**(= 10), **L**(= 50), **C**(= 100), **D**(= 500) und **M**(= 1 000) gebildet.

Regeln für das Schreiben von römischen Zahlen:

> Nur von den Ziffern I, X, C und M dürfen bis zu drei gleiche hintereinander stehen. Ihre Werte werden dann zusammengezählt.

Beispiele

1. **III** = I + I + I = **3**
2. **CC** = C + C = 100 + 100 = **200**
3. Eine Schreibweise VV ist **nicht** möglich.

> Steht eine niedrigere Einheit **hinter** einer höheren, so werden die Werte zusammengezählt.

Beispiele

1. **VI** = V + I = 5 + 1 = **6**
2. **CXXI** = C + X + X + I = 100 + 10 + 10 + 1 = **121**
3. **MDCCLXXXVI** =
   = 1 000 + 500 + 100 + 100 + 50 + 10 + 10 + 10 + 5 + 1 = **1 786**

> Steht eine niedrigere Einheit **vor** einer höheren, so wird der Wert der kleineren Einheit vom Wert der größeren abgezogen. Vor einem Zahlzeichen darf nur eines mit einem kleineren Wert stehen, und zwar sind nur C vor M oder D und X vor C oder L und I vor X oder V erlaubt. Die Zeichen V, L, D werden nicht vorangestellt.

Beispiele

1. **IV** = V − I = **4**
2. **XC** = C − X = **90**
3. **CMXCIX** = M − C + C − X + X − I = **999**

Weitere Beispiele:

4. MMMCLXVIII = 3 168
5. MMCMXLIV = 2 944
6. 1 416 = MCDXVI

7. 888 = DCCCLXXXVIII
8. Größere Zahlen als Tausender sind bei den Römern selten aufgetreten. Für größere Zahlen verwendete man die Formulierung in Worten oder die gleichen, aber **mit Strichen** versehenen, Ziffern:

$\overline{X}$ = 10 000; $\overline{C}$ = 100 000; $\overline{D}$ = 500 000; $|\overline{X}|$ = 1 000 000

Aufgaben

4. Schreibe mit römischen Ziffern:

a) 98 =
b) 1 544 =
c) 3 333 =
d) 1 905 =

5. Übertrage ins Zehnersystem:

a) MXXXVI =
b) CMXL =
c) MCDLXIV =
d) MCMXIV =
e) MDCCXCII =
f) MMCCXCIV =
g) MMMDXLVIII =
h) MMI =

6. a) Gib jeweils die kleinste und die größte Zahl an, die man mit den Ziffern D, C, L, X, V, I schreiben kann, wobei jede Ziffer mindestens einmal auftreten muss.

b) Die Stadt, die heute New York heißt, wurde ursprünglich von Holländern gegründet und New Amsterdam genannt. Wann fand die Stadtgründung statt?

2 Die Menge der natürlichen Zahlen und andere Zahlenmengen

2.1 Natürliche Zahlen und Zahlenfolgen

Mithilfe der natürlichen Zahlen 1, 2, 3, 4, … können Dinge oder Personen in eine Reihenfolge gebracht werden. Die natürlichen Zahlen können am **Zahlenstrahl** dargestellt werden.

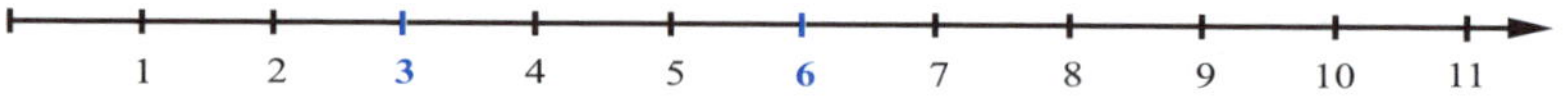

Dort gilt:

> Von zwei verschiedenen Zahlen ist diejenige **die kleinere**, deren Bildpunkt auf dem Zahlenstrahl **weiter links** liegt.

Beispiel

Der Bildpunkt der Zahl 3 kommt vor dem Bildpunkt der Zahl 6 oder der Bildpunkt der Zahl 3 liegt links vom Bildpunkt der Zahl 6. Man schreibt:

$3 < 6$ (3 kleiner als 6) oder $6 > 3$ (6 größer als 3)

> Eine Reihenfolge von Zahlen heißt eine **Zahlenfolge**. In einer Zahlenfolge hat nur die erste Zahl keinen **Vorgänger** und die letzte Zahl, falls es eine gibt, keinen **Nachfolger**.

Beispiele

1. $3 < 8 < 21 < 412$ steigende Ungleichungskette als Zahlenfolge
2. $809 > 212 > 211 > 61 > 2$ fallende Ungleichungskette als Zahlenfolge
3. 2, 4, 6, 8, … Folge der geraden Zahlen
4. 1, 3, 5, 7, … Folge der ungeraden Zahlen
5. 3, 6, 9, 12, 15, … Folge der Dreierzahlen
6. 3, 7, 11, 15, … Die Zahlenfolge beginnt mit der Zahl 3. Es wird jeweils vier dazugezählt.

7. 5, 11, 17, …, 59	Die Zahlenfolge beginnt mit der Zahl 5. Es wird jeweils sechs dazugezählt. Die Zahlenfolge endet mit der Zahl 59.
8. 1, 2, 4, 7, …	Die Zahlenfolge beginnt mit der Zahl 1. Es wird zuerst 1, dann zwei, dann drei usw. dazugezählt.
9. 5, 11, 18, 26, …	Die Zahlenfolge beginnt mit der Zahl 5. Es wird zuerst sechs, dann sieben, dann acht usw. dazugezählt.
10. 45, 35, 25, …, 5	Die Zahlenfolge beginnt mit der Zahl 45. Es wird jeweils zehn abgezogen. Die Zahlenfolge endet mit der Zahl 5. Die Zahl 5 besitzt demnach keinen Nachfolger.

Aufgaben

7. a) Bilde alle dreistelligen Zahlen, die man mit den Ziffern 1, 2, 3 bilden kann, wobei jede Ziffer auch mehrmals auftreten darf. Ordne die Zahlen der Größe nach.

b) Bilde alle dreistelligen Zahlen, die man mit den Ziffern 2, 4, 6 bilden kann, wobei jede Zahl höchstens einmal auftreten darf. Ordne diese Zahlen in einer fallenden Ungleichungskette.

c) Schreibe alle vierstelligen Zahlen mit verschiedenen Ziffern auf, wobei die vier Ziffern unmittelbar aufeinander folgende und der Größe nach geordnete Zahlen in steigender (z. B. 1234) und in fallender (z. B. 9876) Anordnung sind.

d) Ordne der Größe nach:
30 303, 33 033, 30 033, 33 003, 33 303, 33 333, 30 003, 30 300, 30 333, 33 300

8. Bestimme jeweils Vorgänger V und Nachfolger N der folgenden Zahlen:

a) 20 100 099
b) 36 411 019
c) 11 101 000
d) 55 003 999

9. Gib jeweils die nächsten drei Folgenglieder an:

a) 1, 4, 7, 10, …
b) 2, 3, 5, 8, 12, …
c) 10, 11, 20, 21, …
d) 1, 2, 4, 8, 16, 32, …
e) 1, 4, 9, 16, 25, …

10. Setze die Zahlenfolgen vorwärts und rückwärts jeweils um zwei Zahlen fort:

a) …, 21, 24, 27, 30, …

b) …, 25, 35, 46, 58, …

c) …, 9, 18, 17, 34, 33, 66, …

11. Schreibe die ersten sechs Folgeglieder der Zahlenfolgen auf:

a) Die Folge beginnt mit der Zahl 1. Jede Zahl ist um drei größer als der Vorgänger.

b) Die Folge beginnt mit der Zahl 10. Jede Zahl ist das um eins verminderte Doppelte des Vorgängers.

c) Die Folge beginnt mit der Zahl 1. Die weiteren Folgenglieder entstehen dadurch, dass nacheinander die natürlichen Zahlen addiert werden.

12. a) Gehört die Zahl 100 zur Zahlenfolge 6, 12, 20, 30, …?

b) Wie heißt das 30. Glied der Zahlenfolge 1, 0, 1, 0, 1, …?

c) Ein Kaninchenpaar bekommt im Alter von zwei Monaten als Nachwuchs ein weiteres Kaninchenpaar und von da an jeden Monat ein neues Paar. Ebenso erfolgt die Vermehrung bei den jungen Paaren.
Gib die Anzahl der Kaninchenpaare im 1., 2., …, 10. Monat an.

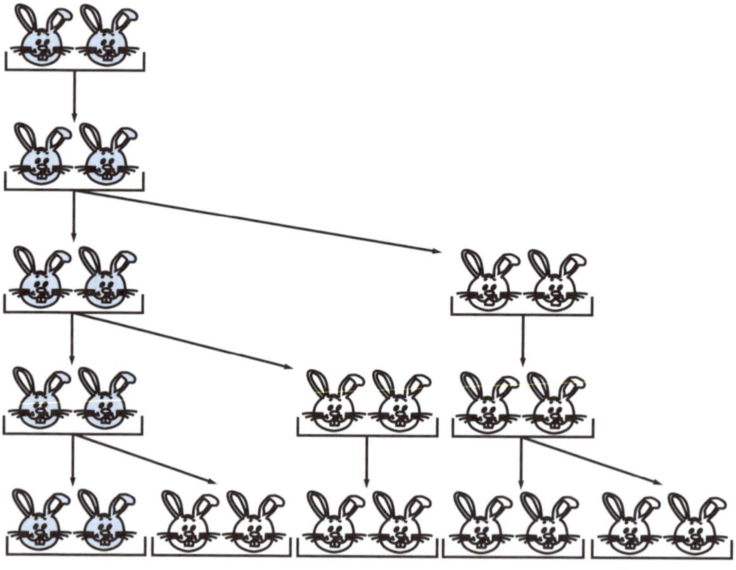

Hinweis:
Die so entstehende Zahlenfolge heißt Fibonacci-Folge, benannt nach dem italienischen Mathematiker Leonardo von Pisa (1175–1250), der Fibonacci genannt wurde.

2.2 Mengen

Zahlen oder andere (unterscheidbare) Dinge werden in der Mathematik zu einer **Menge** zusammengefasst. Die Zahlen oder Dinge heißen **Elemente** der Menge.

Für die Bezeichnung von Mengen verwendet man große Buchstaben und die Klammerschreibweise: M = {1, 2, 3, 4}
lies: „M ist die Menge mit den Elementen 1, 2, 3, 4.“

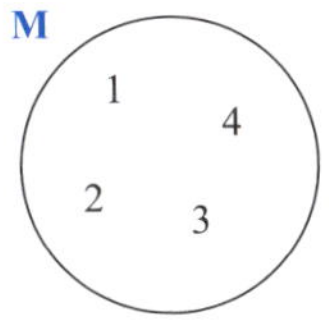

Darstellung im Mengendiagramm:
1 ∈ M; lies: „1 ist Element der Menge M.“
5 ∉ M; lies: „5 ist nicht Element der Menge M.“

Beispiele

1. Die Menge der natürlichen Zahlen bezeichnet man mit $\mathbb{N}$:
   $\mathbb{N} = \{1, 2, 3, 4, \dots\}$
   Anmerkung:
   In der Menge $\mathbb{N}$ der natürlichen Zahlen gibt es **kein** größtes Element. Wenn man annimmt, dass es eine größte natürliche Zahl gibt, braucht man nur um 1 weiterzuzählen, um eine größere Zahl zu erhalten, d. h. die Menge $\mathbb{N}$ der natürlichen Zahlen besitzt **unendlich** viele Elemente.
2. Die Menge der natürlichen Zahlen mit Null bezeichnet man mit $\mathbb{N}_0$:
   $\mathbb{N}_0 = \{0, 1, 2, 3, \dots\}$
3. In der Mathematik braucht man auch eine Menge, die **kein** Element besitzt. Diese Menge heißt die **leere Menge { }** (andere Schreibweise: $\varnothing$).

Fasst man die Vielfachen einer Zahl zu einer Menge zusammen, so nennt man diese Menge die **Vielfachenmenge** der Zahl.

Beispiele

1. $V_3 = \{3, 6, 9, 12, \dots\}$: Vielfachenmenge der Zahl 3
2. $V_7 = \{7, 14, 21, \dots\}$: Vielfachenmenge der Zahl 7

Fasst man die Teiler einer Zahl zu einer Menge zusammen, so nennt man diese Menge die **Teilermenge** dieser Zahl.

Beispiele

1. $\mathbf{T_{12}} = \{1, 2, 3, 4, 6, 12\}$: Teilermenge der Zahl 12
2. $\mathbf{T_{16}} = \{1, 2, 4, 8, 16\}$: Teilermenge der Zahl 16

Die Mengenschreibweise wird z. B. bei Gleichungen und Ungleichungen benötigt. Auf diese sowie auf Mengenverknüpfungen wird im Folgenden kurz eingegangen. Du brauchst dies aber nur dann durchzuarbeiten, wenn es auch im Unterricht besprochen wurde. Das gilt auch für Gleichungen, die später folgen.

2.3 Gleichungen und Ungleichungen

- Kann man von einem Satz sagen, dass sein Inhalt entweder wahr **(w)** oder falsch **(f)** ist, so heißt dieser Satz **Aussage**.
- Aussagen, die ein **Gleichheitszeichen** enthalten (z. B. $4+3=7$), heißen **Gleichungen**. Aussagen, die ein **Ungleichheitszeichen** enthalten (z. B. $8-3<6$), heißen **Ungleichungen**.
- Enthält ein Satz (mindestens) eine **Leerstelle (Platzhalter, Variable)**, so wird daraus erst dann eine Aussage, wenn man in die Leerstelle Elemente aus einer passenden **Grundmenge G** einsetzt. Als Platzhalter verwendet man auch kleine Buchstaben wie x, y usw.
- Diejenigen Elemente aus der Grundmenge G, die beim Einsetzen in die Leerstelle den Satz zu einer wahren Aussage machen, d. h. die Gleichung oder Ungleichung erfüllen, bilden die **Lösungsmenge L**.

Beispiele

Bestimme jeweils die Lösungsmenge L aus der zugehörigen Grundmenge G, d. h. diejenigen Zahlen aus G, die eine wahre Aussage liefern:

1. … ist eine dreistellige Zahl. $G = \mathbb{N}$

   Lösung:

   Da die Zahlen von 100 bis 999 beim Einsetzen in … eine wahre Aussage liefern, gilt:

   $\mathbf{L = \{100, 101, \ldots, 999\}}$

2. $\square : 2 = 11$; $G = V_2$

   Lösung:
   Nur die Zahl 22 liefert beim Einsetzen für $\square$ eine wahre Aussage, d. h. es gilt:
   $L = \{22\}$

3. $5 \leq x < 8$; $G = \mathbb{N}$
   $L = \{5, 6, 7\}$

4. $6 < y < 8$; $G = V_{10}$
   $L = \{\ \}$, weil keine Zehnerzahl die Ungleichung erfüllt.

5. $z \leq 4$; $G = \mathbb{N}_0$
   $L = \{0, 1, 2, 3, 4\}$

6. $8 \leq x < 12$; $G_1 = \mathbb{N}$; $G_2 = V_2$; $G_3 = V_6$
   $L_1 = \{8, 9, 10, 11\}$
   $L_2 = \{8, 10\}$
   $L_3 = \{\ \}$
   Die Lösungsmenge L hängt von der Vorgabe der Grundmenge G ab.

Aufgabe **13.** Bestimme jeweils die Lösungsmenge L für die angegebene Grundmenge G:

a) $x > 16$ $G = \{3, 6, 9, \ldots, 30\}$
b) $6 \leq y \leq 50$ $G = V_{10}$
c) $z < 12$ $G = T_{20}$
d) $12 \leq x \leq 63$ $G = V_7$
e) $4 < y < 6$ $G = \{2, 4, 6, 8, \ldots\}$
f) $28 \geq x$ $G = \{$Alle zweistelligen Zahlen mit gleicher Einer- und Zehnerziffer$\}$

2.4 Schnittmenge, Teilmenge, Vereinigungsmenge

Diejenigen Elemente der Grundmenge G, die zwei Ungleichungen zugleich erfüllen, d. h. zu L_1 und zugleich zu L_2 gehören, bilden die **Schnittmenge** von L_1 und L_2. Man schreibt:
$\mathbf{L_1 \cap L_2}$ (L_1 **geschnitten** L_2)

Beispiel

Welche natürlichen Zahlen (d. h. $G = \mathbb{N}$) erfüllen die folgenden beiden Ungleichungen zugleich?

(1) $x > 4$ und (2) $x < 8$

Lösung:
Es gilt:
$L_1 = \{5, 6, 7, 8, 9, \ldots\}$; $L_2 = \{1, 2, 3, 4, 5, 6, 7\}$
$\Rightarrow$ $\mathbf{L = L_1 \cap L_2 = \{5, 6, 7\}}$

Mengenbild:

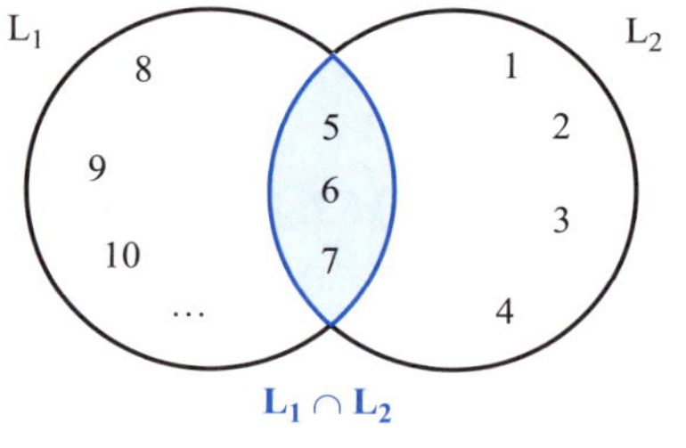

Allgemein gilt:

Die **Schnittmenge A ∩ B** zweier Mengen A und B enthält diejenigen Elemente, die in A **und zugleich** in B enthalten sind.

Beispiel

$A = \{2, 4, \mathbf{6}, 8, 10, \mathbf{12}\}$; $B = \{3, \mathbf{6}, 9, \mathbf{12}, 15, 18\}$
$\mathbf{A \cap B = \{6, 12\}}$

Gehören alle Elemente von L_1 auch zu L_2, dann heißt L_1 eine **Teilmenge** der Menge L_2. Man schreibt:
$\mathbf{L_1 \subseteq L_2}$ (L_1 **ist Teilmenge von** L_2)

Beispiel

Welche natürlichen Zahlen (d. h. $G = \mathbb{N}$) erfüllen die folgenden beiden Ungleichungen zugleich?

(1) $x < 4$ und (2) $x < 8$

Lösung:

Es gilt:

$L_1 = \{1, 2, 3\}$; $L_2 = \{1, 2, 3, 4, 5, 6, 7\}$

$L = L_1 \cap L_2 = L_1$

$\Rightarrow \mathbf{L_1 \subseteq L_2}$

Mengenbild:

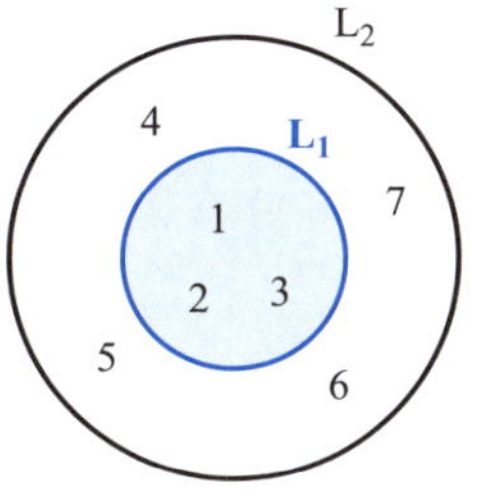

$\mathbf{L_1 \subseteq L_2}$

Allgemein gilt:

Eine Menge A ist eine **Teilmenge** der Menge B, wenn alle Elemente von A auch in der Menge B vorkommen.

Beispiele

1. $A = \{\mathbf{3}, \mathbf{6}, \mathbf{9}\}$; $B = \{1, 2, \mathbf{3}, 4, 5, \mathbf{6}, 7, 8, \mathbf{9}, 10\}$: $\mathbf{A \subseteq B}$
2. Die leere Menge { } ist Teilmenge jeder Menge A: $\mathbf{\{\ \} \subseteq A}$
3. Jede Menge A ist Teilmenge von sich selbst: $\mathbf{A \subseteq A}$

Diejenigen Elemente der Grundmenge G, die mindestens eine von zwei Ungleichungen erfüllen (also **zu L_1 oder (auch) zu L_2** gehören), bilden die **Vereinigungsmenge** der Mengen L_1 und L_2. Man schreibt:
$L_1 \cup L_2$ (L_1 **vereinigt** L_2)

Beispiel

Welche natürlichen Zahlen kleiner als 10 (d. h. $G = \{1, 2, \ldots, 9\}$) erfüllen wenigstens eine der folgenden beiden Ungleichungen?
(1) $x \leq 6$ oder (2) $x > 5$

Lösung:
Es gilt:

$L_1 = \{1, 2, 3, 4, 5, 6\}$; $L_2 = \{6, 7, 8, 9\}$
$\Rightarrow$ **$L_1 \cup L_2 = \{1, 2, 3, 4, 5, 6, 7, 8, 9\}$**

Mengenbild:

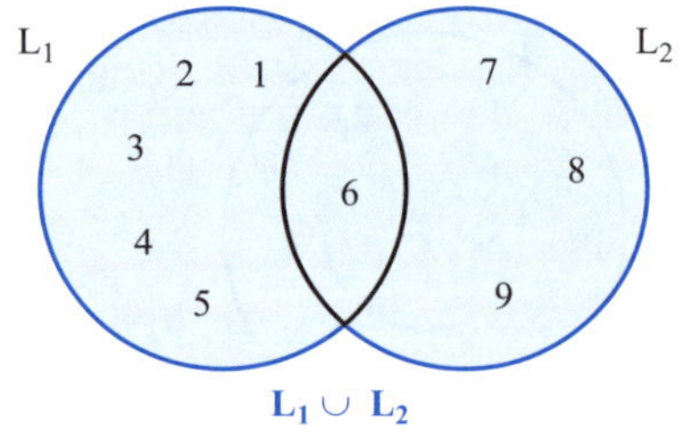

Allgemein gilt:

Die **Vereinigungsmenge $A \cup B$** zweier Mengen A und B enthält diejenigen Elemente, die in A **oder** in B **oder in beiden** Mengen (d. h. in mindestens einer der beiden Mengen A, B) enthalten sind.

Beispiel

$A = \{1, 3, 5, 7\}$; $B = \{2, 4, 6, 8\}$
$A \cup B = \{1, 2, 3, 4, 5, 6, 7, 8\}$

Aufgaben

14. Gib alle Teilmengen der Menge A an:

a) $A = \{1, 2, 3\}$

b) $A = \{1, 2, 3, 4\}$

15. Setze das richtige Zeichen an die Stelle … ein, wenn $A = \{a, b, c, d, e\}$:

a) $a \ldots A$

b) $z \ldots A$

c) $\{a, b, c\} \ldots A$

d) $\{c, d, e, f\} \ldots A$

e) $\{\ \} \ldots A$

f) $A \ldots A$

g) $\{0\} \ldots A$

16. Gegeben sind die Mengen $M_1 = \{2, 4, 7, 11, 14\}$ und $M_2 = \{1, 4, 5, 8, 11\}$.

a) Setze das richtige Zeichen ein:
(1) $\{\ \} \ldots M_1$;
(2) $\{10\} \ldots M_1$;
(3) $8 \ldots M_2$;
(4) $M_1 \ldots M_2$

b) Berechne:
(1) $M_1 \cap M_2$,
(2) $M_1 \cup M_2$.

c) Gib eine Menge M_3 an mit $M_3 \cap M_1 = \{\ \}$ und $M_3 \cap M_2 = \{\ \}$.

17. Gegeben sind die Mengen $A = \{a, b, c, d\}$, $B = \{c, d, e, f\}$, $C = \{b, c, e, g\}$.

a) Zeichne das Mengenbild.

b) Bestimme:
(1) $A \cap B =$
(2) $A \cup C =$
(3) $B \cap C =$
(4) $A \cap B \cap C =$

18. a) Markiere farbig: $(A \cap C) \cup B$

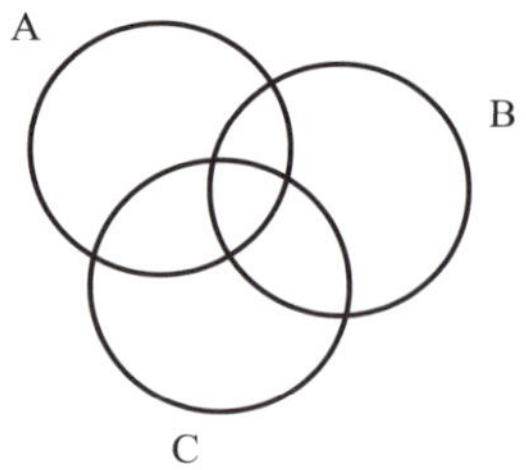

b) Für zwei Mengen A und B gilt: $A \cap B = B$. Zeichne ein Mengendiagramm.

19. A, B, C sind beliebige Mengen. Ergänze zu einer wahren Aussage:

a) $A \cup A =$

b) $A \cap \{\ \} =$

c) $A \cap A =$

d) $B \cup B =$

e) $A \subseteq B$ und $B \subseteq C \Rightarrow$

f) $A \subseteq B$ und $B \subseteq A \Rightarrow$

20. A, B, C sind beliebige Mengen. Welche Aussage ist wahr, welche falsch?

a) $A \subseteq B \Rightarrow A \cap B = A$

b) $A \cup B = A \Rightarrow A \subseteq B$

c) $A \cup B = A \cap B \Rightarrow A = B$

d) $A \subseteq B$ und $B \subseteq A \Rightarrow A = B$

3 Veranschaulichung natürlicher Zahlen mithilfe von Diagrammen

Neben der Darstellung am **Zahlenstrahl** kann man natürliche Zahlen noch auf andere Weise darstellen.

Beispiele

1. Bei der Klassensprecherwahl in der Klasse 5 c stehen Andreas, Carolin, Susanne und Thomas als Kandidaten für eine geheime Wahl zur Verfügung. Der Klassleiter sammelt die Stimmzettel ein und liest der Reihe nach den jeweils Gewählten vor. Konstantin erstellt die folgende **Strichliste**:

   Andreas: ~~||||~~ |
   Carolin: ~~||||~~
   Susanne: ~~||||~~ ~~||||~~ ~~||||~~ |
   Thomas: |||

   Damit ist Susanne mit 16 Stimmen als Klassensprecherin gewählt. Es folgen Andreas mit sechs, Carolin mit fünf und Thomas mit drei Stimmen.

   Anmerkung:
   Striche können auch durch eine entsprechende Anzahl von Figuren ersetzt werden.

   Die Stimmenanteile kann man auch darstellen als

   Kreisdiagramm oder als **Säulendiagramm**

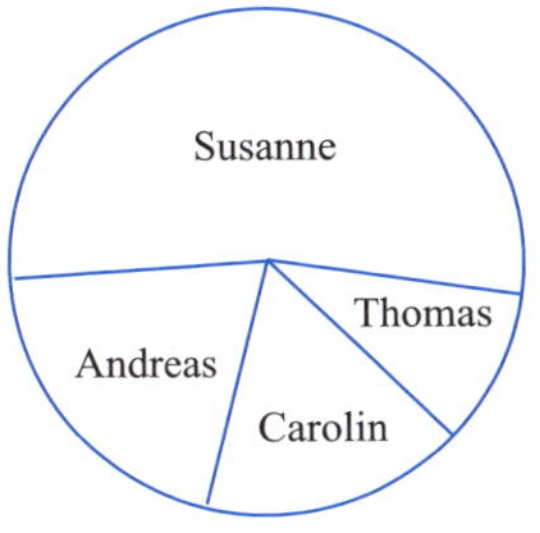

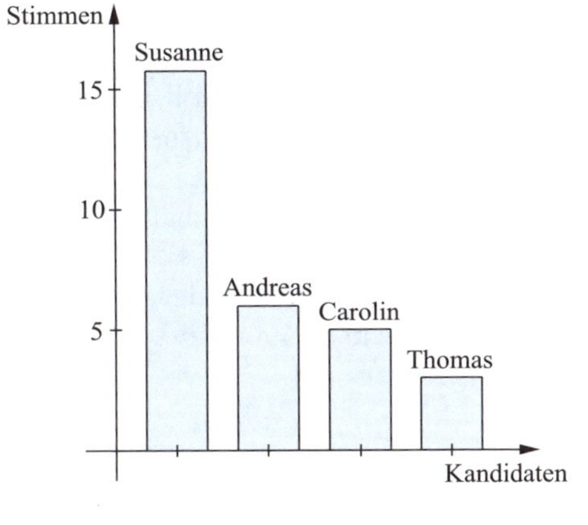

Wie in 11.2 dargestellt wird, besteht der Volkreis aus einem Winkel von 360°, sodass jeder Stimme ein Anteil von $360° : 30 = 12°$ entspricht.

2. Helmut hat in der letzten Woche die Tageshöchst- und Tiefsttemperaturen festgestellt. Er hat die folgenden Werte gemessen:

Tag	So	Mo	Di	Mi	Do	Fr	Sa
Höchsttemp. in °C	24	25	28	29	27	23	22
Tiefsttemp. in °C	13	14	16	16	14	12	10

Die Werte können in einem gemeinsamen **Liniendiagramm** dargestellt werden.

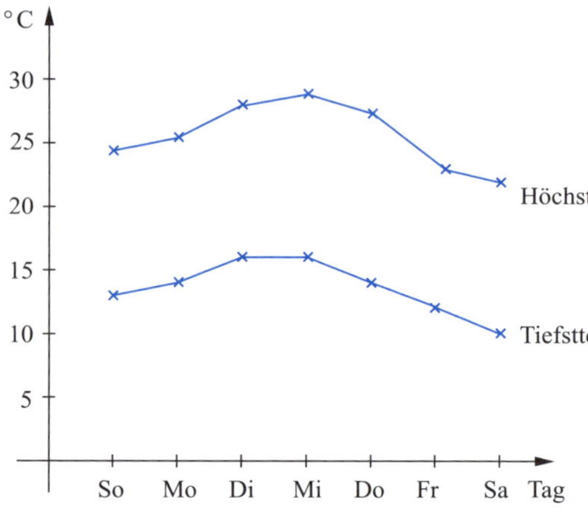

Aufgaben

21. Herr Frei hat die Anzahl der Lkw, die innerhalb einer Stunde an seinem Haus vorbeifahren, in der folgenden Strichliste festgehalten:

| | | | | | | | | | | | | | | | | | | | | | |

a) Wie viele Lkw waren es?

b) Warum ist es sinnvoll, mit jedem fünften Strich die vorhergehende Vierergruppe durchzustreichen?

22. Eine Münze wird zehnmal geworfen. Für „Zahl" und „Wappen" ergab sich das nebenstehende Säulendiagramm. Lies ab, wie oft Zahl bzw. Wappen aufgetreten sind.

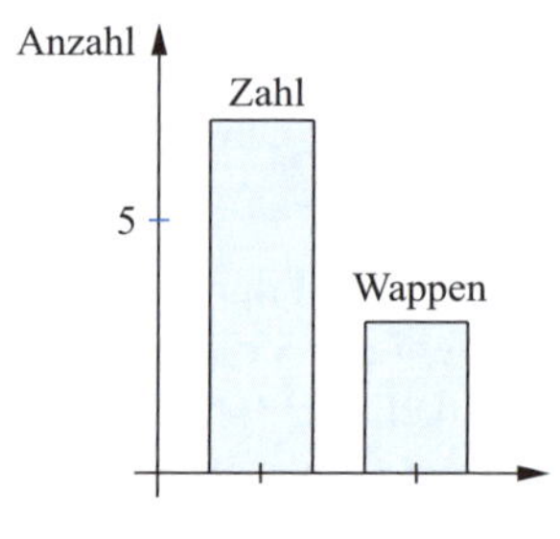

23. Beim 30-maligen Werfen eines Würfels wurde für die geworfene Augenzahl die folgende Strichliste erstellt:

1: |||
2: ~~||||~~ |
3: ||
4: ~~||||~~
5: ~~||||~~ |||
6: ~~||||~~ |

Zeichne ein Säulendiagramm.

24. Karl zählt in den fünf Schultagen einer Woche die Zahl seiner richtigen Antworten. Es ergab sich die folgende Übersicht:

Wochentag	Mo	Di	Mi	Do	Fr
Anzahl der richtigen Antworten	5	12	8	9	6

Zeichne ein Liniendiagramm.

25. In einer Klassenarbeit ergab sich die folgende Notenverteilung:

Note	1	2	3	4	5	6
Anzahl der Schüler	3	4	6	9	6	2

Zeichne ein Kreisdiagramm.

Die vier Grundrechenarten

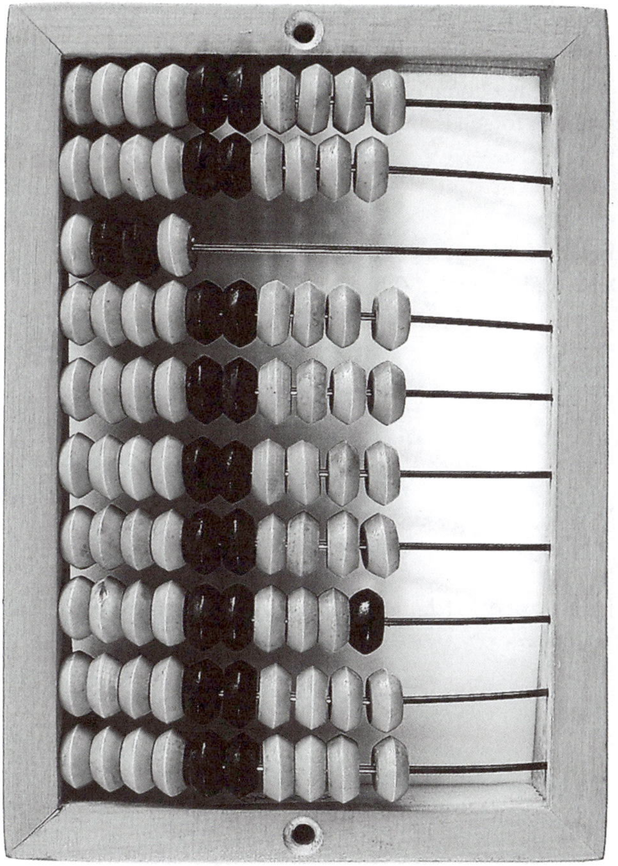

Die vier Grundrechenarten kennt man bereits aus den ältesten überlieferten Texten aus Ägypten und Babylonien; sie sind seit ca. 4 000 Jahren bekannt und bilden die Grundlage jeglicher Mathematik. Aus diesem Grund hat man sich schon immer darum bemüht, das Rechnen zu erleichtern. Bevor der Taschenrechner erfunden wurde, gab es schon viele Hilfen, so z. B. den Abakus.

4 Addition und Subtraktion natürlicher Zahlen

4.1 Addition und schriftliches Addieren

Die Rechenart, bei der zwei Zahlen durch ein **Pluszeichen** verbunden werden, heißt **Addition**. Man verwendet folgende Bezeichnungen:

3	+	5	=	8
1. Summand	plus	**2. Summand**	gleich	**Wert der Summe**

(1. Summand plus 2. Summand: **Summe**)

Zahlen werden addiert, indem man die Einer zu den Einern, die Zehner zu den Zehnern usw. addiert. Dabei kann man die Zahlen nebeneinander oder untereinander schreiben.

Beispiele

1. $2\,146 + 61\,291 + 3\,004 + 25\,014 = \mathbf{91\,455}$ bzw.
$$\begin{array}{r} 2\,146 \\ 61\,291 \\ 3\,004 \\ +\ 25\,014 \\ \hline \mathbf{91\,455} \end{array}$$
2. Die Zahl **Null** ist das **neutrale** Element der Addition, da für alle Zahlen $a \in \mathbb{N}_0$ gilt: $a + 0 = 0 + a = a$

4.2 Rechengesetze

Die Rechengesetze kann man verwenden, um sich **Rechenvorteile** zu verschaffen. In einer Summe dürfen Summanden umgestellt und zu Teilsummen zusammengefasst werden.

- Für die Addition gilt das **Kommutativgesetz (Vertauschungsgesetz, K-Gesetz): $a + b = b + a;\ a, b \in \mathbb{N}_0$**
- Für die Addition gilt das **Assoziativgesetz (Verbindungsgesetz, A-Gesetz): $(a + b) + c = a + (b + c);\ a, b, c \in \mathbb{N}_0$**

Beispiele

1. $144 + 17 = 17 + 144$
   K-Gesetz

2. $23 + 106 + 221 = (23 + 106) + 221 = 129 + 221 = 350$
   A-Gesetz

   $23 + 106 + 221 = 23 + (106 + 221) = 23 + 327 = 350$
   A-Gesetz

3. $21 + 36 + 24 + 19 = (21 + 19) + (36 + 24) = 40 + 60 = 100$
   A-Gesetz

4.3 Subtraktion und schriftliches Subtrahieren

Die Rechenart, bei der zwei Zahlen durch ein **Minuszeichen** verbunden werden, heißt **Subtraktion**. Man verwendet folgende Bezeichnungen:

8	−	5	=	3
Minuend	minus	**Subtrahend**	gleich	**Wert der Differenz**

$\underbrace{\text{Minuend minus Subtrahend}}_{\text{Differenz}}$

Bei der schriftlichen Subtraktion schreibt man die Zahlen untereinander.

Beispiele

1.
$$\begin{array}{r} 16\,108 \\ -\underline{12\,763} \\ \mathbf{3\,345} \end{array}$$

2.
$$\begin{array}{r} 200\,413 \\ -\underline{\quad 81\,889} \\ \mathbf{118\,524} \end{array}$$

4.4 Besonderheiten der Subtraktion

- $a - b$ ist in $\mathbb{N}_0$ nur dann definiert, wenn $b \leq a$ $(a \geq b)$ gilt.
- $\left.\begin{array}{l} a - 0 = a \\ 0 - 0 = 0 \\ a - a = 0 \end{array}\right\}$ für alle $a \in \mathbb{N}_0$
- Die Zahl $-a$ ist das **inverse Element** zu der Zahl a.
- Für die Subtraktion gilt **weder** das Kommutativ- **noch** das Assoziativgesetz.
- Beim Einsetzen der Elemente aus der Grundmenge G einer Gleichung oder Ungleichung kann es vorkommen, dass sinnlose Ausdrücke entstehen. Für diese Zahlen ist der Rechenausdruck nicht definiert. Die **Definitionsmenge D** enthält diejenigen Elemente aus der Grundmenge G, die beim Einsetzen einen definierten Rechenausdruck ergeben.

Beispiele

$x - 2 < 3$	$G = \mathbb{N}_0$		
Einsetzen:			
$0 - 2 < 3$	sinnlos		
$1 - 2 < 3$	sinnlos	$\Rightarrow$	Definitionsmenge $\mathbf{D = \{2, 3, 4, 5, 6, \ldots\}}$
$2 - 2 < 3$	wahr		
$3 - 2 < 3$	wahr		
$4 - 2 < 3$	wahr	$\Rightarrow$	Lösungsmenge $\mathbf{L = \{2, 3, 4\}}$
$5 - 2 < 3$	falsch		
usw.			

4.5 Verbindung von Addition und Subtraktion

Die **Subtraktion** ist die **Umkehrung der Addition**.

Beispiele

1. $\mathbf{a + b = c} \Rightarrow \begin{cases} \mathbf{a = c - b} \\ \mathbf{b = c - a} \end{cases}$

   Jede Additionsaufgabe hat zwei Subtraktionsproben.

2. $\mathbf{a - b = c} \Rightarrow \begin{cases} \mathbf{a = c + b} \\ \mathbf{b = a - c} \end{cases}$

   Jede Subtraktionsaufgabe hat eine Additions- und eine Subtraktionsprobe.

> **Rechenausdrücke**, die mit Zahlen, Platzhaltern (Variablen), Klammern, Rechenzeichen usw. gebildet werden, heißen **Terme**. Die zuletzt ausgeführte Rechenart bestimmt die Art des Terms.

Beispiel

$(912-666)+(408+313)$	**Term**
Differenz Summe	**Gliederung**
Summe	**Termart**
$=246+721$	**Berechnung des Termwertes**
$=\mathbf{967}$	

> Termwerte können in **Rechenbäumen** berechnet werden.

Beispiel

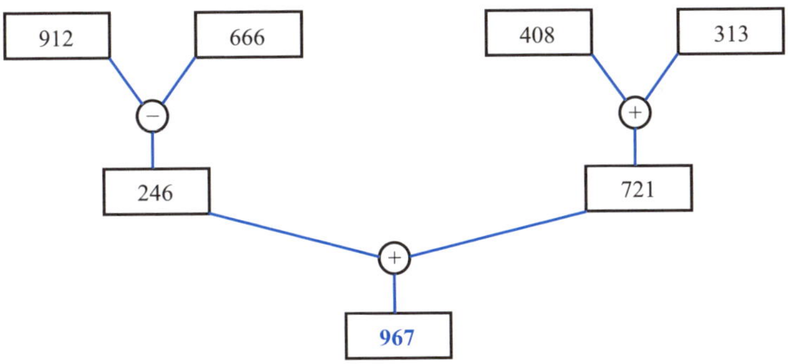

> **Klammern** legen die **Reihenfolge der Rechenschritte** fest. Was in Klammern steht, wird zuerst ausgerechnet. Bei ineinander geschachtelten Klammern wird die innerste Klammer zuerst berechnet.

Beispiel

Subtrahiere von der Summe der Zahlen 445 und 611 die Differenz der Zahlen 884 und 745.

Lösung:

$\mathbf{(445+611)-(884-745)}=1056-139=\mathbf{917}$

Man erhält den **Termwert** eines Terms, der nur Additionen und Subtraktionen enthält, wenn man von der Summe der **Plusglieder** die Summe der **Minusglieder** subtrahiert.

Beispiel

$$188 - \mathbf{134} + 966 - \mathbf{511} - \mathbf{216} + 612$$
$$= (188 + 966 + 612) - \mathbf{(134 + 511 + 216)}$$
$$= 1766 - \mathbf{861} = \mathbf{905}$$

In Gleichungen und Ungleichungen rechnet man zuerst alles aus, was man berechnen kann. Dann kann man durch Anwendung einer Probe einen einfacheren Ausdruck für x gewinnen und die Lösungsmenge L angeben.

Beispiel

Bestimme die Lösungsmenge L, d. h. diejenigen Zahlen $x \in G$, die die Gleichung erfüllen:

$$x - (488 + 306) = 313 + 842 \qquad G = \mathbb{N}$$
$$x - 794 = 1155$$
$$x = 1155 + 794$$
$$x = \mathbf{1\,949} \qquad \Rightarrow \mathbf{L = \{1\,949\}}$$

Aufgaben

26. Berechne:

a) $85\,063 - [(8\,041 + 9\,036) - (48\,617 - 44\,927)] - 648 + 352 =$

b) $84\,319 - [88\,466 - (48\,219 - 35\,031)] - 8\,041 =$

c) $[35\,741 - (23\,918 + 4\,316)] + 2\,188 + [(48\,716 + 3\,014) - (16\,500 - 667)] =$

27. Gib einen Term an und berechne den Termwert:

a) Addiere zur Summe der Zahlen 913 und 446 die Differenz der Zahlen 1 110 und 488.

b) Addiere zur Zahl 796 325 die Differenz der Zahlen 74 903 und 23 765 und subtrahiere davon die Summe der Zahlen 11 961 und 44 312.

28. Berechne den Termwert, gliedere den Term und gib die Art des Terms an:

a) $688-[312+(67-31)]=$

b) $[(891-664)-44]+(1\,000-666)=$

29. Stelle einen Term auf und berechne den Termwert:

a) Der Term ist eine Differenz. Der Minuend ist die Summe aus der Differenz der Zahlen 844 und 312 und der Zahl 461. Der Subtrahend ist die Differenz der Zahlen 933 und 488.

b) Der Term ist eine Summe. Der 1. Summand ist die Differenz aus der Summe der Zahlen 445 und 611 und der Differenz der Zahlen 848 und 754. Der 2. Summand ist die Summe aus der Zahl 612 und der Differenz der Zahlen 1 000 und 639.

30. Bestimme jeweils die Lösungsmenge L in der Grundmenge $G=\mathbb{N}_0$:

a) $(312-41)-x=22$

b) $(444-333)+x\geq 333-11$

c) $15+x=6$

d) $x+7\geq x+3$

e) $50-x<35-x$

31. a) Wie ändert sich der Wert einer Summe, wenn
(1) der 1. Summand um 54 und der 2. Summand um 67 vergrößert wird?
(2) der 1. Summand um 117 verkleinert und der 2. Summand um 103 vergrößert wird?

b) Wie ändert sich der Wert einer Differenz, wenn
(1) der Minuend um 27 und der Subtrahend um 16 vergrößert wird?
(2) der Minuend um 44 vergrößert und der Subtrahend um 44 verkleinert wird?

32. Berechne die Endsumme einmal aus den Teilsummen der Spalten und einmal aus den Teilsummen der Zeilen:

	6 813 +	3 944	=
	614 +	2 936	=
716 +	948 +	858	=
2 818 +	1 548 +	211	=
+	+		= ☐

33. Schreibe den zum Rechenbaum gehörenden Term auf, gliedere den Term und berechne den Termwert im Rechenbaum:

a)

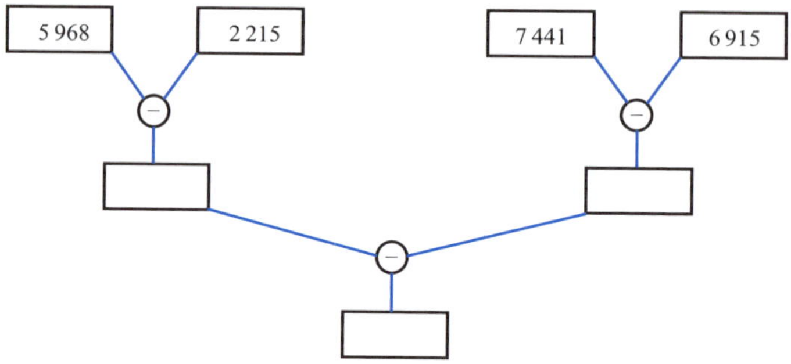

b)

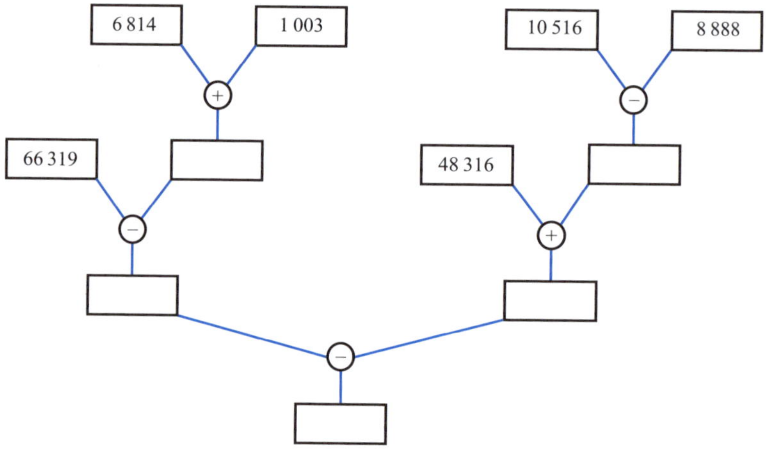

34. Ergänze jeweils die Zahl oder das Rechenzeichen:

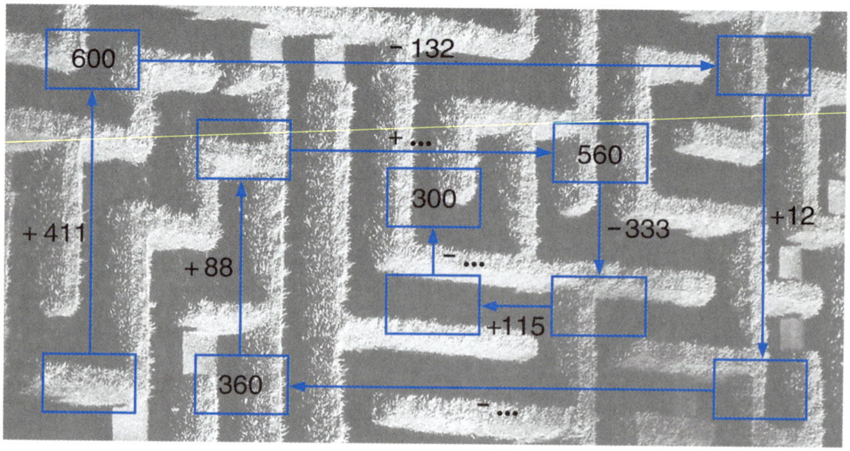

5 Multiplikation und Division natürlicher Zahlen

5.1 Multiplikation und schriftliches Multiplizieren, Rechengesetze

Die Rechenart, bei der zwei Zahlen durch das **Malzeichen** verknüpft werden, heißt **Multiplikation**. Die Multiplikation ist die abgekürzte Schreibweise für die Addition gleicher Summanden: $4 + 4 + 4 = 3 \cdot 4$. Man verwendet folgende Bezeichnungen:

$$\underbrace{\underset{\substack{\text{1. Faktor}\\ \textbf{Multiplikand}}}{3} \;\underset{\text{mal}}{\cdot}\; \underset{\substack{\text{2. Faktor}\\ \textbf{Multiplikator}}}{4}}_{\textbf{Produkt}} \;\underset{\text{gleich}}{=}\; \underset{\textbf{Wert des Produktes}}{12}$$

Die bekannte Ausführung der schriftlichen Multiplikation wird auf drei- und mehrstellige Multiplikatoren erweitert.

Beispiele

1.
```
1435·379
 4305
 10045
   12915
 543865
```

2.
```
123·4567
 492
   615
     738
       861
 561741
```

3. Die Zahl 1 ist das **neutrale** Element der Multiplikation, weil für alle $a \in \mathbb{N}_0$ gilt: $a \cdot 1 = 1 \cdot a = a$.

4. Es gilt ferner:

$$\left.\begin{aligned} \mathbf{a \cdot 0 = 0} \\ \mathbf{0 \cdot a = 0} \\ \mathbf{0 \cdot 0 = 0} \end{aligned}\right\}$$

Ein Produkt hat nur dann den Wert null, wenn wenigstens **ein Faktor null** ist.

> Für die Multiplikation gilt **das Kommutativgesetz (Vertauschungsgesetz, K-Gesetz): $a \cdot b = b \cdot a$; $a, b \in \mathbb{N}_0$**
> Für die Multiplikation gilt das **Assoziativgesetz (Verbindungsgesetz, A-Gesetz): $(a \cdot b) \cdot c = a \cdot (b \cdot c)$; $a, b, c \in \mathbb{N}_0$**
> Kommutativgesetz und Assoziativgesetz verschaffen wieder Rechenvorteile.

Beispiele

1. $\mathbf{4} \cdot \mathbf{3} = 12$; $\mathbf{3} \cdot \mathbf{4} = 12$ — Kommutativgesetz
2. $(\mathbf{3} \cdot \mathbf{7}) \cdot 2 = 21 \cdot 2 = \mathbf{42}$; $3 \cdot (\mathbf{7} \cdot \mathbf{2}) = 3 \cdot 14 = \mathbf{42}$ — Assoziativgesetz

5.2 Potenzen

> Die **Potenzschreibweise** ist die abgekürzte Schreibweise für die Multiplikation gleicher Faktoren: $\mathbf{4} \cdot \mathbf{4} \cdot \mathbf{4} = \mathbf{4^3}$ (lies: „4 hoch 3“).
> 4^3 heißt **Potenz**.
> 4 heißt **Grundzahl** oder **Basis**.
> 3 heißt **Hochzahl** oder **Exponent**.
> Die Hochzahl gibt an, wie oft die Grundzahl als Faktor gesetzt wird.
> Man legt fest: $a^1 = a$; $a \in \mathbb{N}_0$
> $a^0 = 1$; $a \in \mathbb{N}$

Beispiele

1. $2^5 = \mathbf{2} \cdot \mathbf{2} \cdot \mathbf{2} \cdot \mathbf{2} \cdot \mathbf{2} = \mathbf{32}$
2. $6^3 = \mathbf{6} \cdot \mathbf{6} \cdot \mathbf{6} = \mathbf{216}$
3. Potenzen mit der Grundzahl 10 heißen **Zehnerpotenzen**. Sie sind die Stufenzahlen unseres Dezimalsystems. Die Hochzahl gibt an, wie oft die Ziffer 0 in der Stufenzahl vorkommt.
   $10^3 = 1\,000$; $10^6 = 1\,000\,000$
4. Große Zahlen können mithilfe von Zehnerpotenzen geschrieben werden:
   $8\,000\,000 = 8 \cdot 10^6$
   $26\,000\,000\,000 = 26 \cdot 10^9$
   $3 \cdot 10^7 = 30\,000\,000$

5. Potenzen mit der Hochzahl 2 heißen **Quadratzahlen**, weil sie sich wie folgt darstellen lassen:

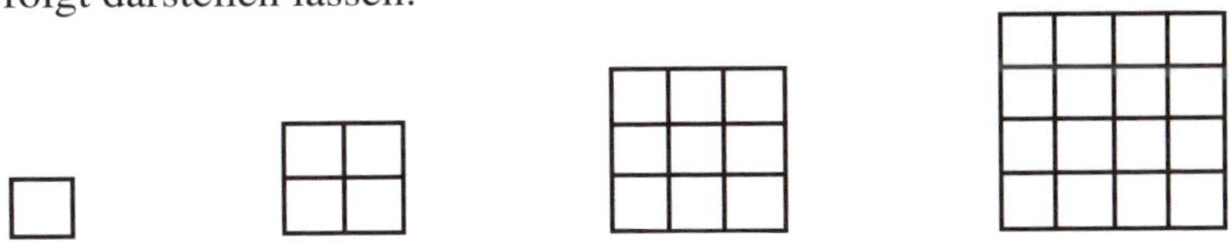

$1 \cdot 1 =$	$2 \cdot 2 =$	$3 \cdot 3 =$	$4 \cdot 4 =$
$1^2 = \mathbf{1}$	$2^2 = \mathbf{4}$	$3^2 = \mathbf{9}$	$4^2 = \mathbf{16}$

Quadratzahlen sind 1, 4, 9, 16, 25, 36, …

Die Potenz $\mathbf{a^2}$ wird gelesen: **a hoch zwei** oder **a Quadrat**.
$11^2 = 11 \cdot 11 = 121$; $12^2 = 12 \cdot 12 = 144$

5.3 Division und schriftliches Dividieren, Besonderheiten

Die Rechenart, bei der zwei Zahlen durch das **Teilungszeichen** verknüpft sind, heißt **Division**. Man verwendet folgende Bezeichnungen:

42	**:**	7	=	6
Dividend	durch	**Divisor**	gleich	**Wert des Quotienten**

(Dividend durch Divisor: **Quotient**)

Die schriftliche Division wird wie bisher ausgeführt, wobei der Divisor jetzt drei oder mehr Stellen besitzen kann.

Beispiele

1. $98952 : 248 = \mathbf{399}$
   744
   2455
   2232
   2232
   2232
   0

2. $486405 : 6005 = \mathbf{81}$
   48040
   6005
   6005
   0

Für die Division gelten folgende Besonderheiten:

- **Durch null kann man nicht dividieren**. So kann z. B. für den Wert des Quotienten $5:0$ keine Zahl angegeben werden, weil es keine Zahl gibt, die mit 0 multipliziert 5 ergibt (siehe auch 5.6).
- $a:b$ ist innerhalb der natürlichen Zahlen nur möglich, wenn a **ein Vielfaches** von b ist.
- $\left.\begin{array}{l} \mathbf{a:a=1} \\ \mathbf{a:1=a} \\ \mathbf{0:a=0} \end{array}\right\}$ für alle $a \in \mathbb{N}$
- Die Zahl 1 ist das **neutrale Element** der Division.
- Für die Division gilt **weder** das Kommutativ- **noch** das Assoziativgesetz.

Beispiele

1. $84:13$ geht nicht auf, weil 84 **kein Vielfaches** von 13 ist.
2. $84:84=\mathbf{1}$
3. $125:1=\mathbf{125}$
4. $0:868=\mathbf{0}$
5. $128:0$ ist **nicht erlaubt**!

Division und Multiplikation stehen in folgendem Zusammenhang:
Die **Division** ist die **Umkehrung der Multiplikation**.

Beispiele

1. $\mathbf{a \cdot b = c} \Rightarrow \begin{cases} \mathbf{a = c:b} \\ \mathbf{b = c:a} \end{cases} \quad a, b, c \in \mathbb{N}$

   Jede Multiplikationsaufgabe hat zwei Divisionsproben.

2. $\mathbf{a:b = c} \Rightarrow \begin{cases} \mathbf{a = b \cdot c} \\ \mathbf{b = a:c} \end{cases} \quad a, b, c \in \mathbb{N}$

   Jede Divisionsaufgabe hat eine Multiplikations- und eine Divisionsprobe.

3. Die Ausführung der Probe zeigt, dass die **Division durch null nicht erlaubt** ist.

   $\left.\begin{array}{lll} \text{Angenommen } 5:0=5 & \Rightarrow 5=0\cdot 5 & \text{falsch} \\ \text{Angenommen } 5:0=0 & \Rightarrow 5=0\cdot 0 & \text{falsch} \\ \text{Angenommen } 5:0=x & \Rightarrow 5=x\cdot 0 & \text{falsch} \end{array}\right\}$ Die Division durch null ist **nicht** möglich, da einem solchen Quotienten keine Zahl zugeordnet werden kann.

ufgaben

35. a) Wie ändert sich der Wert eines Produktes, wenn
(1) der 1. und der 2. Faktor verdreifacht werden?
(2) der 1. Faktor vervierfacht und der 2. Faktor halbiert wird?

b) Wie ändert sich der Wert eines Quotienten, wenn
(1) der Dividend vervierfacht und der Divisor verdoppelt wird?
(2) der Dividend verdreifacht und der Divisor halbiert wird?

36. Berechne:

a) $16\,426\,500 : 2\,330 =$ b) $9\,222 : 159 =$

c) $391\,524 : 4\,956 =$ d) $6\,222\,226 : 719 =$

37. Berechne und führe beide Proben aus:

a) $2\,091 : 123 =$ b) $1\,859\,975 : 325 =$

c) $646 \cdot 44 =$

5.4 Teilbarkeitsregeln

Als Anwendung der Division behandeln wir im Folgenden:

Teiler und Teilermengen

Ist der Quotient $a : b$ eine Zahl aus $\mathbb{N}$, so heißt **a durch b teilbar** oder **b ein Teiler von a**. Man schreibt: **$b \mid a$** (gelesen: „b ist ein Teiler von a" bzw. „b teilt a" bzw. „a ist durch b teilbar")

Für alle Zahlen $a \in \mathbb{N}$ gilt: $1 \mid a$; $a \mid a$.
Jede Zahl größer als 1 hat mindestens 1 und sich selbst als Teiler. Diejenige Menge, die nur die Teiler einer Zahl $a \in \mathbb{N}$ enthält, heißt **Teilermenge T_a**.

Beispiele

1. **$6 \mid 18$**, weil $18 : 6 = 3$ gilt bzw. weil $6 \cdot x = 18$ in $\mathbb{N}$ lösbar ist.
2. **$7 \mid 91$**, weil $91 : 7 = 13$ gilt bzw. weil $7 \cdot x = 91$ in $\mathbb{N}$ lösbar ist.
3. **$5 \nmid 12$**, weil $12 : 5 \notin \mathbb{N}$ gilt bzw. weil $5 \cdot x = 12$ in $\mathbb{N}$ nicht lösbar ist.
4. $T_{18} = \{1, 2, 3, 6, 9, 18\}$

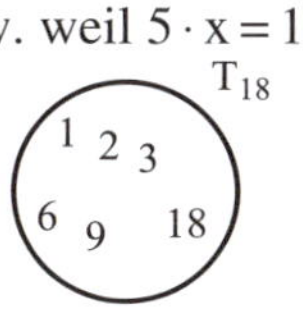

Grundregeln der Teilbarkeit

- $c \mid a$ und $c \mid b \Rightarrow$ **$c \mid (a+b)$**
  Ist **jeder Summand** einer Summe durch eine Zahl teilbar, so ist auch der **Summenwert** durch diese Zahl teilbar.
- $c \mid a$ und $c \nmid b \Rightarrow$ **$c \nmid (a+b)$**
  Diese Regel **gilt nicht** für **drei- oder mehrgliedrige** Summen, z. B. gilt dort $3 \mid 3$, $3 \nmid 7$ und $3 \nmid 8$, **aber** $3 \mid (3+7+8)$!
- $\left.\begin{array}{l} c \mid a \text{ und } c \mid b \\ c \mid a \text{ und } c \nmid b \\ c \nmid a \text{ und } c \mid b \end{array}\right\} \Rightarrow \mathbf{c \mid a \cdot b}$
  Ist **ein Faktor** eines Produktes durch eine Zahl teilbar, dann ist auch der **Produktwert** durch diese Zahl teilbar.
- $c \mid b$ und $b \mid a \Rightarrow$ **$c \mid a$**

Beispiele

1. $7 \mid 21$ und $7 \mid 35 \Rightarrow$ **$7 \mid (21+35)$**, weil man wie folgt rechnen kann:
   $(21+35):7 = 21:7+35:7$
2. $7 \mid 28$ und $7 \nmid 11 \Rightarrow$ **$7 \nmid 39$**$= 28+11$
3. $8 \mid 24$ und $8 \mid 32 \Rightarrow$ **$8 \mid 24 \cdot 32$**, weil mit den Rechengesetzen in $\mathbb{N}$ gilt:
   $(24 \cdot 32):8 = (24 \cdot 4 \cdot 8):8 = (24 \cdot 4) \cdot (8:8) = (24 \cdot 4) \cdot 1 \in \mathbb{N}$
4. $8 \mid 24$ und $8 \nmid 25 \Rightarrow$ **$8 \mid 24 \cdot 25$**, weil mit den Rechengesetzen in $\mathbb{N}$ gilt:
   $(24 \cdot 25):8 = (25 \cdot 24):8 = (25 \cdot 3 \cdot 8):8 = (25 \cdot 3) \cdot (8:8) =$
   $(25 \cdot 3) \cdot 1 \in \mathbb{N}$
5. $2 \mid 8$ und $8 \mid 48 \Rightarrow$ **$2 \mid 48$**,
   weil $48:8 = 48:(4 \cdot 2) = (48:4):2 = 12:2 \in \mathbb{N}$ gilt.

Kennzeichen der Teilbarkeit

- Eine Zahl ist genau dann durch eine **Stufenzahl** teilbar, wenn sie mindestens so **viele Endnullen** besitzt wie die Stufenzahl.
- Eine Zahl ist genau dann **durch 2 teilbar**, wenn sie **gerade** ist, d. h. wenn sie die Endziffer 0, 2, 4, 6 oder 8 besitzt.
- Eine Zahl ist genau dann **durch 3 teilbar**, wenn ihre **Quersumme** durch 3 teilbar ist, wobei die Quersumme die Summe aller Ziffern der Zahl ist.
- Eine Zahl ist genau dann **durch 4 teilbar**, wenn sie auf **zwei Nullen** endet oder wenn die **letzten beiden Ziffern** eine durch 4 teilbare Zahl ergeben.

- Eine Zahl ist genau dann **durch 5 teilbar**, wenn sie auf **0** oder auf **5** endet.
- Eine Zahl ist genau dann **durch 8 teilbar**, wenn sie auf **drei Nullen** endet oder wenn die **letzten drei Ziffern** eine durch 8 teilbare Zahl ergeben.
- Eine Zahl ist genau dann **durch 9 teilbar**, wenn ihre **Quersumme** durch 9 teilbar ist.
- Eine Zahl ist **durch 25 teilbar**, wenn sie auf **00, 25, 50** oder **75** endet.
- **Abgeleitete Teilbarkeitsregeln:**
  $\mathbf{6 \mid a}$ genau dann, wenn $2 \mid a$ und zugleich $3 \mid a$ gilt.
  $\mathbf{12 \mid a}$ genau dann, wenn $3 \mid a$ und zugleich $4 \mid a$ gilt.
  $\mathbf{15 \mid a}$ genau dann, wenn $3 \mid a$ und zugleich $5 \mid a$ gilt.
- Die Teilbarkeit durch **7, 11, 13** usw. muss jeweils durch Ausführung der Division nachgeprüft werden.

Beispiel

Überprüfe die Zahl $a = 641\,358$ auf Teilbarkeit durch 2, 3, 4, 5, 6, 8, 9, 12 und 25.
$\mathbf{2 \mid a}$, weil a auf 8 endet (und damit gerade ist).
$\mathbf{3 \mid a}$, weil $QS(a) = 27$ und $27 : 3 = 9$ gilt.
$\mathbf{4 \nmid a}$, weil $58 : 4$ in $\mathbb{N}$ nicht definiert ist.
$\mathbf{5 \nmid a}$, weil a nicht auf 0 oder 5 endet.
$\mathbf{6 \mid a}$, weil $2 \mid a$ und $3 \mid a$ gilt.
$\mathbf{8 \nmid a}$, weil $358 : 8$ in $\mathbb{N}$ nicht definiert ist.
$\mathbf{9 \mid a}$, weil $QS(a) = 27$ und $27 : 9 = 3$ gilt.
$\mathbf{12 \nmid a}$, weil $4 \nmid a$ gilt.
$\mathbf{25 \nmid a}$, weil a nicht auf 00, 25, 50 oder 75 endet.

ufgaben

38. Welche Aussagen sind wahr, welche falsch? Gib bei falschen Aussagen ein Gegenbeispiel an.

a) $a \mid a$ und $b \mid b \Rightarrow a \mid b$
b) $2 \mid b$ und $4 \mid b \Rightarrow 8 \mid b$
c) $10 \mid a \Rightarrow 5 \mid a$ und $4 \mid a$
d) $6 \mid a \Rightarrow 2 \mid a$ und $3 \mid a$
e) $a \nmid b$ und $b \nmid c \Rightarrow a \nmid c$

39. Ergänze zu einer wahren Aussage:

a) $a \mid b \Rightarrow T_a \ldots T_b$
b) $a \mid b$ und $b \mid c \Rightarrow a \ldots c$
c) $a \mid b$ und $b \mid a \Rightarrow a \ldots b$

40. Überprüfe jeweils die Zahl a auf Teilbarkeit durch 2, 3, 4, 5, 6, 8, 9, 12:

a) $a = 6\,431\,835$
b) $a = 4\,483\,120$

5.5 Primzahlen und Primfaktorzerlegung

Primzahlen

Eine natürliche Zahl größer als 1 heißt **Primzahl**, wenn sie nur die Zahl 1 und sich selbst als Teiler hat, also **nur zwei Teiler** besitzt. Die Zahl 1 ist keine Primzahl.

Die Primzahlen von 1 bis 100 erhält man durch das **Sieb des Eratosthenes** (um 250 v. Chr.). Man geht wie folgt vor: Die Zahl 2 wird eingekreist und dann werden alle Vielfachen von 2 gestrichen. Das Gleiche macht man mit den Zahlen 3, 5 und 7. Dann hat man alle zusammengesetzten Zahlen gestrichen und die Primzahlen bleiben wie in einem Sieb übrig.

1	2	3	4	5	6	7	8	9	10
11	12	13	14	15	16	17	18	19	20
21	22	23	24	25	26	27	28	29	30
31	32	33	34	35	36	37	38	39	40
41	42	43	44	45	46	47	48	49	50
51	52	53	54	55	56	57	58	59	60
61	62	63	64	65	66	67	68	69	70
71	72	73	74	75	76	77	78	79	80
81	82	83	84	85	86	87	88	89	90
91	92	93	94	95	96	97	98	99	100

| durch 2 teilbar
— durch 3 teilbar
/ durch 5 teilbar
\ durch 7 teilbar

Folge der Primzahlen:
2, 3, 5, 7, 11, 13, 17, 19, 23, 29, 31, 37, 41, 43, 47, 53, 59, 61, 67, 71, 73, 79, 83, 89, 97, …

Es gibt unendlich viele Primzahlen.

Überprüfung einer Zahl auf die Primzahleigenschaft
Man überprüft die gegebene Zahl auf Teilbarkeit bis zu der Primzahl, deren Quadrat gerade noch kleiner ist als die Zahl.

Beispiel

Überprüfe, ob 283 eine Primzahl ist.
Lösung:
Da $13^2 = 169$ und $17^2 = 289$ $\Rightarrow$ Überprüfung höchstens bis 13:
$2 \nmid 283$; $3 \nmid 283$; $5 \nmid 283$; $7 \nmid 283$; $11 \nmid 283$; $13 \nmid 283$ $\Rightarrow$ **283 ist eine Primzahl**

Primfaktorzerlegung

Eine Zahl, die wenigstens einen „echten“ Teiler besitzt, ist keine Primzahl, z. B. gilt: 24 ist durch 4 teilbar $\Rightarrow$ $24 = 4 \cdot 6$. Da 4 und 6 keine Primzahlen sind, lassen sie sich weiter zerlegen: $4 = 2 \cdot 2$ und $6 = 2 \cdot 3$ $\Rightarrow$ $24 = 2 \cdot 2 \cdot 2 \cdot 3 = 2^3 \cdot 3$
Eine solche Zerlegung einer Zahl heißt **Primfaktorzerlegung**. Es gilt:

> **Jede natürliche Zahl** größer als 1 ist entweder eine **Primzahl** oder lässt sich eindeutig (bis auf die Reihenfolge der Faktoren) als ein **Produkt von Primzahlen** darstellen. Aus der Primfaktorzerlegung lassen sich (durch Multiplikation der Primfaktoren) alle Teiler gewinnen.

Beispiele

1. Zerlege in Primfaktoren:
   a) $180 = 2 \cdot 90 = 2 \cdot 2 \cdot 45 = 2 \cdot 2 \cdot 3 \cdot 15 = 2 \cdot 2 \cdot 3 \cdot 3 \cdot 5 \Rightarrow$
   $\mathbf{180} = 2 \cdot 2 \cdot 3 \cdot 3 \cdot 5 = \mathbf{2^2 \cdot 3^2 \cdot 5}$
   b) Kurzform

368	2
184	2
92	2
46	2
23	23

$\Rightarrow$ $\mathbf{368} = 2 \cdot 2 \cdot 2 \cdot 2 \cdot 23 = \mathbf{2^4 \cdot 23}$

2. Bestimme alle Teiler der Zahl 429.

429	3
143	11
13	13

$\Rightarrow$ $\mathbf{429 = 3 \cdot 11 \cdot 13}$
$T_{429} = \{1, 3, 11, 13, 33, 39, 143, 429\}$

Aufgaben

41. Überprüfe jeweils, ob die Zahl a eine Primzahl ist:
a) $a = 353$ √
b) $a = 437$

42. Bestimme jeweils aus der Primfaktorzerlegung die Menge aller Teiler der Zahl x.
a) $x = 16$
b) $x = 671$
c) $x = 147$
d) $x = 432$
e) $x = 4\,199$

5.6 Verbindung der vier Grundrechenarten: Punkt-vor-Strich-Regel und Distributivgesetze

Treten in einer Aufgabe Additionen und Subtraktionen **(Strichrechnungen)** sowie Multiplikationen und Divisionen **(Punktrechnungen)** auf, so wird vereinbart, dass **Punktrechnungen** immer **vor Strichrechnungen** ausgeführt werden. Man erspart dadurch das Setzen einer Vielzahl von Klammern. Mit der Vereinbarung über das Rechnen mit Klammern gilt für die Reihenfolge der Rechenschritte:

1. **Was in Klammern steht, wird zuerst berechnet.**
2. **Punktrechnungen werden vor Strichrechnungen ausgeführt.**

Beachte: Was gerade nicht berechnet wird, wird unverändert abgeschrieben.

Beispiele

1. $3+\mathbf{4\cdot 2}=3+\mathbf{8}=11$
2. $\mathbf{5\cdot 6}+\mathbf{3\cdot 8}-11+\mathbf{2\cdot 2}=\mathbf{30}+\mathbf{24}-11+\mathbf{4}=47$
3. $\mathbf{(18-5)}\cdot 3+6=\mathbf{13}\cdot 3+6=39+6=45$
4. $84-72:\mathbf{(43-31)}+22=84-72:\mathbf{12}+22=84-6+22=100$
5. $62-8\cdot\mathbf{[(32:4+2):2]}+28=62-8\cdot\mathbf{[(8+2):2]}+28=$
   $=62-8\cdot\mathbf{[10:2]}+28=62-8\cdot\mathbf{5}+28=62-40+28=50$

Es gelten die **Distributivgesetze (Verteilungsgesetze, D-Gesetze)**:

$\mathbf{(a+b)\cdot c=a\cdot c+b\cdot c;\quad a, b, c\in\mathbb{N}_0}$

$\mathbf{(a-b)\cdot c=a\cdot c-b\cdot c;\quad a, b, c\in\mathbb{N}_0;\ a\geq b}$

$\mathbf{(a+b):c=a:c+b:c;\quad a, b\in\mathbb{N}_0;\ c\in\mathbb{N}}$

$\mathbf{(a-b):c=a:c-b:c;\quad a, b\in\mathbb{N}_0;\ c\in\mathbb{N};\ a\geq b}$

Die Distributivgesetze verschaffen uns Rechenvorteile.

Beispiele

1. $(3+4)\cdot 2=7\cdot 2=14$
   $(3+4)\cdot 2=\underbrace{\mathbf{3\cdot 2+4\cdot 2}}_{\text{D-Gesetz}}=6+8=14$
2. $(64+36):4=100:4=25$
   $(64+36):4=\underbrace{\mathbf{64:4+36:4}}_{\text{D-Gesetz}}=16+9=25$
3. $98\cdot 47=(100-2)\cdot 47=\underbrace{\mathbf{100\cdot 47-2\cdot 47}}_{\text{D-Gesetz}}=4\,700-94=4\,606$
4. $1\,003\cdot 83=(1\,000+3)\cdot 83=\underbrace{\mathbf{1\,000\cdot 83+3\cdot 83}}_{\text{D-Gesetz}}=83\,000+249=83\,249$

5.7 Terme, Rechenbäume, Gleichungen und Ungleichungen

Im Folgenden siehst du, wie vielfältig die Verbindung der vier Grundrechenarten ist. Wenn du die Beispiele sorgfältig durcharbeitest, kannst du bestimmt auch die Aufgaben lösen. Falls Gleichungen nicht besprochen werden, kannst du diese Aufgaben weglassen.

Beispiele

1. Gegeben ist der Term $T(x) = (x^2 + 1) \cdot 2 + 39 : 13$.
   Berechne die Termwerte für $x \in \{3, 4, 7\}$.

   Lösung:
   $T(3) = (3^2 + 1) \cdot 2 + 39 : 13$
   $= (9 + 1) \cdot 2 + 3$
   $= 10 \cdot 2 + 3$
   $= 20 + 3 = \mathbf{23}$
   $T(4) = \mathbf{37}$
   $T(7) = \mathbf{103}$

2. Berechne:
   $(18 \cdot 12 - 14^2) : 10 + 4 \cdot 5$
   $= (216 - 196) : 10 + 20$
   $= 20 : 10 + 20$
   $= 2 + 20$
   $= \mathbf{22}$

3. Berechne den Wert des Terms, gliedere ihn und zeichne den zugehörigen Rechenbaum.
   $(42 \cdot 5 - 100) : 11 \quad + \quad [666 - (388 - 111)]$
   $= (210 - 100) : 11 \quad + \quad [666 - 277]$
   $= \quad 110 : 11 \quad + \quad 389$
   $= \quad 10 \quad + \quad 389$
   $= \mathbf{399}$
   Der Term ist eine **Summe**. Der **1. Summand** ist ein Quotient. Dessen Dividend ist die Differenz des Produktes der Zahlen 42 und 5 und der Zahl 100. Der Divisor ist die Zahl 11. Der **2. Summand** ist die Differenz aus der Zahl 666 und der Differenz der Zahlen 388 und 111.

Rechenbaum:

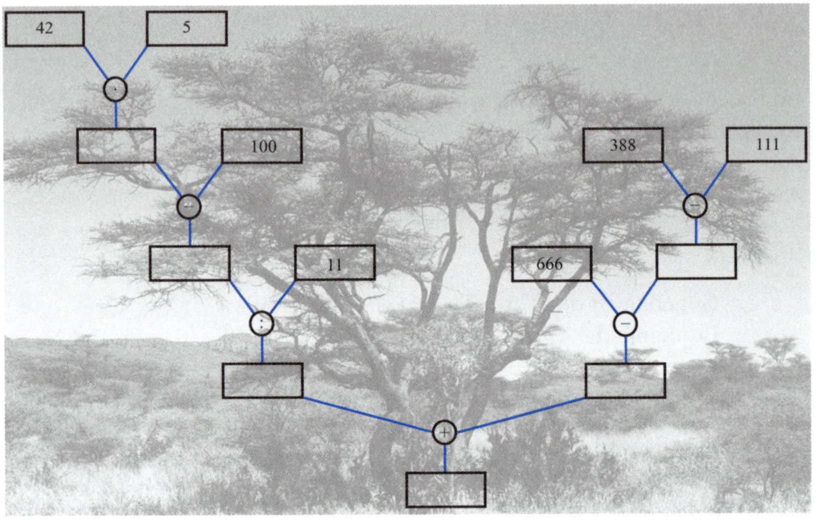

4. Stelle einen Term auf und berechne den Termwert.
   Dividiere die Summe der Quadrate der Zahlen 9 und 5 durch die Zahl 53 und addiere zum Ergebnis die Zahl 98.

   Lösung:

   $\mathbf{(9^2+5^2):53+98}$

   $=(81+25):53+98$

   $=106:53+98$

   $=2+98=\mathbf{100}$

5. Bestimme die Lösungsmenge L:

   $332:x+4 = 87 \qquad G=\mathbb{N}$

   $332:x = 87-4$

   $332:x = 83$

   $x = 332:83$

   $x = \mathbf{4} \Rightarrow \mathbf{L=\{4\}}$

6. Bestimme die Lösungsmenge L:

   $5\cdot x+41 < 86 \qquad G=\mathbb{N}$

   $5\cdot x < 86-41$

   $5\cdot x < 45$

   $x < 45:5$

   $x < 9 \Rightarrow \mathbf{L=\{1, 2, 3, 4, 5, 6, 7, 8\}}$

Aufgaben

43. Wende das Distributivgesetz an:

a) $(1\,750 + 1\,025) : 25 =$

b) $(6\,666 - 330) : 11 =$

c) $923 \cdot 47 - 623 \cdot 47 =$

d) $997 \cdot 21 =$

44. Berechne:

a) $(198 + 58 - 16^2) : 12 =$

b) $17\,354 : (3^2 - 8) =$

c) $(35 \cdot 88) : (22 + 66) =$

d) $17 \cdot 9 - 6 + 240 : 20 - 18 =$

45. Berechne:

a) $72 : 8 + [44 : 4 + (12 - 7) \cdot 9 + 4 \cdot 12] : 4 + 18^2 - 3^2 =$

b) $133 - 2 \cdot [333 - (333 - 333 : 9)] + (43 - 18) \cdot 6 =$

c) $[(17 \cdot 19 - 6 \cdot 23) \cdot 13 - 6 \cdot 18 + 3] : [(14 \cdot 19 - 6 \cdot 11) : 2] =$

46. Berechne:

a) $[(13^2 - 12^2 - 5^2) : 2^5 + 100] : (24^2 - 575) =$

b) $[92\,763 - (17\,892 + 18 \cdot 319) : 39] : 13 + 8\,411 =$

c) $[52\,909 - (249 \cdot 17 + 13\,763) : 44] : 28 + 125 =$

47. Stelle einen Term auf und berechne:

a) Subtrahiere die vierfache Differenz der Zahlen 2 400 und 1 080 von der Zahl 12 000.

b) Addiere den 18. Teil des Produktes der Zahlen 15 und 12 zum fünffachen Quotienten der Zahlen 72 und 6 und dividiere dann diese Summe durch den 15. Teil der Differenz der Zahlen 150 und 45.

c) Subtrahiere vom achtfachen Quotienten der Zahlen 391 und 23 den vierten Teil des Quadrates der Zahl 12. Dividiere dann das Ergebnis durch den dritten Teil der Differenz der Zahlen 160 und 85.

48. Gegeben ist der Term $T(x) = (x - 5) \cdot (9 - x)$ mit der Grundmenge $G = \mathbb{N}$.

a) Bestimme die Definitionsmenge D des Terms T(x).

b) Berechne den Termwert T(8).

c) Welche Lösungsmenge L besitzt die Gleichung $(x - 5) \cdot (9 - x) = 0$?

49. Gegeben ist der Term $T(a) = (a^3 + a) : a - 1$.
Gliedere den Term und berechne den Termwert T(4).

50. Bestimme jeweils die Lösungsmenge L:

a) $(x+8)\cdot(6-x)=0$ $\quad G=T_{12}$

b) $292\cdot 73-x=52\cdot 208$ $\quad G=\mathbb{N}$

c) $(50+x):9=8$ $\quad G=\mathbb{N}$

d) $(20\,366-13\,798)-x=27\cdot 88+1\,970$ $\quad G=V_2$

51. Bestimme die Lösungsmenge L in der Grundmenge $G=\mathbb{N}$:

a) $x^2-21=100$

b) $3\cdot x^2=147$

c) $(2\cdot x)^2=144$

d) $3^x=81$

e) $2^{x+1}=16$

52. Bestimme die Lösungsmenge L in der Grundmenge $G=\mathbb{N}$:

a) $48:x\geq 10$

b) $(x+4)^2<50$

c) $(2+x)\cdot 4<6+4\cdot x$

d) $27-x>4\cdot x$

e) $x^2+x>30$

53. Stelle eine Gleichung auf und berechne:

a) Welche Zahl muss man vom Produkt der Zahlen 26 und 25 subtrahieren, um den Quotienten aus 1 600 und 32 zu erhalten?

b) Durch welche Zahl muss man die Differenz der Zahlen 4 067 und 995 dividieren, um das Vierfache der 3. Potenz der Zahl 4 zu erhalten?

c) Welche Zahl muss man von der Summe der Quadrate der Zahlen 15 und 13 subtrahieren, um die Hälft der Summe dieser Zahlen zu erhalten?

d) Ich denke mir eine Zahl. Wenn ich sie verdopple und das Ergebnis von 2 000 subtrahiere, erhalte ich 300. Wie lautet die gedachte Zahl?

54. Zeichne einen Rechenbaum und berechne dort:
$[(2\,838+3\,114):2]:[(6\,488-5\,992)\cdot 2]=$

55. Schreibe den zum folgenden Rechenbaum gehörenden Term auf, gliedere ihn und berechne seinen Termwert:

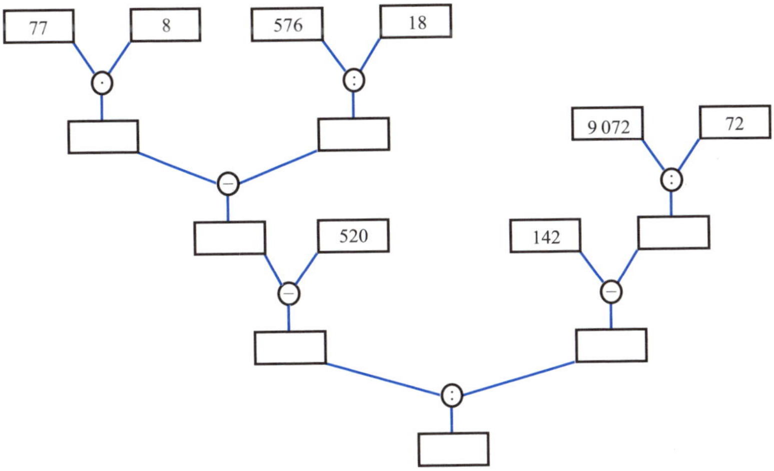

56. Die Aussagen in den Kästchen sind wahr (w) oder falsch (f). Beginne bei „Start“, folge jeweils dem entsprechenden Pfeil und trage die Lösungsbuchstaben in die Zeile ein. Am Ziel angelangt, erhältst du als Lösungswort: Die Kurzform einer Vereinbarung in der Mathematik.

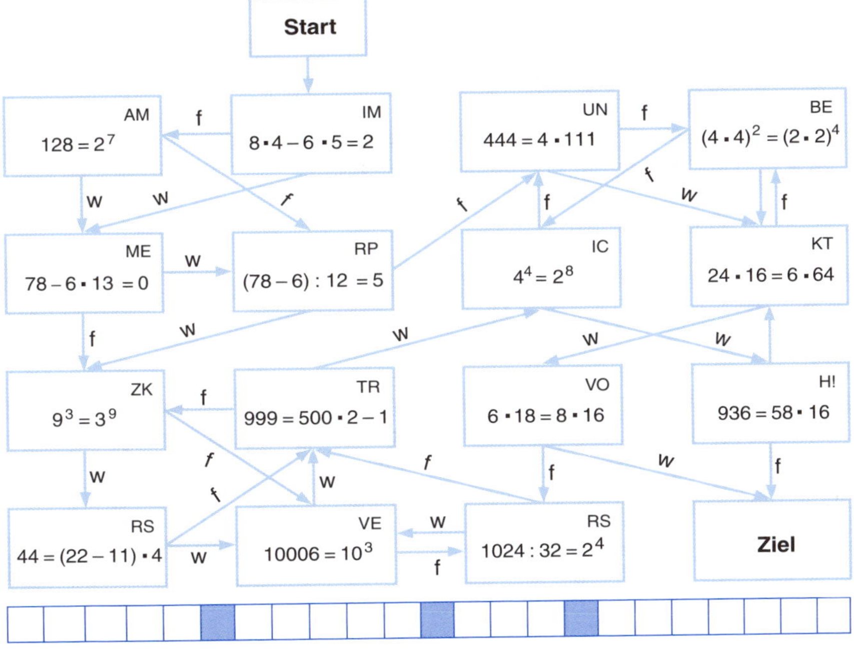

57. Trage die Begriffe mit der unten stehenden Bedeutung ein. Der umrandete Bereich liefert das Lösungswort.

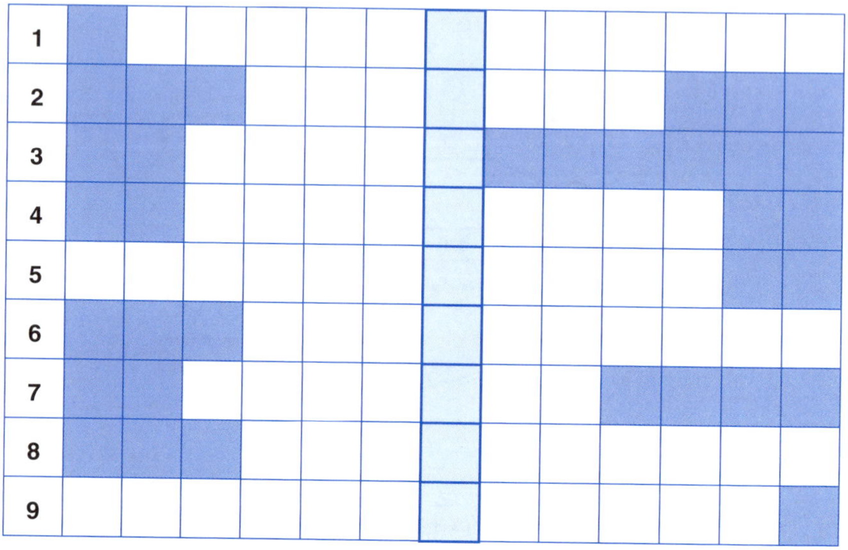

1 Tritt beim Lösen einer Gleichung auf
2 Tausend Tausender
3 Nachprüfen der Lösung
4 große Stufenzahl
5 Ausdruck, in dem zwei Terme nicht gleich sind
6 grafische Darstellung einer Rechnung
7 Multiplikationsausdruck
8 Menge der Elemente zum Einsetzen in eine Gleichung
9 Hilfsmittel zum Lösen einer Gleichung

5.8 Zählprinzip und Baumdiagramm

Die Mädchen Renate, Sybille und Ute aus der Klasse 5 b sollen mit den Jungen Bernd und Clemens aus der Klasse 5 a bei einem Tennisturnier der Schule ein gemischtes Doppel bilden. Wie viele Möglichkeiten der Zusammenstellung gibt es?

Die Menge M = {R, S, U} der Mädchen wird mit der Menge J = {B, C} der Jungen so verknüpft, dass jedes Mädchen und jeder Junge ein Doppel bilden können. Dafür gibt es verschiedene Darstellungsmöglichkeiten:

Pfeildiagramm:

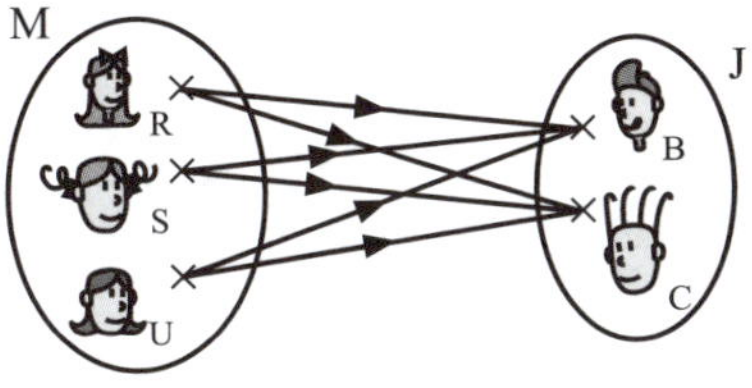

Baumdiagramm:

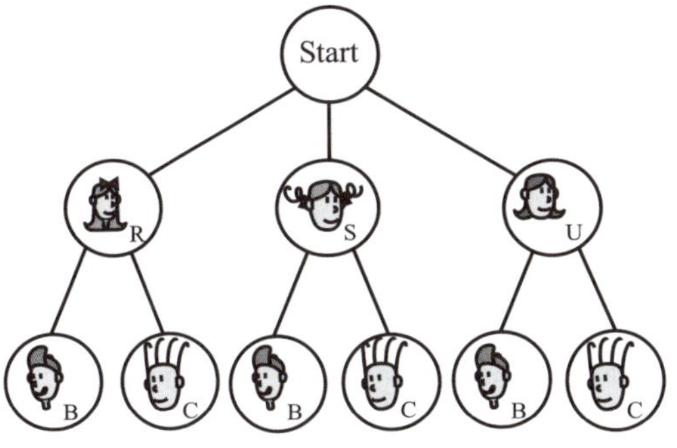

Es entstehen **geordnete Paare**, die die **Produktmenge (Kreuzmenge)** bilden:
M × L = {(R/B), (R/C), (S/B), (S/C), (U/B), (U/C)}

Allgemein gilt:

> Die **Produktmenge A × B** zweier Mengen A und B besteht aus allen geordneten Paaren, deren erste Komponente ein Element aus der Menge A und deren zweite Komponente ein Element aus der Menge B ist:
> $A \times B = \{(a / b) \mid a \in A \wedge b \in B\}$
> lies: „A kreuz B ist die Menge aller geordneter Paare (a / b) mit der Eigenschaft, dass a in A und zugleich b in B enthalten ist.“
> Umfasst die Menge A m Elemente und die Menge B n Elemente, so gibt es $m \cdot n$ geordnete Paare.

Beispiele

1. Gib für die Mengen $A = \{1, 2, 3, 4\}$ und $B = \{8, 9\}$ die Menge $A \times B$ sowie die Anzahl ihrer Elemente an.

   Lösung:
   $A \times B = \{(1/8), (1/9), (2/8), (2/9), (3/8), (3/9), (4/8), (4/9)\}$
   Die Menge $A \times B$ hat **$4 \cdot 2 = 8$** Elemente.

2. Cornelia kann drei Jeans und vier T-Shirts miteinander kombinieren. Wie viele mögliche Zusammenstellungen Jeans/T-Shirt hat sie?

   Lösung:
   Es gibt **$3 \cdot 4 = 12$** Möglichkeiten der Zusammenstellung.

Diese Zusammenstellung der Elemente von zwei Mengen kann man auf mehr Mengen verallgemeinern. Man erhält daraus:

Allgemeines Zählprinzip:
Werden Zusammenstellungen **(Tupel)** von Elementen aus Mengen in geordneter Abfolge so gebildet, dass an der ersten Stelle ein Element aus der ersten Menge, an der zweiten Stelle ein Element aus der zweiten Menge usw. steht, so ergibt sich die Anzahl der unterschiedlichen Zusammenstellungen aus dem **Produkt der Anzahlen** der Elemente in den Mengen.

Beispiele

Steffi und Lukas suchen sich ein Happy Meal aus. Sie dürfen es zusammenstellen aus einer Hauptspeise H = {Hamburger, Cheeseburger, Fishburger, Chicken Nuggets}, der Beilage B = {Pommes, Salat} und dem Getränk G = {Cola, Limo, Schorle}. Aus wie vielen verschiedenen Menüs können sie wählen?

Lösung:
Da H vier, B zwei und G drei Elemente besitzen, gibt es $4 \cdot 2 \cdot 3 = 24$ verschiedene Zusammenstellungen. Jedes Element der Produktmenge $H \times B \times G$ besteht aus einem **Dreitupel (Tripel)** $(h/b/g)$ mit $h \in H$, $b \in B$ und $g \in G$.

Aufgaben

58. Steffen hat zu seinen drei Lego-Autos in den Farben Blau, Gelb und Rot ($L = \{B, G, R\}$) zwei Anhänger, einen schwarzen sowie einen weißen ($A = \{S, W\}$), bekommen.
Er stellt jeweils ein Auto und einen Anhänger zusammen.
Zeichne ein Baumdiagramm und gib dann alle Elemente von $L \times A$ an.

59. Hilde hat einen 10 €- und einen 5 €-Schein sowie Münzen zu 2 €, 1 €, 50 Cent und 20 Cent. Notiere mithilfe eines Baumdiagramms alle Beträge, die Hilde mit einem Schein und einer Münze bezahlen kann.

60. $A \times B = \{(a/b), (a/c), (a/d), (x/b), (x/c), (x/d)\}$.
Bestimme die Mengen A und B.

61. Bestimme jeweils $A \times B$:

a) $A = \{a, b\}, B = \{b, a\}$

b) $A = \{\ \}, B = \{a, b, c\}$

62. $A = \{a, b\}, B = \{1, 2\}, C = \{\square, \Delta\}$
Zeichne ein Baumdiagramm und bilde $A \times B \times C$.

63. Laura kombiniert jeweils Schuhe, Jeans und T-Shirt aus vier Paar Schuhen, drei Jeans und zehn T-Shirts.

a) Wie viele verschiedene Kombinationsmöglichkeiten hat Laura?

b) Wie viele verschiedene Kombinationsmöglichkeiten hat Laura, wenn sie statt Jeans auch mal ihren Rock trägt?

64. Wie viele verschiedene dreistellige Zahlen kann man mit den Ziffern 2, 4, 6 bilden, wenn man jede Ziffer mehrfach verwenden darf?

65. Für eine neue Flagge mit drei Querstreifen stehen fünf unterschiedliche Farben zur Verfügung. Wie viele verschiedene Möglichkeiten gibt es, wenn

a) alle Streifen unterschiedliche Farben besitzen,

b) die beiden Randstreifen die gleiche Farbe besitzen?

6 Die ganzen Zahlen

6.1 Hinweise auf die „neuen“ Zahlen

Oma sagt, sie sei in die „roten Zahlen“ gekommen. Was bedeutet dies und wie ist so etwas möglich?

Beispiel

Oma hat auf ihrem Girokonto ein Guthaben von 1 200 €. Nun werden für eine Rechnung 1 320 € abgebucht. Oma hat jetzt 120 € Schulden bei der Bank. Früher wurden auf dem Kontoauszug Guthaben schwarz und Schulden rot ausgedruckt. Das ist eine unbequeme Schreibweise. Heute führt man zwei Spalten mit „Gutschrift“ und „Lastschrift“. Eine andere Möglichkeit besteht darin, Guthaben mit einem „+“ und Schulden mit einem „–“ zu kennzeichnen:
$+1\,200\text{ €} - 1\,320\text{ €} = -120\text{ €}$

Im Winter sinkt das Thermometer „unter null“. Was bedeutet das? Was sind Minustemperaturen?

Beispiel

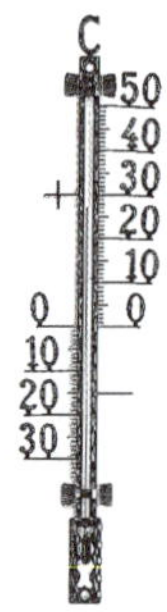

Der Grundzustand unseres Thermometers ist die Temperatur des gefrierenden Wassers. Sie wird mit 0 °C (null Grad Celsius) bezeichnet. Temperaturen unter dem Gefrierpunkt heißen **Minustemperaturen**.
In einem Alpental ist die Temperatur am 12. Februar von –25 °C auf –6 °C angestiegen. Wie groß ist die Temperaturzunahme?

Lösung:
$(-6) - (-25) = \mathbf{+19}$
Die Temperaturzunahme beträgt **19 °C**.

Es gibt Orte auf der Erde, deren geografische Höhe unter dem Meeresspiegel liegt. Man kennzeichnet diese geografische Höhe mit einem Minuszeichen.

Beispiel

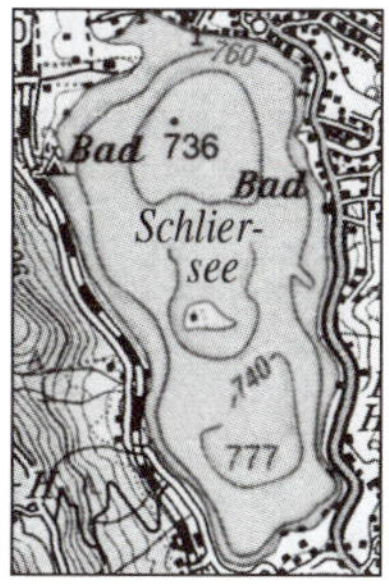

Wegen ihrer großen Fläche kann man die Höhenlage von Binnenseen besonders gut angeben. Der Gardasee liegt beispielsweise 65 m ü. M. (ü. M. = über dem Meeresspiegel), der Schliersee 736 m ü. M. und das Tote Meer 379 m u. M. (u. M. = unter dem Meeresspiegel). Die Höhenlagen sind demnach:

Gardasee: + 65 m,
Schliersee: + 736 m
Totes Meer: – 379 m

1. Um wie viel Meter liegt der Schliersee höher als der Gardasee?
2. Um wie viel Meter liegt der Gardasee höher als das Tote Meer?
3. Um wie viel Meter liegt das Tote Meer niedriger als der Schliersee?

Lösung:

1. $(+736)-(+65)=\mathbf{+671}$
   Der Schliersee liegt **671 m** höher als der Gardasee.
2. $(+65)-(-379)=\mathbf{+444}$
   Der Gardasee liegt **444 m** höher als das Tote Meer.
3. $(-379)-(+736)=\mathbf{-1115}$
   Das Tote Meer liegt **1115 m** niedriger als der Schliersee.

Auch beim Start von Raketen kann man ein interessantes mathematisches Phänomen beobachten.

Beispiel

Dem Start einer Weltraumrakete geht der „Countdown" voraus, z. B. wird wie folgt gezählt:

... 5, 4, 3, 2, 1,	0	1, 2, 3, 4, 5, 6, ...
vor dem Start	Start	nach dem Start
liegen links von unseren bisherigen Zahlen		liegen auf dem bisherigen Zahlenstrahl

An all diesen Beispielen sieht man, dass es sinnvoll ist, Zahlen einzuführen, die links vom Ursprung (Nullpunkt) unseres Zahlenstrahls liegen.

Aufgabe **66.** a) Herr Reich hat ein Vermögen von 100 000 €. Er kauft sich eine Eigentumswohnung für 120 000 €.
Wie sieht seine Vermögenslage nach dem Kauf aus?

b) Der Aralsee liegt 53 m ü. M., das Kaspische Meer 28 m u. M.
Um wie viele Meter liegt der Aralsee höher als das Kaspische Meer?

c) Die Temperatur um Mitternacht betrug –12 °C. Bis zum Mittag ist sie um 16 °C gestiegen.
Wie hoch ist die Mittagstemperatur?

6.2 Zahlengerade und Anordnung der ganzen Zahlen

Bernd hat an einem Wintertag folgende Temperaturen gemessen:

Uhrzeit	6.00	9.00	12.00	15.00	18.00	21.00
°C	–8	–3	2	6	0	–6

Er trägt sie auf einer Skala ab:

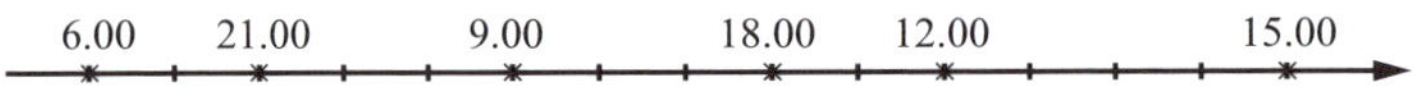

Diese Darstellung übertragen wir allgemein, indem wir den bisherigen Zahlenstrahl durch Spiegelung am Nullpunkt zur **Zahlengeraden** ergänzen und die Zahlen links von Null mit dem **Minuszeichen** schreiben.

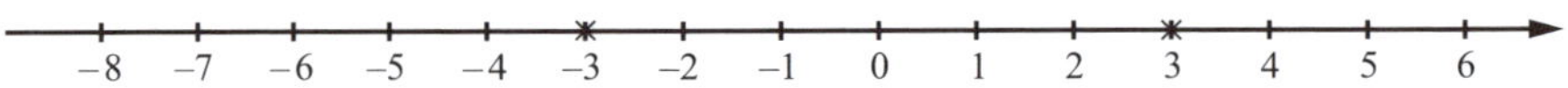

Bezeichnungen:

1. Alle Zahlen, deren Bilder links vom Nullpunkt liegen, heißen **negative Zahlen**.
2. Alle Zahlen, die rechts vom Nullpunkt liegen, heißen **positive Zahlen**.
3. Die Zahl –3 beispielsweise ist **Gegenzahl** zu 3 oder +3.
4. Die Menge $\mathbb{N}$ der natürlichen Zahlen, die Spiegelbilder der natürlichen Zahlen und die Zahl Null bilden die Menge **$\mathbb{Z}$ der ganzen Zahlen**.
   $\mathbb{Z}^-$ ($\mathbb{Z}_0^-$): Menge der negativen Zahlen (mit null)
   $\mathbb{Z}^+$ ($\mathbb{Z}_0^+$): Menge der positiven Zahlen (mit null)
   Es gilt:
   $\mathbb{Z}^+ = \mathbb{N}$; $\mathbb{Z}_0^+ = \mathbb{N}_0$

Beispiele

1. Die Zahl –3 hat ein **negatives Vorzeichen**.
2. Die Zahl +3 hat ein **positives Vorzeichen**.

Wählt man zwei beliebige Zahlen a, b $\in \mathbb{Z}$ auf der Zahlengeraden, so gilt:

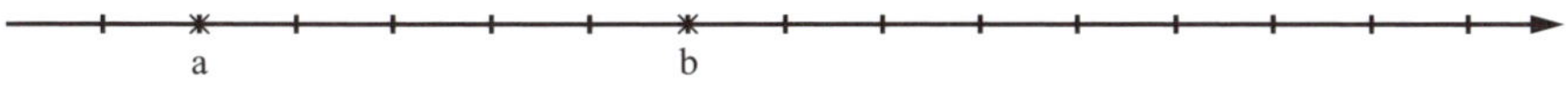

Von zwei ganzen Zahlen a und b nennen wir diejenige **größer (kleiner)**, die auf der Zahlengeraden **weiter rechts (weiter links)** liegt.
b liegt rechts von a:
b > a oder **a < b**

Beispiele

1. $-4 < -2$
2. $-8 < 1$
3. $2 < 6$

Die Zahlen –3 und +3 haben von 0 die gleiche Entfernung. Interessiert nur der Abstand einer Zahl von der Zahl 0, so spricht man vom **Betrag**, d. h. –3 und +3, –6 und +6, …, –a und +a haben jeweils die gleichen Beträge. Für den Betrag einer ganzen Zahl a schreibt man **|a|** (gelesen: Betrag von a). Gegenzahlen haben den gleichen Betrag.

Beispiele

1. $|+5| = |5| = 5$
2. $|-3| = 3$
3. $|a| < 3 \Rightarrow a \in \{-2, -1, 0, 1, 2\}$

Aufgaben

67. Bestimme jeweils die Gegenzahl zu

a) –6

b) 10

c) –88

d) 0

68. Bestimme jeweils die Schnitt- bzw. Vereinigungsmenge!

a) $\mathbb{Z}_0^+ \cap \mathbb{Z}_0^-$

b) $\mathbb{Z}_0^+ \cup \mathbb{Z}^-$

c) $\mathbb{Z}^+ \cup \mathbb{Z}_0^-$

d) $\mathbb{Z}_0^- \cap \mathbb{N}$

69. Ordne der Größe nach in einer steigenden Ungleichungskette:

+11; –6; –3; +8; +4; –1; 0; +2

70. Bestimme jeweils den Betrag der Zahl:

a) –11

b) 0

c) 11

d) –1

e) $a \wedge a \in \mathbb{N}$

f) $a \wedge a \in \mathbb{Z}$

71. Welche Zahl liegt auf der Zahlengeraden in der Mitte zwischen den Zahlen –5 und +3?

7 Addition und Subtraktion ganzer Zahlen

7.1 Addition ganzer Zahlen

Wir betrachten die Addition am Beispiel von „Gewinn" und „Verlust" in einem Spiel, indem wir jeweils die Endsumme nach zwei Spielen betrachten.

Johannes hat im ersten Spiel 3 € gewonnen. Im zweiten Spiel

- gewinnt er 5 €:
  $(+3)+(+5)=+8$: von +3 fünf Schritte auf dem Zahlenstrahl nach rechts
- verliert er 5 €:
  $(+3)+(-5)=-2$: von +3 fünf Schritte auf dem Zahlenstrahl nach links

Johanna hat im ersten Spiel 3 € verloren. Im zweiten Spiel

- gewinnt sie 5 €:
  $(-3)+(+5)=+2$: von –3 fünf Schritte auf dem Zahlenstrahl nach rechts
- verliert sie 5 €:
  $(-3)+(-5)=-8$: von –3 fünf Schritte auf dem Zahlenstrahl nach links

> Vom Ausgangspunkt aus geht man bei der Addition einer **positiven** Zahl um so viele Schritte nach **rechts**, bei der Addition einer **negativen** Zahl um so viele Schritte nach **links** wie der Betrag der Zahl angibt.

Beispiele

1. $(+4)+(+3)=+7=+(4+3)$
2. $(+4)+(-8)=-4=-(8-4)$
3. $(-2)+(+6)=+4=+(6-2)$
4. $(-3)+(-7)=-10=-(3+7)$

Für alle Zahlen a, b $\in \mathbb{Z}$ gilt:

- Bei **gleichen Vorzeichen** werden die Beträge addiert und die Summe erhält das gemeinsame Vorzeichen:
  $(+a)+(+b)=+(a+b)$
  $(-a)+(-b)=-(a+b)$
- Bei **verschiedenen Vorzeichen** subtrahiert man den kleineren Betrag vom größeren und gibt der Differenz das Vorzeichen der Zahl mit dem größeren Betrag:
  $(-a)+(+b)=-(a-b)$, falls Betrag a > Betrag b
  $(-a)+(+b)=+(b-a)$, falls Betrag a < Betrag b
  $(+a)+(-b)=-(b-a)$, falls Betrag a < Betrag b
  $(+a)+(-b)=+(a-b)$, falls Betrag a > Betrag b
- Ein Rechenzeichen und ein Vorzeichen werden immer durch eine Klammer getrennt.
- Pluszeichen lässt man üblicherweise weg, d. h. es gilt: $3=+3$. Ferner lässt man zu Beginn einer Aufgabe Klammern um eine Zahl weg.
- Vorzeichen und Rechenzeichen können durch ein Zeichen ersetzt werden. Es gilt:
  $++=+$
  $+-=-$
  $-+=-$
  $--=+$

Beispiele

1. $(+13)+(-28)=-(28-13)=-15$
2. $(-16)+(+48)=+(48-16)=+32$
3. $(-12)+(-21)=-(12+21)=-33$
4. $(+19)+(+16)=+(19+16)=+35$

Aufgaben

72. Berechne:

a) $(+21)+(-11)=$ b) $(+54)+(+26)=$
c) $(-108)+(+81)=$ d) $(-26)+(+26)=$
e) $(-4)+(-140)=$ f) $(-17)+(+21)=$

73. Berechne:

a) $-14+(-5)=$ b) $-52+100=$
c) $-62+62=$ d) $42+(-36)=$

7.2 Subtraktion ganzer Zahlen

Wie bei der Addition hilft uns auch hier wieder eine „Geldaufgabe“.

Clemens hat 50 € gespart.

- Er gibt seiner Schwester Cornelia 40 €:
  $(+50)-(+40)=+10$
  $(+50)+(-40)=+10$

- Er will seiner Schwester Corinna 80 € geben:
  $(+50)-(+80)=-30$
  $(+50)+(-80)=-30$

> Bei der Subtraktion **positiver** Zahlen geht man auf der Zahlengeraden **nach links**.
> Bei der Subtraktion **negativer** Zahlen geht man auf der Zahlengeraden **nach rechts**.

Beispiele

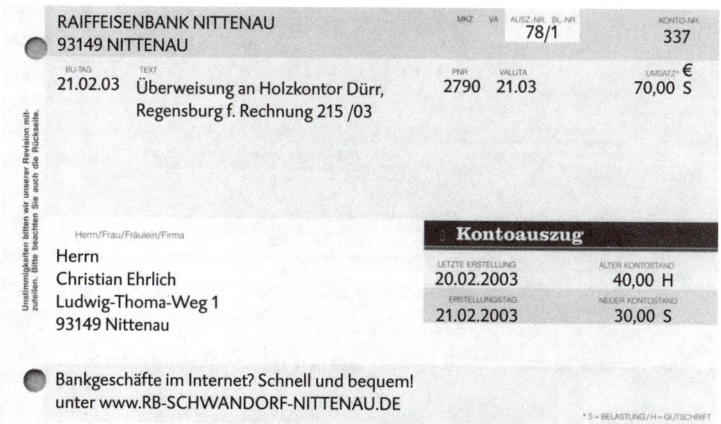
RAIFFEISENBANK NITTENAU
93149 NITTENAU

MKZ	VA	AUSZ.-NR. BL.-NR.	KONTO-NR.
		78/1	337

BU-TAG	TEXT	PNR	VALUTA	UMSATZ* €
21.02.03	Überweisung an Holzkontor Dürr, Regensburg f. Rechnung 215 /03	2790	21.03	70,00 S

Unstimmigkeiten bitten wir unserer Revision mitzuteilen. Bitte beachten Sie auch die Rückseite.

Herrn/Frau/Fräulein/Firma
Herrn
Christian Ehrlich
Ludwig-Thoma-Weg 1
93149 Nittenau

Kontoauszug

LETZTE ERSTELLUNG	ALTER KONTOSTAND
20.02.2003	40,00 H
ERSTELLUNGSTAG	NEUER KONTOSTAND
21.02.2003	30,00 S

Bankgeschäfte im Internet? Schnell und bequem!
unter www.RB-SCHWANDORF-NITTENAU.DE

* S = BELASTUNG / H = GUTSCHRIFT

Christian holt seinen Kontoauszug bei der Bank und stellt fest, dass er 30 € Schulden hat, weil die Bank aus Versehen 70 € abgebucht hat.
Wie kann die Bank dies wieder ausgleichen?

$(-30)-(-70)=+40$ (70 € Schulden werden weggenommen)

$(-30)+(+70)=+40$ (70 € Guthaben werden dazugezählt)

Die **Subtraktion** einer Zahl ist dasselbe wie die **Addition ihrer Gegenzahl**.
$\mathbf{a-b=a+(-b)=+(a-b)}$, falls Betrag a > Betrag b;
$\mathbf{a-b=a+(-b)=-(b-a)}$, falls Betrag a < Betrag b.

Damit gilt: In der Menge $\mathbb{Z}$ ist **jede** Additionsaufgabe und **jede** Subtraktionsaufgabe ausführbar, auch wenn der Subtrahend größer ist als der Minuend.

$a+x=b \quad \Rightarrow \quad x=b-a$
$x+a=b \quad \Rightarrow \quad x=b-a$
$x-a=b \quad \Rightarrow \quad x=b+a$
$a-x=b \quad \Rightarrow \quad x=a-b$

Beispiele

1. $(+13)-(+6)=(+13)+(-6)=+7$
2. $(+21)-(-11)=(+21)+(+11)=+32$
3. $(-16)-(+5)=(-16)+(-5)=-21$
4. $(-18)-(-11)=(-18)+(+11)=-7$

Aufgaben

74. Berechne:

a) $(+29)-(+16)=$ b) $(-18)-(+39)=$
c) $(-33)-(-15)=$ d) $(+42)-(-28)=$

75. Berechne:

a) $88-46=$ b) $46-88=$
c) $-88-46=$ d) $-46-88=$

7.3 Einfache Terme zu Addition und Subtraktion

Das **Permanenzprinzip** der Mathematik verlangt, dass in der von $\mathbb{N}_0$ aus erweiterten Zahlenmenge $\mathbb{Z}$ dieselben Rechengesetze gelten wie in der Menge $\mathbb{N}_0$. Ferner kann man bei der Berechnung von Termen die bereits angesprochene Vereinfachung der Schreibweise verwenden.

Beispiele

1. $(+5)-(+9)+(-4)-(-7)=5-9-4+7=(5+7)-(9+4)=12-13=-1$
2. $22+(16-35)=22+(-19)=22-19=3$
3. $22-(16-35)=22-(-19)=22+19=41$
4. $88-(24-12)-(19-38)=88-12-(-19)=88-12+19$
   $=(88+19)-12=107-12=95$
5. Bestimme die Lösungsmenge L in $G=\mathbb{Z}$:
   $17+x=9$
   $x=9-17$
   $x=-8 \quad \Rightarrow \quad L=\{-8\}$

Aufgaben

76. Berechne:

a) $18-7-20+3=$

b) $12-44+18+4-28=$

c) $-5+(9-26)+(1-15)-4=$

d) $-5-[6-(3-5)+(-8+4)-2]+4=$

e) $|-5|-|-8|=$

f) $|-12+3|=$

77. Bestimme die Lösungsmenge L in $G=\mathbb{Z}$:

a) $17+x=13$

b) $x-12=-35$

c) $16-x=40$

d) $x+65=45$

8 Multiplikation und Division ganzer Zahlen

8.1 Multiplikation und Vorzeichenregeln

- Bei gleichen Vorzeichen der Faktoren multiplizieren wir die Beträge und geben dem Produkt positive Vorzeichen: $(+)\cdot(+)=+$; $(-)\cdot(-)=+$
- Bei verschiedenen Vorzeichen der Faktoren multiplizieren wir die Beträge und geben dem Produkt das negative Vorzeichen: $(+)\cdot(-)=-$; $(-)\cdot(+)=-$
- Der Wert eines Produktes ist null, wenn wenigstens ein Faktor den Wert null besitzt. $\mathbf{0\cdot a=0}$; $\mathbf{a\cdot 0=0}$; $\mathbf{0\cdot 0=0}$
- $(-1)\cdot a=-a$

Beispiele

1. $(+5)\cdot(-7)=-35$
2. $(-6)\cdot(-8)=+48=48$
3. $(-17)\cdot(+2)=-34$
4. $3\cdot(-6)=-18$
5. $-5\cdot 6=-30$
6. $-8\cdot(-4)=+32=32$
7. $(-3)^3=(-3)\cdot(-3)\cdot(-3)=-3^3=-27$

Aufgaben

78. Berechne:

a) $(-18)\cdot(-18)=$ b) $(+36)\cdot(-29)=$

c) $13\cdot(-37)=$ d) $(-5)\cdot 111=$

79. Berechne:

a) $(+17)\cdot(-12)\cdot(+2)=$ b) $(-16)\cdot(+5)\cdot(+8)=$

c) $8\cdot(-2)\cdot 0=$ d) $(-4)^3=$

e) $(-3)^4=$ f) $-3^4=$

8.2 Division und Vorzeichenregeln

- Bei gleichen Vorzeichen dividieren wir die Beträge und geben dem Quotienten ein positives Vorzeichen: $(+):(+)=+$; $(-):(-)=+$
- Bei verschiedenen Vorzeichen dividieren wir die Beträge und geben dem Quotienten ein negatives Vorzeichen: $(+):(-)=-$; $(-):(+)=-$
- **Die Division durch null ist nicht erlaubt.**

Beispiele

1. $(-16):(-2)=+8=8$
2. $(-32):(+8)=-4$
3. $(+56):(-7)=-8$
4. $(-256):(-16)=+16=16$
5. $(-39):(-13)=+3=3$
6. $(+216):(-27)=-8$

Aufgabe **80.** Berechne:

a) $(-111):(-3)=$
b) $(+216):(-18)=$
c) $(-165):(+55)=$
d) $(+1\,111):(+101)=$
e) $0:(-4)=$
f) $(+4):(-1)=$
g) $462:(-22)=$
h) $-1\,728:48=$

8.3 Einfache Terme zu Multiplikation und Division

In der Menge $\mathbb{Z}$ gelten:

- die **Distributivgesetze**:
  $a \cdot (b + c) = a \cdot b + a \cdot c$
  $a \cdot (b - c) = a \cdot b - a \cdot c$
  $(a + b) : c = a : c + b : c; \quad c \neq 0$
  $(a - b) : c = a : c - b : c; \quad c \neq 0$
- die **Punkt-vor-Strich-Regel**: Punktrechnungen werden vor Strichrechnungen ausgeführt.

Beispiele

1. Bestimme die Werte des Terms $T(x) = -4 \cdot x - 5$ für $x \in \{-3, -1, 0, 4\}$:
   $$\begin{aligned} T(-3) &= -4 \cdot (-3) - 5 \\ &= 12 - 5 \\ &= 7 \end{aligned}$$
   $$\begin{aligned} T(-1) &= -4 \cdot (-1) - 5 \\ &= 4 - 5 \\ &= -1 \end{aligned}$$
   $$\begin{aligned} T(0) &= -4 \cdot 0 - 5 \\ &= 0 - 5 \\ &= -5 \end{aligned}$$
   $$\begin{aligned} T(4) &= -4 \cdot 4 - 5 \\ &= -16 - 5 \\ &= -21 \end{aligned}$$

2. Berechne auf zwei Arten:
   $(63 - 42) : (-7) = 21 : (-7) = -3$
   $(63 - 42) : (-7) = 63 : (-7) - 42 : (-7) = -9 + 6 = -3$

3. Berechne:
   $$\begin{aligned} 46 - 3 \cdot (7 - 2) - 5 \cdot (7 + 22) &= 46 - 3 \cdot 5 - 5 \cdot 29 \\ &= 46 - 15 - 145 \\ &= 46 - (15 + 145) \\ &= 46 - 160 \\ &= -114 \end{aligned}$$

4. Löse die Ungleichung in $G = \mathbb{Z}$:

$$\begin{aligned} 3 \cdot (6-9) + x &\leq 2 \cdot (3-8) \\ 3 \cdot (-3) + x &\leq 2 \cdot (-5) \\ -9 + x &\leq -10 \\ x &\leq -10 - (-9) \\ x &\leq -10 + 9 \\ x &\leq -1 \quad \Rightarrow \quad L = \{\ldots -5, -4, -3, -2, -1\} = \{x \mid x \leq -1 \ \wedge \ x \in \mathbb{Z}\} \end{aligned}$$

ufgaben

81. Bestimme die Termwerte T(–2) und T(3) des Terms $T(x) = 2 \cdot x^2 - 10$.

82. Berechne jeweils auf zwei Arten:

a) $-6 \cdot (22 - 12) =$

b) $(64 - 96) : (-8) =$

83. Berechne:

a) $43 - 2 \cdot (5 + 9) + 3 \cdot (5 - 17) - 3 + 4 \cdot (17 - 21) =$

b) $(95 - 113) - [6 \cdot (27 - 8) - (18 + 114)] - 5 \cdot (16 - 24) =$

84. Bestimme jeweils die Lösungsmenge L in $G = \mathbb{Z}$:

a) $12 \cdot (6 - 8) - x = 32 - 4 \cdot (8 - 18)$

b) $444 - 44 \cdot (4 - 14) + x = 555 - 55 \cdot (5 - 15)$

c) $15 \cdot (2 - 16) - 6 \cdot (1 + 14) \leq x - 4 \cdot (68 - 5)$

Größen und Sachaufgaben

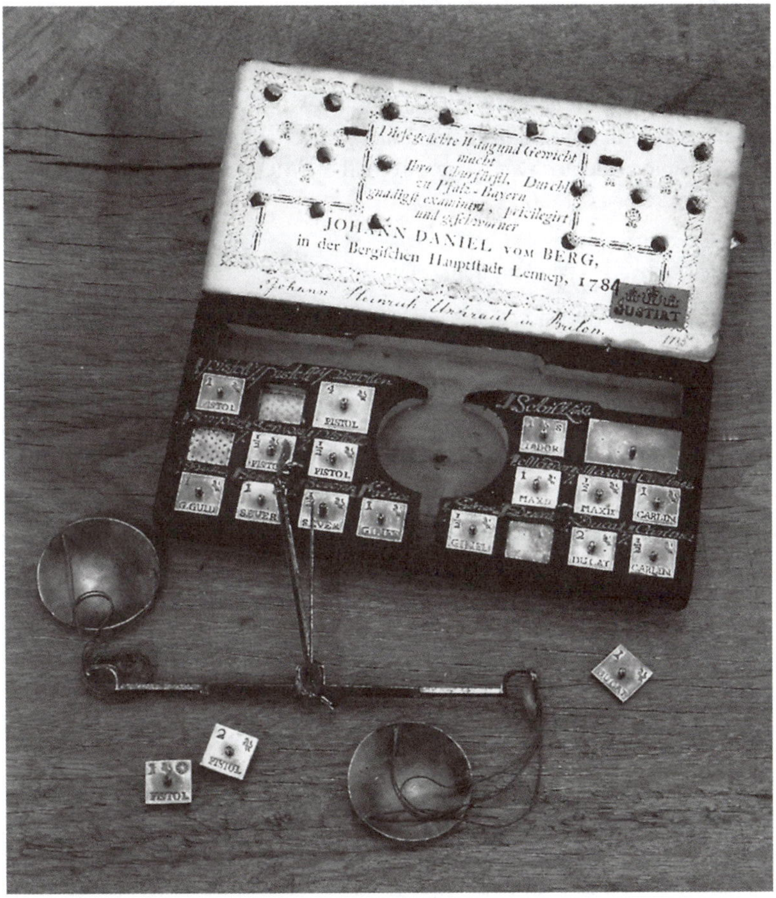

Ihre bedeutendste Anwendung finden die vier Grundrechenarten im Lösen von Sachaufgaben. Dabei werden die Gegenstände und Sachverhalte, mit denen wir Menschen in Berührung kommen, mithilfe von Größen geordnet. Maße wie Meter und Kilometer, Minuten und Stunden oder Gramm und Kilogramm sorgen für Struktur innerhalb dieser Größen.

9 Größen und Maßeinheiten

9.1 Messen und Längeneinheiten

Messen heißt immer **Vergleichen mit einer Einheit**. Wenn man die Länge einer Strecke messen will, muss man sie mit einer Längeneinheit vergleichen. Ist beispielsweise eine Strecke so lang wie zweimal ein Meter, so sagt man: Die Länge der Strecke beträgt 2 m.

Bezeichnungen:

Maßzahl — Maßeinheit

2 m

Größe

Die **Längeneinheit** ist **1 Meter, abgekürzt 1 m**.
Weitere gebräuchliche Einheiten sind Millimeter (mm), Zentimeter (cm), Dezimeter (dm) und Kilometer (km). Für den Zusammenhang der einzelnen Längeneinheiten gilt:

1 cm = 10 mm
1 dm = 10 cm = 100 mm
1 m = 10 dm = 100 cm = 1 000 mm
} Die Umrechnungszahl ist 10.

1 km = 1 000 m = 10 000 dm = 100 000 cm = 1 000 000 mm

Für 4 m 32 cm schreibt man auch 4,32 m.
Das **Komma** trennt die Einheit von der nächst kleineren.

Beispiele

1. **5,8 cm** = 5 cm 8 mm = **58 mm**

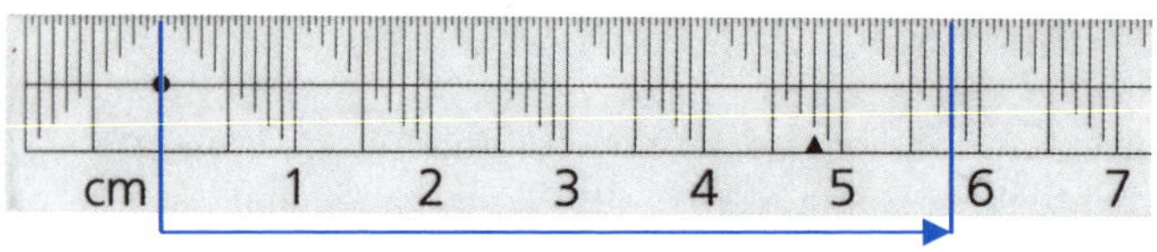

2. **8,051 m** = 8 m 0 dm 5 cm 1 mm = 80,51 dm = 805,1 cm = **8 051 mm**
3. **15,416 km** = 15 km 416 m = **15 416 m**
4. **18 m 3 dm 4 cm 5 mm** = 18,345 m = 183,45 dm = 1 834,5 cm = **18 345 mm**
5. **4 m 1 mm** = 4,001 m = 40,01 dm = 400,1 cm = **4 001 mm**

9.2 Maße des Gewichts (der Masse)

Die Gewichtseinheit (Einheit der Masse) ist **1 Kilogramm, abgekürzt 1 kg.**
Weitere gebräuchliche Einheiten sind Milligramm (mg), Gramm (g) und Tonne (t).
Für den Zusammenhang der einzelnen Gewichtsmaße gilt:

1 g = 1 000 mg
1 kg = 1 000 g = 1 000 000 mg
1 t = 1 000 kg = 1 000 000 g = 1 000 000 000 mg

} Die Umrechnungszahl ist 1 000.

Für 15 kg 380 g schreibt man auch 15,380 kg.
Das **Komma** trennt die Einheit von der nächst kleineren.

Beispiele

1. **4 kg 25 g** = 4 025 g = **4,025 kg**
2. **8 t 1 kg** = 8 001 kg = **8,001 t**
3. **1 g 525 mg** = 1 525 mg = **1,525 g**

9.3 Hohlraummaße (Flüssigkeitsmaße)

Die Hohlraumeinheit ist bei uns **1 Liter, abgekürzt 1 ℓ.**
Ebenfalls gebräuchlich ist die Bezeichnung 1 Hektoliter; abgekürzt 1 $h\ell$ = 100 ℓ.

Für 5 $h\ell$ 4 ℓ schreibt man auch 5,04 $h\ell$.
Das **Komma** trennt Hektoliter und Liter.

Beispiele

1. **1 ℓ = 0,01 $h\ell$**
2. **18 $h\ell$ 14 ℓ** = 1 814 ℓ = **18,14 $h\ell$**
3. **631 025 ℓ** = 6 310 $h\ell$ 25 ℓ = **6 310,25 $h\ell$**

9.4 Geldmaße

Das Geldmaß (die Geldeinheit) ist bei uns **1 Euro, abgekürzt 1 €**.
Ein Euro wird in 100 Cent unterteilt: 1 € = 100 Cent
Für 8 € 95 Cent schreibt man auch 8,95 €. Das **Komma** trennt die € von den Cent.

Der Euro **(€)** ist in vielen Ländern Europas das gemeinsame Zahlungsmittel. In anderen Ländern gibt es natürlich andere Geldeinheiten, z. B. ist in den USA der Dollar **($)** die Geldeinheit.

Beispiele

1. **16 € 4 Cent** = 1 604 Cent = **16,04 €**
2. **40 418 Cent** = 404 € 18 Cent = **404,18 €**

9.5 Zeitmaße

Die Zeiteinheit ist **1 Sekunde, abgekürzt 1 Sek oder 1 s**.
Weitere gebräuchliche Einheiten sind Minute (Min bzw. min), Stunde (Std bzw. h), Tag, Woche, Monat, Jahr.
Für den Zusammenhang der einzelnen Zeiteinheiten gilt:

1 min = 60 Sek	(1 min = 60 s)
1 Std = 60 min = 3 600 Sek	(1 h = 60 min = 3 600 s)
1 Tag = 24 Std.	(1 Tag = 24 h)

Folgende Bezeichnungen sind gebräuchlich:
Viertelstunde = 15 min $\frac{1}{4}$ h = 15 min
Halbe Stunde = 30 min $\frac{1}{2}$ h = 30 min
Dreiviertelstunde = 45 min $\frac{3}{4}$ h = 45 min

Die **Uhrzeit 8.53 Uhr** bedeutet: Seit Mitternacht (0.00 Uhr) sind 8 Std 53 min vergangen.
Die Kommaschreibweise ist für die angegebenen Zeitmaße **nicht üblich**, da sie sich nicht durch Stufenzahlen des Zehnersystems ineinander umrechnen lassen.

Beispiele

1. **4 Tage 23 h** = 96 h + 23 h = **119 h**
2. **12 h 13 min** = 720 min + 13 min = **733 min**
3. **1 h 1 min 1 s** = 3 600 s + 60 s + 1 s = **3 661 s**

9.6 Teilen und Messen

- Teilt man eine Größe in eine Anzahl von Teilen auf, so heißt dieser Vorgang **Teilung**.
- Prüft man nach, wie oft eine Größe in einer zweiten Größe enthalten ist, so heißt dieser Vorgang **Messung**.

Beispiele

1. **12 m 8 cm : 4** = 1 208 cm : 4 = **302 cm** (Teilung)
2. **3 t 332 kg : 34 kg** = 3 332 kg : 34 kg = **98** (Messung)

9.7 Mittelwerte

Addiert man eine Anzahl von Größen und dividiert dann diese Summe durch die Anzahl, so erhält man den **Mittelwert** oder das **arithmetische Mittel**.

Beispiel

Fünf Freunde stellen ihre Körpergewichte fest: 43 kg, 41 kg, 40 kg, 37 kg, 34 kg.
Wie groß ist das durchschnittliche Gewicht dieser Schüler?

Lösung:
(43 kg + 41 kg + 40 kg + 37 kg + 34 kg) : 5 = 195 kg : 5 = **39 kg**
Das durchschnittliche Gewicht beträgt **39 kg**.

9.8 Runden von Größen

Soll eine Größe auf eine bestimmte Einheit gerundet werden, so rundet man von der Hälfte der Einheit an **auf**, unterhalb der Hälfte rundet man **ab**.

Beispiele

Runde auf die angegebene Einheit:

1. m: 17 km **5 m 8 dm** 4 cm ≈ 17 km 6 m = **17 006 m**, weil 8 dm > 5 dm.
2. km: **17 km 5 m** 8 dm 4 cm ≈ **17 km**, weil 5 m < 500 m.
3. Std: **8 Std 30 min** 12 Sek ≈ **9 Std**, weil 30 min ≥ 30 min.
4. €: **88,45 €** ≈ **88 €**, weil 45 Cent < 50 Cent.

Aufgaben

85. Gib mehrfach benannt und dann als Kommazahl an:

a) 2 586 cm = ☐ m ☐ dm ☐ cm = ☐ m

b) 1 650 083 mm = ☐ km ☐ m ☐ dm ☐ cm ☐ mm = ☐ m

c) 60 030 kg = ☐ t ☐ kg = ☐ t

d) 1 844 ℓ = ☐ hℓ ☐ ℓ = ☐ hℓ

86. Berechne und gib an, ob es sich um eine Teilung oder Messung handelt.

a) 10 h 40 min : 2 h 40 min =

b) (8 km 416 m + 3 km 788 m) : 108 m =

c) 327 t 80 kg : 68 =

87. Das Wetteramt der Zugspitze meldet an einer ihrer Messstellen für die 30 Tage des April folgende Niederschlagsmengen pro Quadratmeter: 12 Tage ohne Niederschlag, 6 Tage mit 12 Litern, 8 Tage mit 35 Litern, ein Tag mit 62 Litern und die restlichen Tage mit jeweils 72 Litern Niederschlag.
Wie viele Liter Regen sind durchschnittlich pro Tag auf einen Quadratmeter gefallen?

88. Jemand hat drei volle Fässer mit dem Inhalt von 154, 236 und 178 Litern und außerdem ein leeres Fass mit einem Fassungsvermögen von 180 Litern. Er möchte den Inhalt auf alle vier Fässer gleichmäßig verteilen.
Wie viele Liter sind dann in jedem Fass?

89. a) Runde jeweils:

(1) 7 t 560 g ≈ □ t

(2) 12,51 km ≈ □ km

(3) 48 h 49 min ≈ □ h

(4) 444 € 9 Cent ≈ □ €

(5) 3 hℓ 73 ℓ ≈ □ hℓ

b) Ein Gewicht, das in g gemessen wurde, ist auf kg gerundet worden. Die gerundete Größe wird mit 17 kg angegeben.
Welche Ungleichung gilt für das ursprüngliche Gewicht x?

90. Der Sportlehrer, Herr Busslinger, lässt zwei Riegen mit je fünf Schülerinnen und Schülern Weitsprung üben. Er stellt folgende Sprungweiten fest:
1. Riege: 3,85 m; 3,92 m; 3 m 98 cm; 402 cm; 4,18 m
2. Riege: 3,70 m; 398 cm; 4 m 15 cm; 4 m 18 cm; 424 cm

a) Wie viele Schülerinnen und Schüler der ersten Riege erzielten eine Sprungweite, die über dem Durchschnitt innerhalb der Riege liegt?

b) Wie groß ist die durchschnittliche Sprungweite aller Springer beider Riegen?

10 Sachaufgaben

10.1 Allgemeines

Die vier Grundrechenarten und die Maße benötigt man, um Aufgaben lösen zu können, die einen Sachzusammenhang beschreiben, d. h. als Textaufgabe formuliert sind. Diese Aufgaben musst du besonders sorgfältig durchlesen und durchdenken, damit dir die Abfolge der Rechenschritte und daraus der Gesamtansatz deutlich wird.

Beachte beim Lösen von Sachaufgaben:

- Lies die Aufgabe zuerst **sorgfältig** durch!
- Überlege, **was gegeben ist**!
- Überlege, **was gesucht ist**!
- Zerlege die Aufgaben in **Teilfragen** und ordne diese in einer sinnvollen Reihenfolge!
- Schreibe diese Reihenfolge als **Gesamtterm** auf! Rechne nur dann in **Einzelschritten**, wenn der Umfang der Aufgabe sehr groß ist!
- Verwandle beim Ausrechnen die Größen in **sinnvolle Einheiten**, die in der Gesamtrechnung dann weggelassen werden können!
- Führe alle schwierigen Rechnungen als Nebenrechnungen **schriftlich** aus!
- Gib zu jeder Sachaufgabe eine **Antwort**, die sich auf die gestellte Frage bezieht!

10.2 Einkauf, Verkauf

$$\underbrace{\textbf{Einkaufspreis} + \textbf{Kosten}}_{\text{Selbstkosten}} + \textbf{Gewinn} = \textbf{Verkaufspreis}$$

$$\textbf{Einkaufspreis} + \textbf{Kosten} - \textbf{Verlust} = \textbf{Verkaufspreis}$$

Beispiele

1. Frau Rosenbusch bezieht 120 Rosenstöcke und bezahlt dafür 780 €. An Lager- und Verkaufskosten rechnet sie mit 1 € pro Rosenstock. Wie teuer muss sie einen Rosenstock verkaufen, wenn sie für diese 120 Stöcke einen Gesamtgewinn von 204 € erzielen will?

   Lösung:
   Gerechnet wird in Cent.
   $(78\,000+120\cdot 100+20\,400):120$
   $=(78\,000+12\,000+20\,400):120$
   $=110\,400:120$
   $=\mathbf{920}$
   Sie muss einen Rosenstock für 920 Cent = **9,20 €** verkaufen.

2. Ein Obsthändler bezieht 120 kg Erdbeeren, ein Kilogramm kostet 2 €. Die Hälfte der Lieferung verkauft er für 3 € pro Kilogramm. Von den übrigen Erdbeeren verdirbt der dritte Teil. Der Rest kann nur noch für 1,20 € je Kilogramm verkauft werden.
   Welchen Verlust erleidet der Obsthändler beim Verkauf dieser Erdbeeren, wenn er noch anteilige Kosten in Höhe von 30 € einrechnen muss?

   Lösung:
   Gerechnet wird in Cent.
   $(120\cdot 200+3\,000)-(60\cdot 300+40\cdot 120)$
   $=(24\,000+3\,000)-(18\,000+4\,800)$
   $=27\,000-22\,800$
   $=\mathbf{4\,200}$
   Er erleidet einen Verlust von 4 200 Cent = **42 €**.

10.3 Kosten

Kosten entstehen immer dann, wenn eine Dienstleistung in Anspruch genommen oder etwas gekauft wird.

Beispiele

1. Die Grundgebühr für das Telefon beträgt bei einer Telefongesellschaft monatlich 13 €. Eine Sprecheinheit kostet 6 Cent, wobei die ersten 10 Einheiten gebührenfrei sind. Im Monat September zählt das Fernmeldeamt 384 Einheiten für Familie Meier.
   Wie hoch ist in diesem Monat die Telefonrechnung von Familie Meier?

Lösung:
Gerechnet wird in Cent.
$1\,300 + (384 - 10) \cdot 6$
$= 1\,300 + 374 \cdot 6$
$= 1\,300 + 2\,244$
$= \mathbf{3\,544}$
Die Telefonrechnung beläuft sich auf **35,44 €.**

2. Bei einem Konzert war im Zuhörerraum der 6. Teil der insgesamt 168 Plätze unbesetzt. 50 der verkauften Karten waren ermäßigte Karten zu 6,50 € das Stück. Die restlichen Karten kosteten alle gleich viel. Was hat jede dieser Karten gekostet, wenn insgesamt 1 540 € eingenommen wurden?

Lösung:
Gerechnet wird in Cent.
$(154\,000 - 50 \cdot 650) : (168 - 168 : 6 - 50)$
$= (154\,000 - 32\,500) : (168 - 28 - 50)$
$= 121\,500 : 90$
$= \mathbf{1\,350}$
Eine der restlichen Karten hat **13,50 €** gekostet.

3. Sabine kauft sich ein Mountainbike für 1 280 €. 805 € zahlt sie sofort, den Rest in Monatsraten zu 95 €. Wie viele Monate dauert die Abzahlung?

Lösung:
$(1\,280 - 805) : 95 = 475 : 95 = \mathbf{5}$
Die Ratenzahlung dauert insgesamt **5 Monate.**

Aufgaben

91. Ein Getränkehändler liefert an eine Ausflugsgaststätte 25 Kästen Limonade und 30 Kästen Bier mit jeweils 20 Flaschen pro Kasten. Die Wirtin zahlt insgesamt 590 €, wobei eine Flasche Bier 65 Cent kostet. Wie viel wurde für eine Flasche Limonade bezahlt?

92. Eine Lebensmittelhändlerin bezieht von einem Großhändler 136 Stück Blumenkohl zu je 1,08 €. Zunächst werden 79 Stück zu einem Stückpreis von 1 € 72 Cent verkauft. Danach muss der Preis auf 99 Cent pro Stück herabgesetzt werden. Zwölf Stück Blumenkohl können nicht verkauft werden.
Hat sich der Posten Blumenkohl für das Geschäft gelohnt, wenn noch anteilige Geschäftskosten in Höhe von 18 € berücksichtigt werden müssen?

93. Ein Kaufmann bestellt einen 20 m-Ballen Stoff für 30,40 € je Meter. Es entstehen ihm Fracht- und andere Geschäftskosten in Höhe von 46 €. Zunächst verkauft er 10 m für je 41 €.
Wie viel muss er beim Rest je Meter verlangen, wenn er einen Gesamtgewinn von 190 € erzielen will?

94. In einem Geschäft kostet ein Maßanzug 499,50 €. Lässt man sich diesen Anzug bei einer Schneiderin anfertigen, so benötigt man 4 m Stoff zu je 62,50 € sowie zusätzliche Materialien wie Faden usw. im Wert von 68 €. Die Schneiderin berechnet für ihre 8 Stunden Arbeitszeit 42,50 € pro Stunde.
Um wie viel ist der im Geschäft gekaufte Anzug billiger?

95. Ein Weinhändler kauft zwei Fässer Wein, eines zu 323 Litern und eines zu 237 Litern.

a) Wie viel muss er insgesamt zahlen, wenn 1 Liter Wein 3,50 € kostet und dazu noch Transportkosten in Höhe von 82 € kommen?

b) Der Wein wird in 1-Liter-Flaschen abgefüllt. Für Arbeitslohn, Material- und Lagerkosten setzt der Händler 758 € in seine Preiskalkulation ein. Zu welchem Preis muss er eine Flasche verkaufen, wenn er noch einen Gesamtgewinn von 1 232 € erzielen will?

96. a) Herr Hofmann will 1 250 g Fleisch für 22,50 € einkaufen. Da fragt die Verkäuferin: „Dürfen es 100 g mehr sein?“ Herr Hofmann stimmt zu. Wie viel muss er jetzt insgesamt bezahlen?

b) Im Werbefernsehen kostet 1 Minute Sendezeit 288 000 €.
Wie teuer kommt ein Werbespot mit einer Dauer von 11 Sekunden?

c) Ein Händler verkauft eine Ware für 2 864 €. Zusätzlich zu seinen Geschäftskosten von 112 € erlitt er einen Verlust von 369 €.
Wie teuer hat der Händler die Ware eingekauft?

97. In einem Zirkus gibt es erste, zweite und Logenplätze. Es sind doppelt so viele zweite Plätze wie erste und 100 Logenplätze weniger als erste Plätze vorhanden. Der erste Platz kostet 10 €, der zweite 8 €, während man für den Logenplatz 15 € bezahlen muss. Die Gesamteinnahmen bei einer voll besetzten Vorstellung betragen 19 000 €.
Wie viele erste, zweite und Logenplätze sind es?

98. Frau und Herr Schrott kaufen ein gebrauchtes Auto für 9 260 € und zahlen 3 500 € an. Den Rest wollen sie in 24 Monatsraten bezahlen. Nach 10 Raten zahlen sie zusätzlich 1 260 €.
Wie hoch ist jetzt noch eine der restlichen Raten?

99. Eine Zeitschrift, die monatlich erscheint, kostet im Jahresabonnement 78 €. Das Einzelheft soll 7,80 € kosten.
Um wie viel ist ein Monatsheft im Abonnement billiger?

100. Frau Schumacher fährt an die Tankstelle und lässt den 50-Liter-Tank ihres Autos ganz füllen. An der Kasse bezahlt sie mit 50 € und bekommt 5,90 € zurück.
Wie viele Liter Benzin waren noch im Tank, wenn ein Liter Benzin 1,05 € kostet?

101. Fritz behauptet, dass er drei Zahlen kenne, deren Summenwert und deren Produktwert jeweils 0 sind. Er verrät, dass eine Zahl –5 ist.
Wie lauten die beiden anderen?

102. Herr Spielgern besucht ein Spielcasino und spielt Roulette. Er notiert die Ergebnisse seiner ersten zehn Spiele: – 20 €; –40 €; + 50 €; + 120 €; – 50 €; – 50 €; + 100 €; – 100 €; – 200 €; + 100 €;
Was stellt Herr Spielgern bei einer „Gewinn-Verlust-Rechnung“ fest?

103. Frau Genau freut sich zu Beginn eines Monats über ein Guthaben von 1 233,30 € auf ihrem Konto. Leider hat sie nicht mit außergewöhnlichen Ausgaben für Öl in Höhe von 722,30 € und für eine Autoreparatur in Höhe von 448 € 80 Cent gerechnet.
Wie sieht ihr Kontostand am Ende des Monats aus, wenn sie noch laufende Ausgaben von 582 € 20 Cent hatte?

10.4 Zeitdauer, Geschwindigkeit, Weg, Verkehr

Es gelten stets die folgenden Ablaufdiagramme:

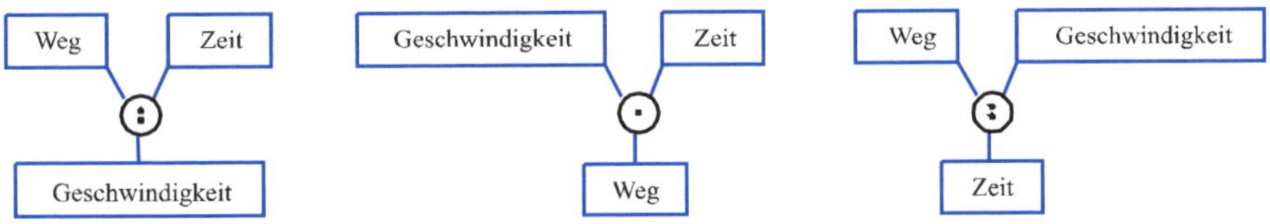

Beispiele

1. Monika fährt mit dem Fahrrad mit gleich bleibender Geschwindigkeit zu ihrer 30 km entfernt wohnenden Oma.
   a) Sie benötigt für die Strecke 1 Std 15 min.
   Welche Strecke legt sie bei dieser Fahrweise durchschnittlich pro Minute zurück?
   Wie groß ist ihre Geschwindigkeit?
   b) Wie lange benötigt sie mit dieser durchschnittlichen Geschwindigkeit für die ersten 12 km?
   c) Welche Wegstrecke hat sie nach 12 min zurückgelegt?

   Lösung:
   Gerechnet wird in Metern und Minuten.
   a) $30\,000 : 75 =$ **400**
   Sie legt in einer Minute **400 m** zurück.
   In einer Stunde legt sie $400 \text{ m} \cdot 60 = 24\,000 \text{ m} =$ **24 km** zurück.
   Ihre Geschwindigkeit beträgt also **24 km pro Stunde**.
   b) $12\,000 : 400 =$ **30**
   Sie benötigt **30 Minuten**.

c) $400 \cdot 12 = \mathbf{4\,800}$
In 12 min hat sie 4 800 m = 4 km 800 m = 4,800 km = **4,8 km** zurückgelegt.

2. Ein Autotank fasst 62 Liter Benzin. Ein Pkw benötigt auf der Autobahn durchschnittlich 8 Liter Benzin pro 100 Kilometer. Er fährt 500 km auf der Autobahn.
Wie viele Liter Benzin sind noch im Tank, wenn der Pkw vorher voll getankt war?
Lösung:
Es wird in ℓ gerechnet.
$62 - 5 \cdot 8 = 62 - 40 = \mathbf{22}$
Es befinden sich noch **22 Liter** im Tank.

Aufgaben

104. Ein Autobus soll eine 2 200 km lange Strecke in 5 Tagen durchfahren. Am 1. Tag fährt er 600 km, am 2. Tag 250 km weniger als am ersten Tag und am 3. Tag 176 km mehr als am 2. Tag.
Wie viele Kilometer muss der Fahrer am 4. bzw. am 5. Tag zurücklegen, wenn er an beiden Tagen die gleiche Entfernung bewältigt?

105. Ein Schnellzug fährt durchschnittlich 90 km in der Stunde.
a) Welche Strecke legt der Zug in einer Minute zurück?
b) Wie viele Stunden und Minuten braucht der Zug für die 609 km lange Strecke Hamburg–München?

106. Ingo fährt in den Ferien täglich mit seinem Mountainbike größere Strecken.
a) An einem Tag fährt er 150 km in 8 Stunden. Wie groß ist seine durchschnittliche Geschwindigkeit?
b) An einem anderen Tag fährt er 193,5 km mit einer Durchschnittsgeschwindigkeit von 18 km pro Stunde. Wie lange ist er unterwegs?

107. An einem Pegel, der den Wasserstand eines Flusses angibt, wird der Normalwasserstand mit 0 bezeichnet. Von diesem Wert fällt der Pegelstand wegen lang anhaltender Trockenheit zuerst um 42 cm und dann nochmals um 36 cm, ehe er durch Regenfälle um 23 cm ansteigt.
Welcher Pegelstand ist jetzt erreicht?

10.5 Entfernung und Maßstab

Wegen der Begrenztheit von Zeichenflächen können größere Entfernungen nur gezeichnet werden, wenn sie im entsprechenden Verhältnis, d. h. in einem bestimmten Maßstab verkleinert werden; z. B. bedeutet der Maßstab 1 : 100 (lies: 1 zu 100): 1 cm in der Zeichnung entspricht 100 cm in der Wirklichkeit. Ebenso gilt: 1 mm in der Zeichnung entspricht 100 mm in der Wirklichkeit oder 1 m in der Zeichnung entspricht 100 m in der Wirklichkeit, je nachdem in welcher Längeneinheit am günstigsten gerechnet wird.

Beispiele

1. Der Bauplan eines Hauses ist im Maßstab 1 : 50 gefertigt.
   Welche Länge hat die im Plan 12 cm lang gezeichnete Garage in Wirklichkeit?

   Lösung:
   Es wird in cm gerechnet.
   $12 \cdot 50 = \mathbf{600}$
   Die Garage ist in Wirklichkeit 600 cm = **6 m** lang.

2. Auf einer Karte ist die Entfernung zweier Berge 18 mm. In Wirklichkeit sind sie 36 km voneinander entfernt.
   Welcher Maßstab wurde verwendet?

   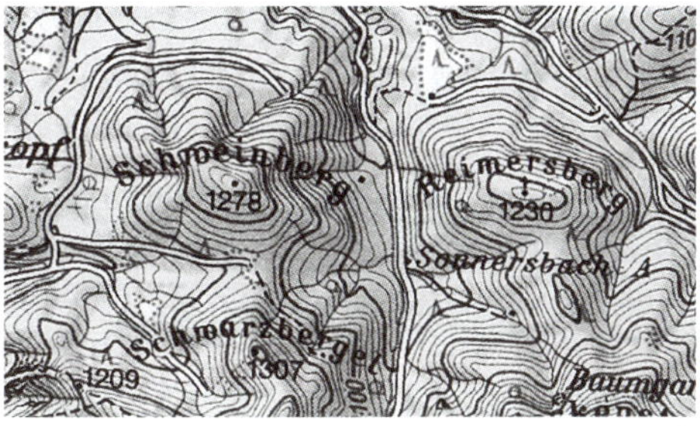

   Lösung:
   Es wird in mm gerechnet:
   $36\,000\,000 : 18 = \mathbf{2\,000\,000}$
   Es wurde der Maßstab **1 : 2 000 000** verwendet.

Aufgabe **108.** a) Eine Landkarte ist im Maßstab 1 : 450 000 gefertigt.
(1) Die wirkliche Entfernung zweier Orte beträgt 99 km. Welchen Abstand haben sie auf der Landkarte?
(2) Auf der Karte beträgt die Entfernung zweier Orte 4 cm 2 mm. Gib die wirkliche Entfernung der beiden Orte an.

b) Der 80 m hohe Turm des Münchener Rathauses wird fotografiert. Er erscheint auf dem Foto 80 mm hoch. In welchem Maßstab ist die Fotografie gegenüber der Wirklichkeit verkleinert?

10.6 Arbeitszeit und Lohn

Arbeit wird durch einen Lohn vergütet. Dabei gibt es verschiedene Möglichkeiten: Ein Angestellter bekommt für seine Gesamtarbeitszeit einen Festlohn, während ein Arbeiter für eine bestimmte Fertigungstätigkeit einen Stück- oder Akkordlohn oder ein festes Entgelt pro Arbeitsstunde erhält.

Beispiel

In einem Handwerksbetrieb arbeiten 5 Gesellen und 3 Hilfskräfte 40 Stunden pro Woche.
Wie hoch ist der Stundenlohn für einen Gesellen, wenn an die Hilfskräfte 17,50 € je Stunde bezahlt wird und die wöchentliche Lohnsumme 6 500 € beträgt?

Lösung:
Es wird in Cent gerechnet.
$(650\,000 - 3 \cdot 40 \cdot 1\,750) : (5 \cdot 40)$
$= (650\,000 - 210\,000) : 200$
$= 440\,000 : 200$
$= \mathbf{2\,200}$
Der Stundenlohn für einen Gesellen beträgt **22 €**.

Aufgabe **109.** In einem Handwerksbetrieb werden wöchentlich 13 280 € für Löhne bezahlt. Jeder der vier Meister hat einen Stundenlohn von 24,50 €, jeder Geselle verdient 19 € 50 Cent.
Wie viele Gesellen arbeiten in dem Handwerksbetrieb, wenn die wöchentliche Arbeitszeit 40 Stunden beträgt?

10.7 Packen und Laden

Beim Transport von Ware, beim Verbrauch von Gütern, beim Auffüllen von Behältnissen etc. treten die unterschiedlichsten Probleme auf. Eine Auswahl findest du im folgenden Beispiel und in den Aufgaben.

Beispiel

Ziegelsteine haben ein Gewicht von je 8 kg. Sie werden auf Paletten zu jeweils 120 Stück aufgeschichtet und dann mit einem Gabelstapler auf einen Lkw verladen. Der Lkw ist für 18 t Ladung zugelassen.
Wie viele Paletten dürfen höchstens auf das Lastauto gehoben werden, wenn eine Leerpalette noch 5 kg wiegt?

Lösung:
Es wird in kg gerechnet.

$18\,000 : (120 \cdot 8 + 5)$
$= 18\,000 : (960 + 5)$
$= 18\,000 : 965$
$=$ **18** Rest 630

NR: $18\,000 : 965 = 18 \text{ R } 630$

$$\begin{array}{r} 18\,000 \\ \underline{965} \\ 8\,350 \\ \underline{7\,720} \\ 630 \end{array}$$

Es können **18 Paletten** aufgeladen werden. 630 kg der Ladekapazität sind noch frei.

Aufgaben

110. Ein Lkw darf das Gesamtgewicht von 9 t nicht überschreiten. Leer wiegt er bereits 1 t 500 kg. Geladen hat er 12 Kisten mit je 240 kg, Eisenträger mit insgesamt 3 260 kg sowie eine Maschine mit 740 kg.
Kann man eine weitere Maschine laden, ohne dass das zulässige Gesamtgewicht überschritten wird?

111. Eine Heizungsanlage verbraucht pro Tag 168 Liter Heizöl.

a) Wie viele (volle) Tage kann die Anlage mit einer Tankfüllung von 20 000 Litern ununterbrochen in Betrieb sein?

b) Wie viele Liter Öl sind 42 Tage nach der Füllung des Tanks noch vorhanden?

112. Eine Badewanne mit 720 Litern Inhalt wird durch einen voll aufgedrehten Wasserhahn in 6 Minuten gefüllt. Ein zweiter Hahn liefert die gleiche Wassermenge wie der erste. Nachdem der erste Hahn zwei Minuten allein aufgedreht war, wird jetzt auch noch der zweite voll aufgedreht.

a) Wie viele Liter Wasser sind nach insgesamt 2 min 30 sek in der Wanne?

b) Nach welcher Zeit ist die Wanne voll?

113. Ein Gartenschwimmbecken wird in 2 Stunden 14 Minuten gefüllt, wenn pro Minute 120 Liter zufließen. Nach einer Dreiviertelstunde gibt es eine Unterbrechung der Wasserzufuhr von 29 Minuten.
Wie viele Liter je Minute müssten nach der Unterbrechung zufließen, wenn das Becken in der vorgesehenen Zeit voll werden soll?

114. In der letzten Woche eines kalten Februars hat Simon die Mittagswerte am Thermometer vor der Haustüre abgelesen und folgende Werte festgestellt:
$-14\,°C$; $-10\,°C$; $-3\,°C$; $-1\,°C$; $0\,°C$; $6\,°C$; $8\,°C$.
Bestimme für diese Woche den Mittelwert der Temperatur und zeichne ein Säulendiagramm.

115. In der Physik wird die Temperatur meistens in Kelvin (K) gemessen. Die Kelvin-Skala hat ihren Nullpunkt bei $-273\,°C$ und eine Gradeinteilung, die der der Celsius-Skala entspricht.

a) Stefan misst mit einem Thermometer seine Körpertemperatur zu 37 °C. Welchem Wert entspricht diese Temperatur in der Kelvin-Skala?

b) Simon hat um 12.00 Uhr eine Temperatur von 268 K festgestellt. Welcher Temperatur entspricht diese in der Celsius-Skala?

Weiterentwicklung geometrischer Grundvorstellungen

Eine Aufgabe der Geometrie liegt darin, dass die Häuser, die gebaut werden, auch wirklich stehen bleiben. Würde man den Bau eines Hauses oder einer Kirche nicht vorher geometrisch planen, könnte alles recht schnell wieder einstürzen. Die Geometrie hilft uns also dabei, unsere räumliche Umwelt besser gestalten und wahrnehmen zu können.

11 Grundformen

Im Geometrieunterricht wird auf kariertem Papier gezeichnet. Dazu benötigt man folgende Zeichengeräte:

- **Bleistift** der Härte HB
- **Farbstifte**
- **Spitzer** mit Abfalldose

} Achte stets darauf, dass die Stifte gut gespitzt sind! Zeichne nicht mit Kugelschreiber oder Filzstift!

- weicher **Radiergummi**
- durchsichtiges **Lineal** der Länge 20 cm
  Mit dem Lineal kann man Geraden zeichnen und Längen messen.
  Mit dem Lineal können Längen abgegriffen werden.
- **Geodreieck**
  Mit dem Geodreieck kann man Geraden und Parallelen zeichnen sowie Längen und Winkel messen bzw. abtragen.
- **Zirkel**
  Mit dem Zirkel kann man Kreise zeichnen und Streckenlängen abtragen. Der Zirkel ist ein kompliziertes Zeichengerät.
  Die Schraube S muss richtig angezogen sein, nicht zu fest, aber auch nicht zu lose.

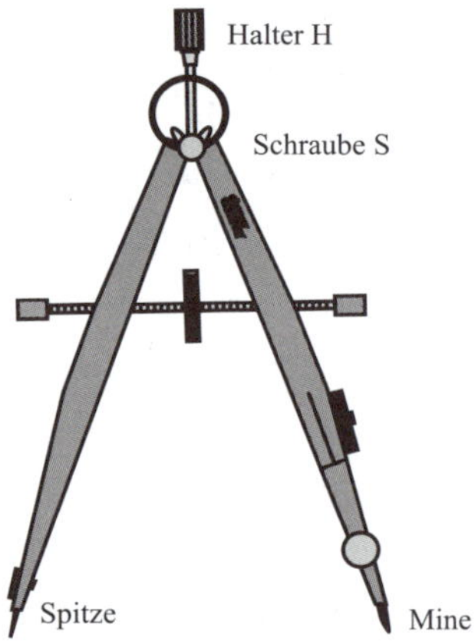

Die Mine muss stets schräg mit Schmirgelpapier angeschliffen und wie im Bild zur Zirkelspitze gestellt sein.
Führe den Zirkel beim Zeichnen senkrecht am Halter H.

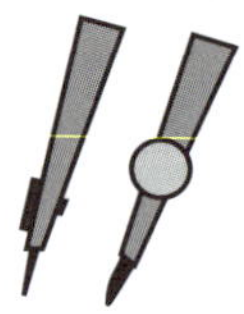

11.1 Punktmengen

Eine Menge, deren Elemente **Punkte** sind, heißt **Punktmenge**. Eine **Gerade** ist durch zwei Punkte eindeutig bestimmt. Das zwischen ihnen liegende Geradenstück (= **Strecke**) ist ihre kürzeste Verbindung.

Kennzeichnung von Punkten:

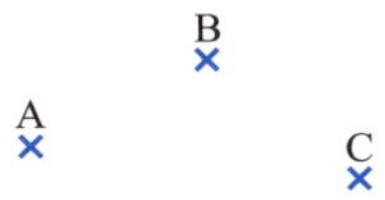

Durch zwei Punkte der Zeichenebene sind bestimmt:

Strecke [AB] mit der Länge $\overline{AB}$

Halbgerade [AB oder **Strahl** [AB
Halbgerade AB]
Gerade AB

Geraden werden häufig mit kleinen Buchstaben wie z. B. g, h, k gekennzeichnet.

Man schreibt:
A liegt auf g: **$A \in g$**
B liegt auf h: **$B \in h$**
C liegt nicht auf g: **$C \notin g$**
S ist der Schnittpunkt der Geraden g und h: **$g \cap h = \{S\}$**

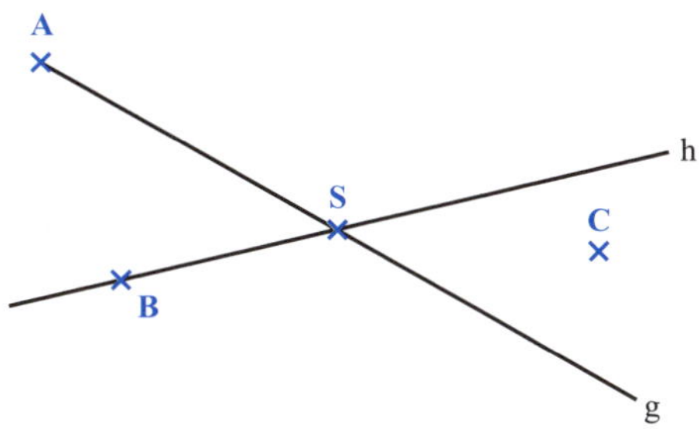

Alle Punkte der **Kreislinie** k sind vom Mittelpunkt M **gleich weit** entfernt.
Mit dem Zirkel kann man Entfernungen abtragen.

Mit dem Zirkel zeichnet man **Kreise**.
k: **Kreis(linie)**
M: **Mittelpunkt**
r: **Radius (Halbmesser)**
d: **Durchmesser**

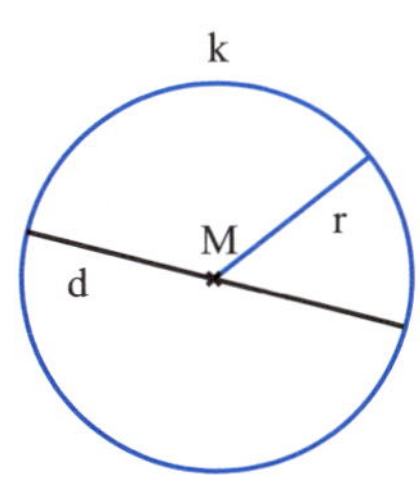

11.2 Senkrecht, parallel, Winkelmessung

Zum Zeichnen von Strecken und Geraden sowie zum Messen und Zeichnen von Winkeln verwenden wir das **Geodreieck**.

> Zwei Geraden g und h der Zeichenebene stehen **senkrecht** aufeinander (kurz: **g ⊥ h**), wenn sie so verlaufen wie die im Geodreieck herausgehobenen Linien g und h.

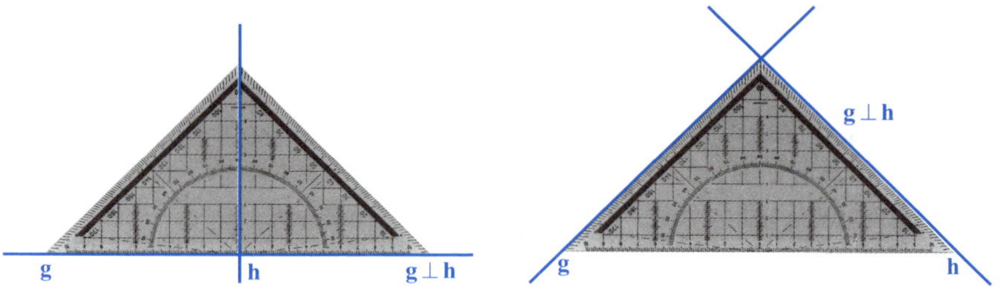

g heißt auch das **Lot** oder die **Lotgerade** zu h und umgekehrt. In Zeichnungen wird **g ⊥ h** durch ⦜ angedeutet.

> Zwei Geraden g und h der Zeichenebene sind **parallel** zueinander (kurz **g || h**), wenn sie eine gemeinsame Lotgerade ℓ besitzen.

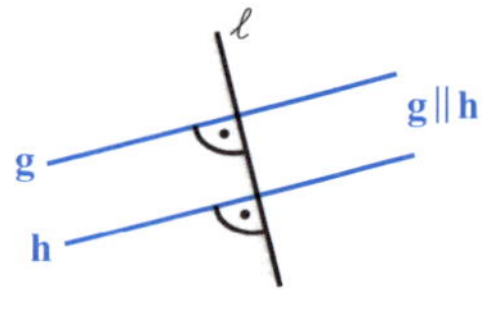

Beispiele

Wie verlaufen die Geraden g und k, wenn für eine dritte Gerade h gilt:

1. g ⊥ h und h ⊥ k

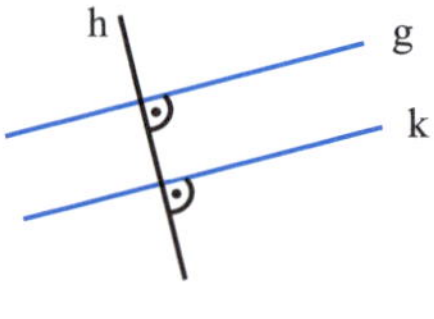

g ist parallel zu k: **g || k**

2. g || h und h || k

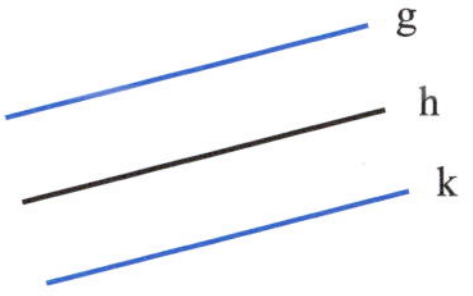

g ist parallel zu k: **g || k**

3. g ⊥ h und h || k

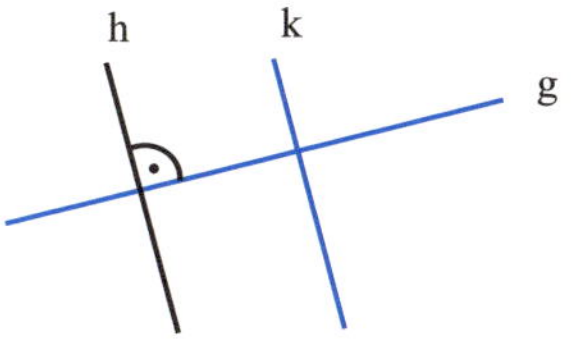

g ist senkrecht zu k: **g ⊥ k**

Definition des Winkels

Dreht man eine Halbgerade (einen Strahl) g um ihren Anfangspunkt S **entgegen dem Uhrzeigersinn** bis zur Halbgeraden h, so wird ein Gebiet der Zeichenebene überstrichen, das **Winkel** zwischen g und h heißt.
S heißt der **Scheitel** des Winkels; g und h gehören mit zum Winkel.

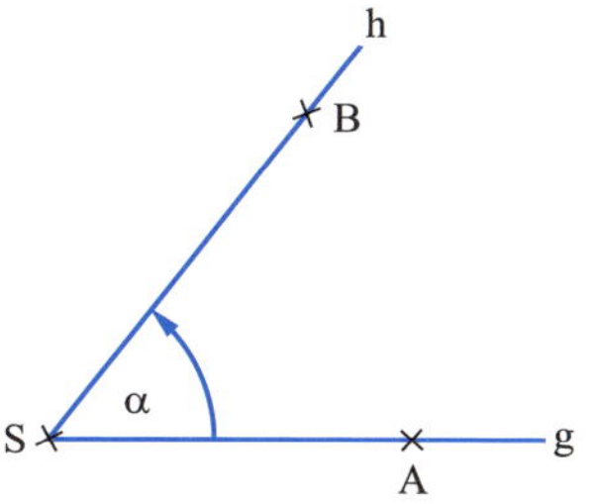

Bezeichnungen:

- ∢ (g, h): Winkel zwischen g und h
- ∢ ASB: Winkel ASB, d. h. der Winkel, den die Halbgeraden g = AS] und h = BS] miteinander bilden.
- Winkel bezeichnet man auch mit kleinen griechischen Buchstaben α, β, γ, δ, ε, φ, …

Beispiele

Benenne die folgenden Winkel:

1.

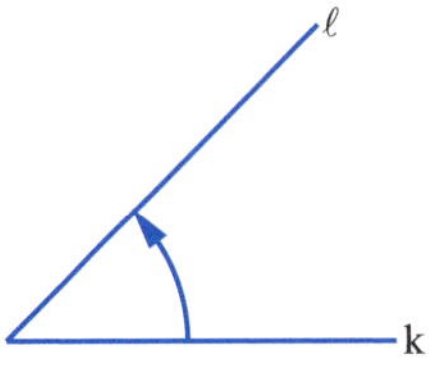

Lösung:

∢ (k, ℓ)

2.

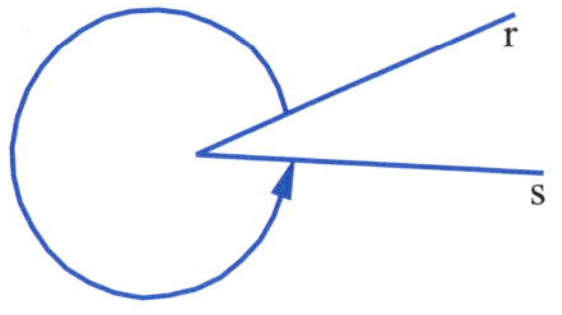

Lösung:

∢ (r, s)

3.

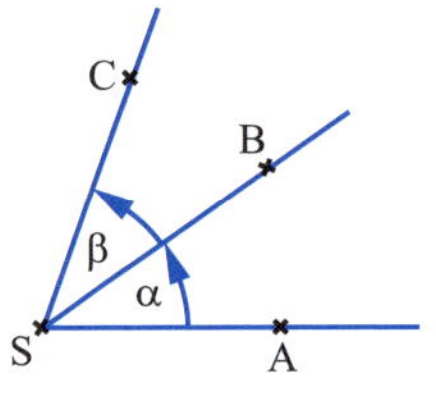

Lösung:

$\alpha = \sphericalangle ASB$
$\beta = \sphericalangle BSC$

Winkelmaß

Die Einheit **1 Grad = 1°** ist aus dem Vollwinkel entstanden.

Der Vollwinkel wird in 360 gleiche Teile zerlegt. Ein solches schmales Winkelfeld stellt den Winkel 1 Grad = 1° dar.

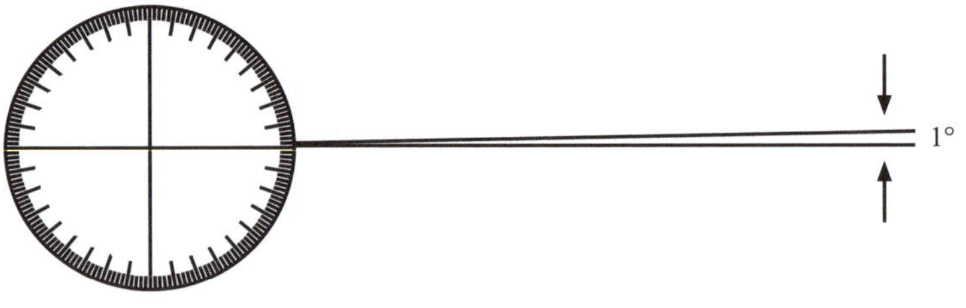

Winkelmessung

Die Größe eines Winkels wird mit dem **Geodreieck** gemessen. Auf ihm ist ein Halbkreis aufgezeichnet, der in 180 Teile geteilt ist. Ein Teil entspricht also 1°.

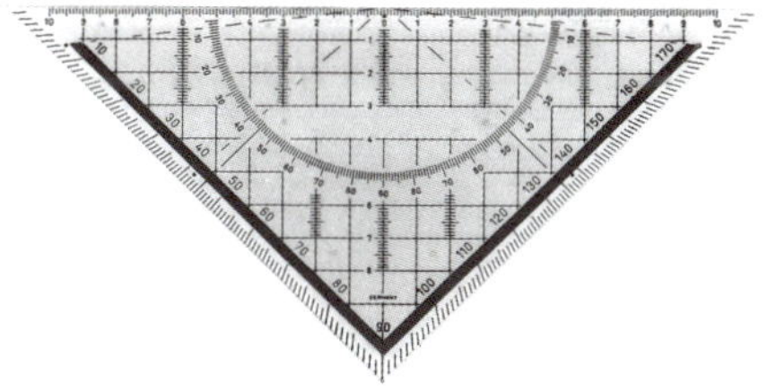

Beim **Messen** eines Winkels wird das Geodreieck mit der längeren Seite (siehe Skizze) so auf den Schenkel g gelegt, dass sich der Nullpunkt der Maßskala und der Scheitel S decken. Der Schenkel h lässt uns dann auf der Maßskala die Größe des Winkels ablesen.

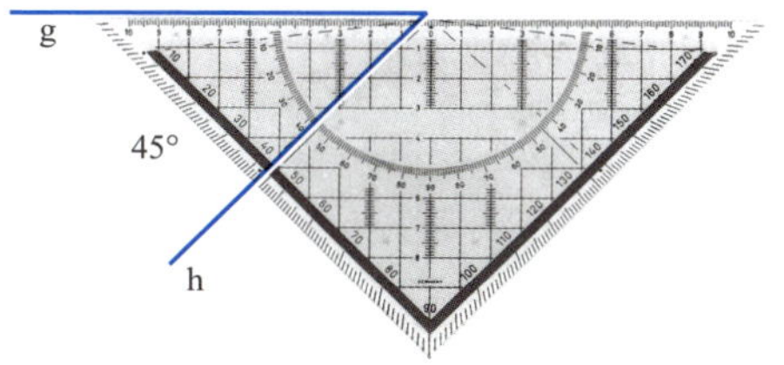

Bei einem Winkel größer als 180°
- addiert man den gemessenen Winkel α zum gestreckten Winkel 180° oder

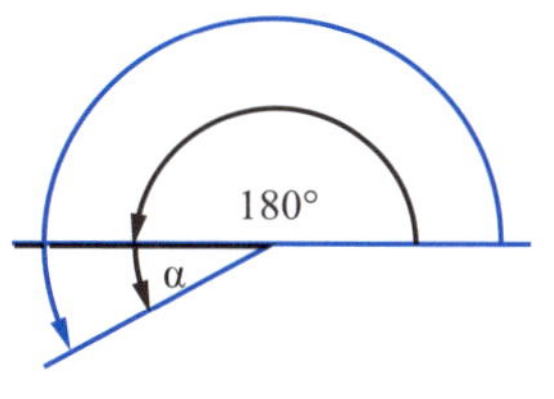

- man subtrahiert den gemessenen Winkel β vom Vollwinkel 360°.

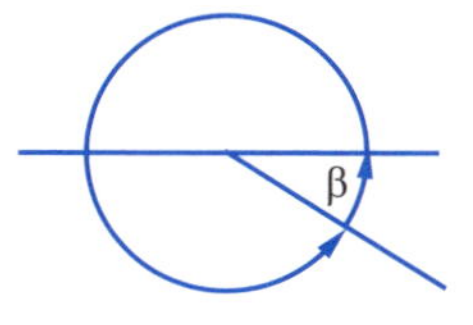

Winkelarten

Nullwinkel

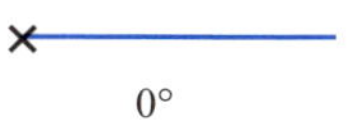

keine Drehung

Vollwinkel

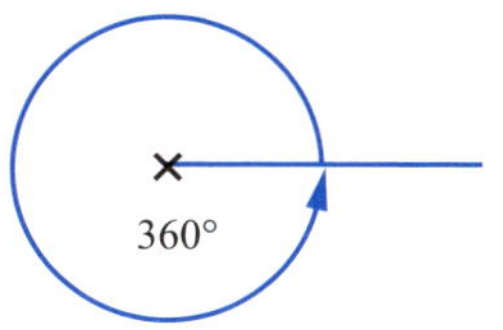

Volldrehung

gestreckter Winkel

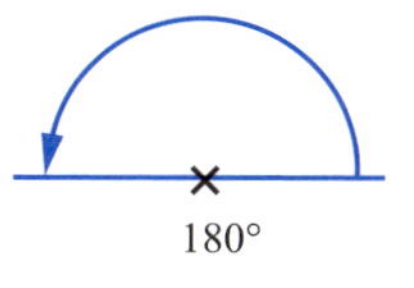

Halbdrehung

spitzer Winkel

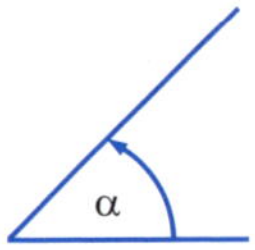

weniger als eine
Vierteldrehung
$0 < \alpha < 90°$

rechter Winkel

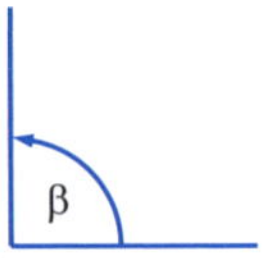

Vierteldrehung
$\beta = 90°$

stumpfer Winkel

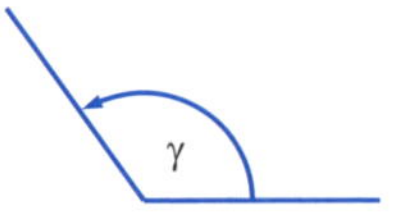

mehr als eine Viertel-, aber
weniger als eine Halbdrehung
$90° < \gamma < 180°$

überstumpfer Winkel

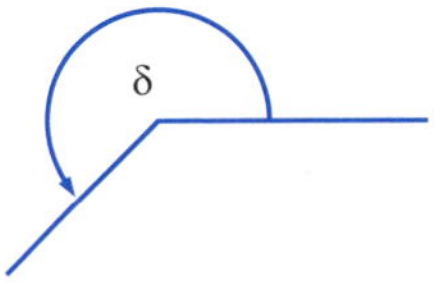

mehr als eine Halb-, aber
weniger als eine Volldrehung.
$180° < \delta < 360°$

Beispiele

1. Zeichne mithilfe des Geodreiecks die Winkel:

   a) $\alpha = 72°$

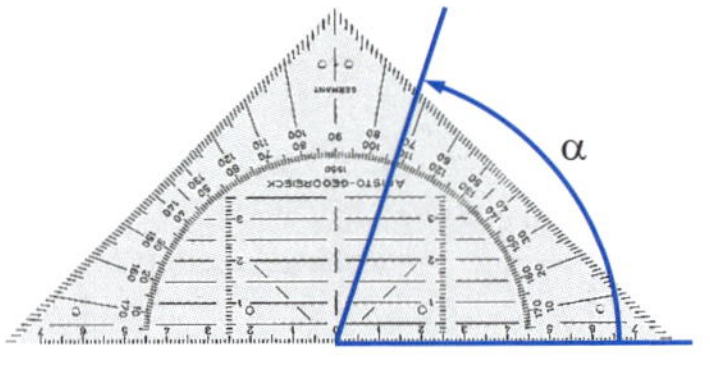

   b) $\beta = 236°$

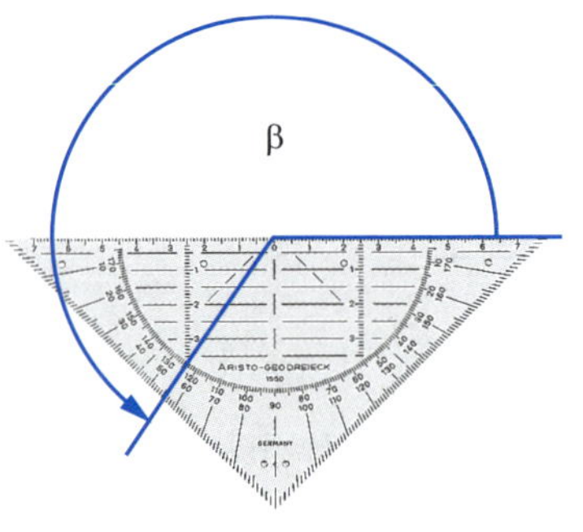

$\beta = \mathbf{236°}$
$\beta = 180° + 56°$

2. **Winkel an der Uhr:**
Kleiner Zeiger (Stundenzeiger):
1h: 30°
1 min: $\frac{1}{2}° = 0{,}5°$ (ein halbes Grad)
Großer Zeiger:
1 h: 360°
1 min: $360° : 60 = 6°$
Für die Berechnung des Winkels der beiden Zeiger geht man von 0.00 Uhr aus.

Welchen Winkel schließen die Zeiger der Uhr um 8.20 Uhr ein?
Großer Zeiger: 20 min: $\alpha_1 = 20 \cdot 6° = 120°$
Kleiner Zeiger: 8 h 20 min: $\alpha_2 = 8 \cdot 30° + 20 \cdot 0{,}5° = 240 + 10° = 250°$
$\Rightarrow$ Die beiden Zeiger schließen einen Winkel von $250° - 120° =$ **130°** ein.

3. **Geographische Länge und Breite:**
Die Meridiane sind **Längenkreise** (Großkreise) durch die Erdpole, der Nullmeridian verläuft durch Greenwich, der Ortsmeridian ist der Längenkreis durch einen bestimmten Ort. Der Erdumfang beträgt 40 068 km. Ein Grad des Großkreises entspricht demnach einer Länge von 40 068 km : 360° = 111,3 km pro Grad. Der 15. Teil davon ist eine geographische Meile der Länge 7,420 km, der 60ste Teil eine Seemeile der Länge 1,852 km.

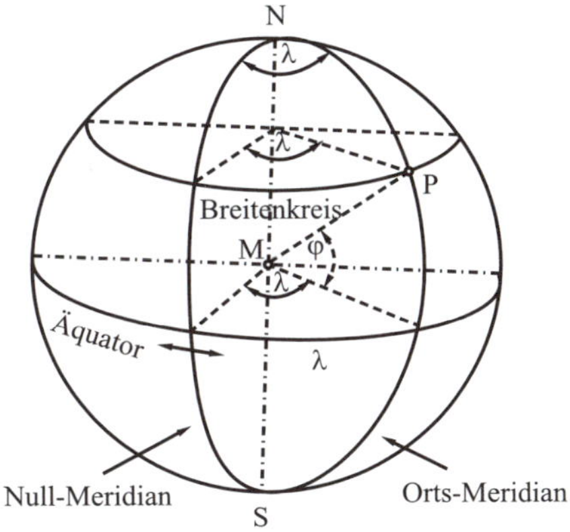

Als Geschwindigkeit kennt man $1\,\text{Knoten} = 1\frac{\text{Seemeile}}{\text{Stunde}}$. **Breitenkreise** sind Parallelkreise zum Äquator senkrecht zur Erdachse.
Die **geographische Länge λ** ist der Winkel, den der Ortsmeridian mit dem Nullmeridian bildet. Sie werden bis jeweils 180° vom Nullmeridian aus nach Osten (–) bzw. Westen (+) gemessen.
Die **geografische Breite φ** ist die Entfernung eines Ortes vom Äquator, gemessen am Ortsmeridian. Sie wird jeweils 90° vom Äquator aus nach Norden (+) bzw. Süden (–) gemessen. Die Stadt Regensburg liegt ungefähr $\lambda = 12°$ Ost und $\varphi = 49°$ Nord.

Aufgaben

116. Kennzeichne in der Figur die folgenden Winkel:

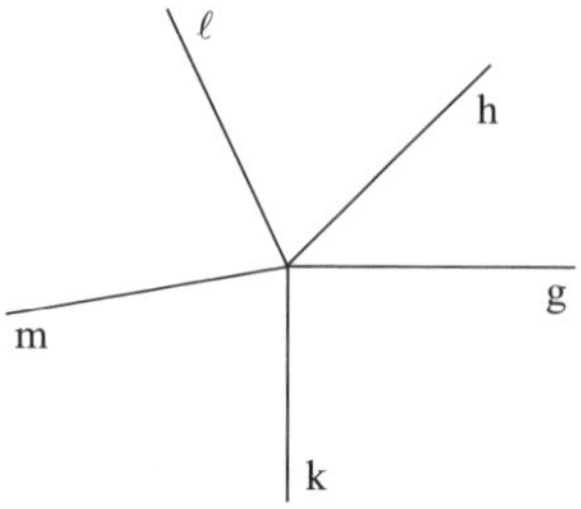

$\alpha = \sphericalangle(g, h)$
$\beta = \sphericalangle(h, k)$
$\gamma = \sphericalangle(\ell, m)$
$\delta = \sphericalangle(k, g)$
$\varepsilon = \sphericalangle(g, k)$
$\varphi = \sphericalangle(\ell, g)$

117. Auf der Zeichnung findest du einen Ausschnitt aus dem Streckenplan der Münchener Verkehrsbetriebe.
Unter welchen Winkeln der Grafik

a) trifft die U5 die S7 in Neuperlach-Süd?

b) werden S7 und S2 vor Giesing zusammengeführt?

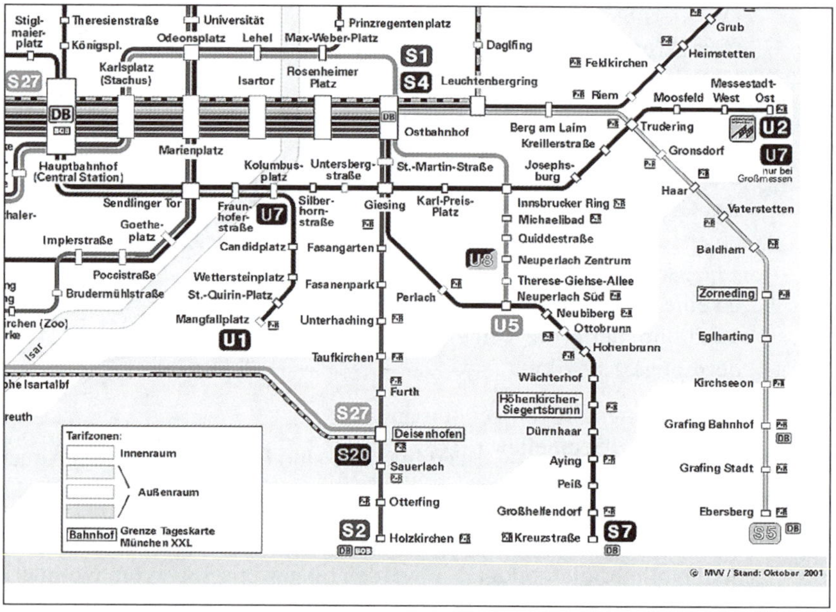

118. a) Welchen Winkel schließen der große und der kleine Zeiger der Uhr bei folgenden Uhrzeiten ein:

(1) 1.00 Uhr
(2) 15.30 Uhr
(3) 2.20 Uhr
(4) 18.40 Uhr

b) Zeichne ein Dreieck wie in der Skizze, miss die Winkel und vergleiche sie miteinander.

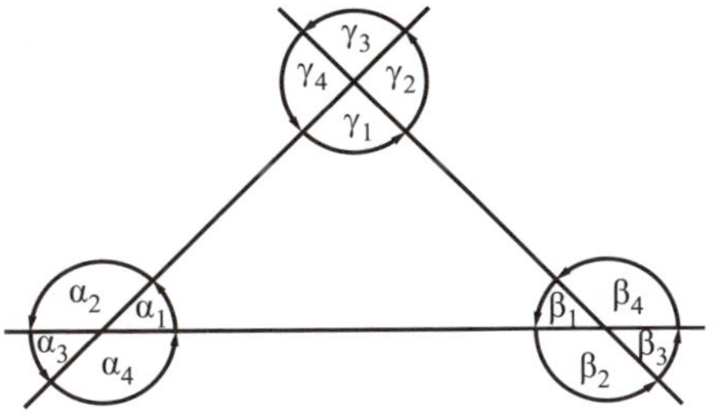

c) Zeichne eine Geradenkreuzung mit zwei parallelen Geraden wie in der Skizze, miss die angegebenen Winkel und vergleiche.
α_1 und α_2
α_1 und γ_2
β_1 und γ_2.

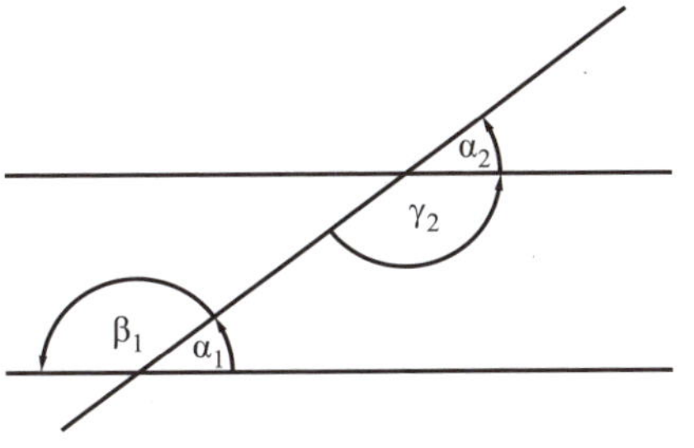

119. Starnberg liegt auf dem 48. Breitengrad (Nord). Welche Entfernung ist größer, die zum Nordpol oder die zum Äquator?.

120. Bestimme mit dem Geodreieck die Größe der Winkel α und β und gib ihre Art an.

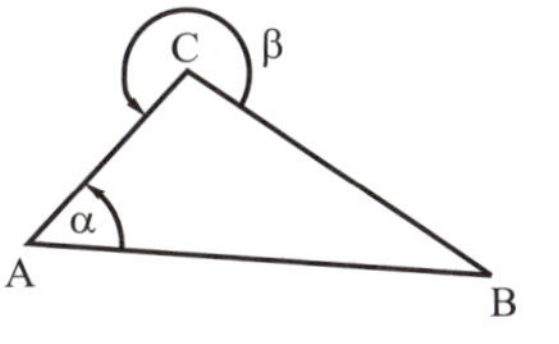

121. Bezeichne die gegebenen Winkel jeweils mithilfe der Halbgeraden sowie mit den Punkten, miss mit dem Geodreieck die Größe der Winkel und gib ihre Art an.

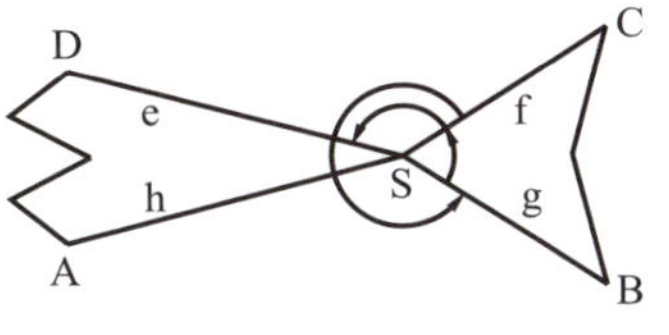

11.3 Gitternetz (Koordinatensystem)

Im **Gitternetz** (Koordinatensystem) gehören zu jedem Gitterpunkt zwei Zahlen. Die erste Zahl gibt den **Rechtswert** (x-Koordinate), die zweite den **Hochwert** (y-Koordinate) an.

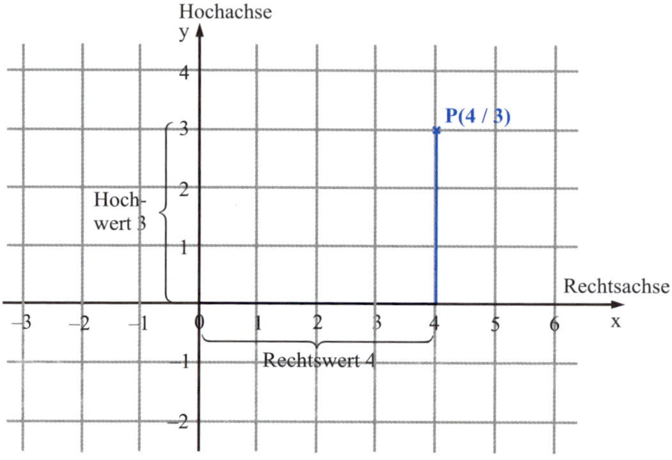

Beispiele

1. Trage die Punkte A(–2|–3), B(–1|–3), C(0|–1), D(1|–1), E(2|–3), F(3|–3), G(1|1) und H(0|1) in ein Gitternetz ein und verbinde sie in der Reihenfolge ABCDEFGHA.

   Lösung:

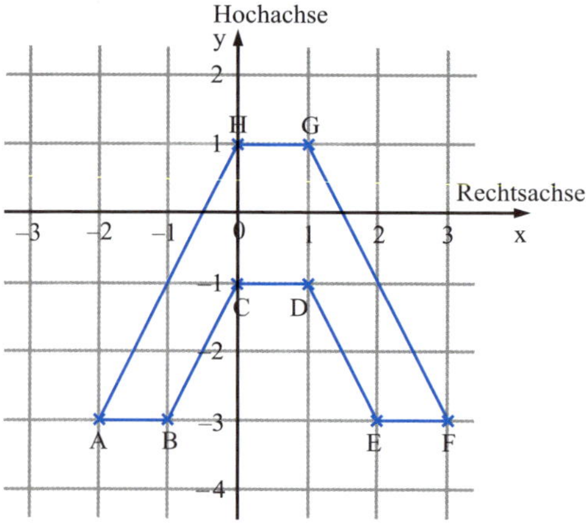

2. Trage die Punkte A(–3|–3), B(1|1), C(0|4), D(–3|5) und E(–3|1) in ein Gitternetz ein.

   a) Zeichne die Gerade g = AB, die Strecke [ED] sowie die Halbgerade [DC ein.
   b) Bestimme Rechts- und Hochwert des Schnittpunktes S der Geraden g mit der Halbgeraden [DC.
   c) Zeichne mithilfe des Geodreiecks die Senkrechte zu g durch den Punkt E.
   d) Miss den Winkel EDC mit dem Geodreieck.

   Lösung: a, b, c,

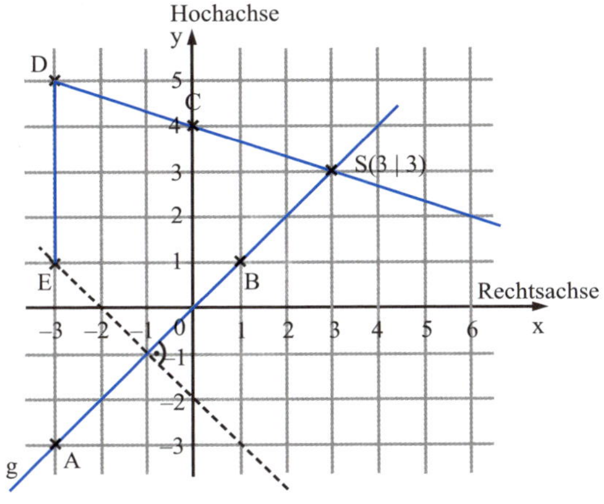

   $\sphericalangle$ EDC ≈ 72°

ufgaben

122. Markiere in einem Koordinatensystem (Rechts-Hochwert-System) alle Punkte, deren

   a) y-Koordinate (Hochwert) –2 ist,
   b) x-Koordinate (Rechtswert) 3 ist,
   c) x- und y-Koordinate (Rechts- und Hochwert) gleich sind,
   d) y-Koordinate (Hochwert) um 1 größer als die x-Koordinate (Rechtswert) ist.

123. Der Punkt P(–2|3) ist gegeben. Gib die Koordinaten (Rechts-/Hochwerte) der folgenden Punkte an:

   a) P_1 entsteht aus P durch Spiegelung an der Hochachse (y-Achse),
   b) P_2 entsteht aus P durch Spiegelung an der Rechtsachse (x-Achse),

c) P_3 entsteht aus P durch Spiegelung zuerst an der x- und dann an der y-Achse,

d) P_4 entsteht aus P durch Spiegelung zuerst an der y- und dann an der x-Achse.

124. Franz steht im Punkt P(–4|4). Er soll einen Ball über die Linie A(1|–4) B(4|0) werfen.

a) Die Ziellinie [AB] ist 25 m lang. Welcher Maßstab wird in der Zeichnung verwendet?

b) Wie weit muss er den Ball mindestens werfen, damit dieser die Ziellinie trifft oder überschreitet?

11.4 Dreieck und Viereck

- Verbindet man in der Zeichenebene die Punkte A, B, C, die nicht auf einer Geraden liegen, durch Strecken, so entsteht das **Dreieck ABC** (kurz: **ΔABC**).

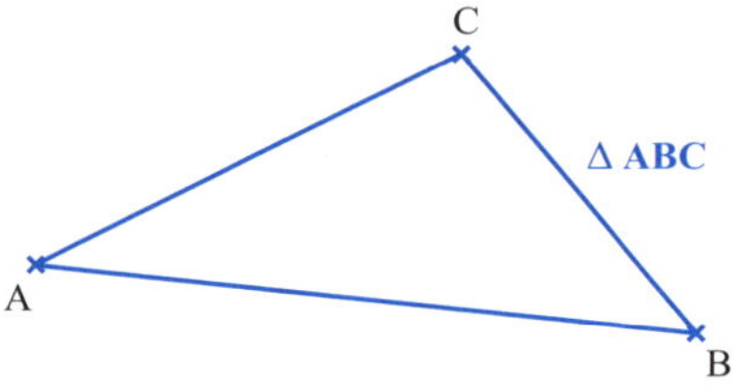

- Verbindet man in der Zeichenebene vier Punkte A, B, C, D, von denen nicht mehr als zwei auf einer gemeinsamen Geraden liegen, so entsteht das **Viereck ABCD** (kurz: **□ABCD**).

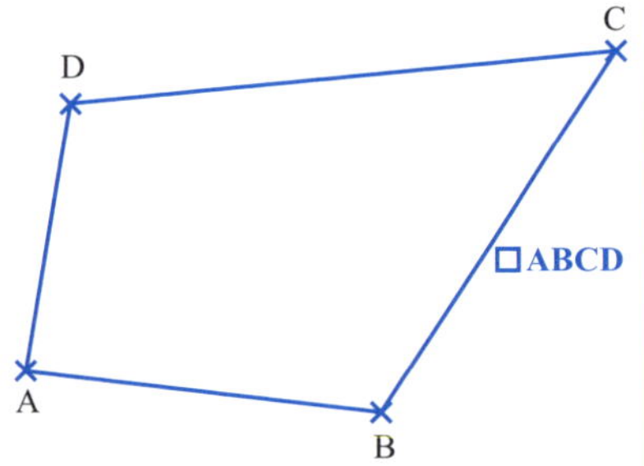

Beispiel

Trage die Punkte A(–3 | –1), B(3 | –2), C(3 | 1) und D(–1 | 3) in ein Koordinatensystem ein. Zeichne dann das Viereck ABCD.

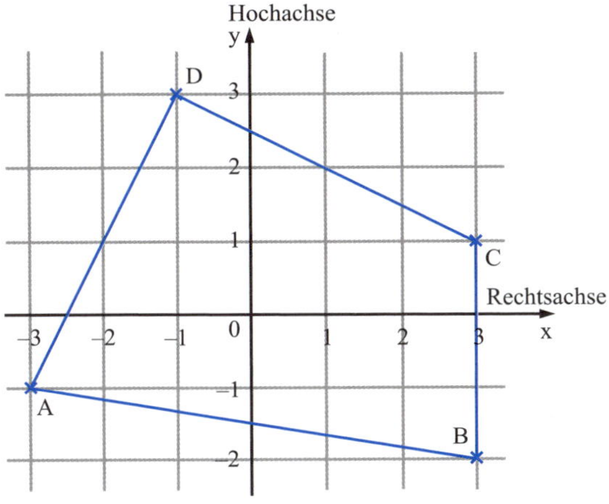

Aufgaben

125. Die Punkte A(–5 | 1), B(2 | 3), C(1 | –3) und D(–4 | –2) sind die Ecken eines Vierecks ABCD.

a) Zeichne dieses Viereck und miss die Längen der Seiten sowie die vier Winkel an den Eckpunkten.

b) Was passiert mit dem Viereck, wenn alle Koordinaten der Punkte mit dem Faktor (–1) multipliziert werden?

126. Zeichne den Punkt P(4 | 2) in ein Koordinatensystem. Erkläre dann wie aus P die Punkte Q(–4 | 2), R(–4 | –2) und S(4 | –2) entstehen. Welches Viereck bilden die Punkte PQRS?

12 Räumliche und ebene Grundformen

12.1 Körperformen

In der Geometrie interessiert nur die Form eines Gegenstandes, d. h. die Anzahl seiner Ecken, Kanten, Flächen usw.
Beispiele für geometrische Körper:

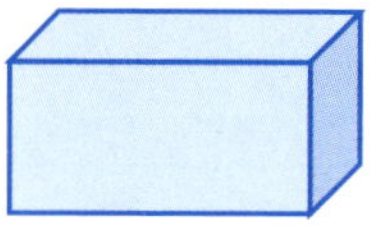

Quader

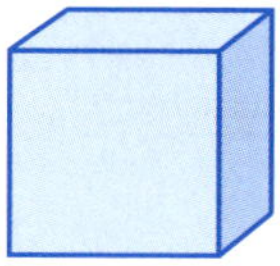

Würfel

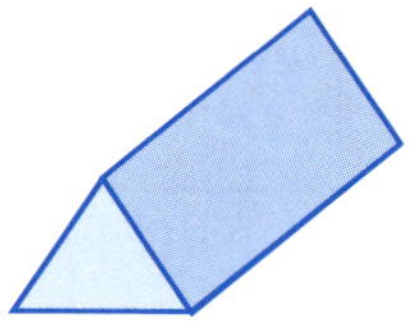

Prisma

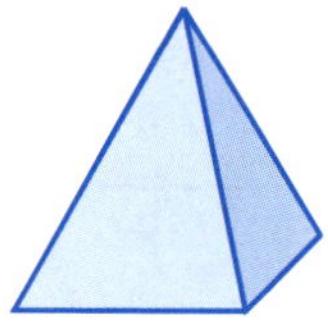

Pyramide

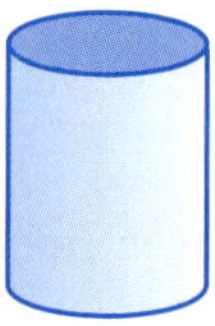

Zylinder

Kegel

Kugel

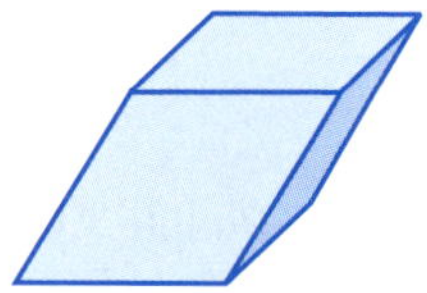

„schiefer“ Würfel

Körper werden von **Flächen** begrenzt, die **eben** oder **gekrümmt** sein können. Zwei Flächen bilden eine **Kante**. Flächen-, Kanten- und Eckenzahl bestimmen die **Körperform**.

12.2 Würfel und Quadrat

Der Würfel besitzt 8 Ecken und 12 gleich lange Kanten. Benachbarte Kanten stehen aufeinander senkrecht, gegenüberliegende sind parallel.
Die sechs Flächen, die den Würfel begrenzen, sind Quadrate. In einem Quadrat sind die Seiten gleich lang und stehen in den Eckpunkten aufeinander senkrecht. Schneidet man den Würfel längs seiner Kanten auf und breitet ihn in die Ebene, so erhält man das **Netz** des Würfels. Das Netz des Würfels besteht aus sechs deckungsgleichen Quadraten.

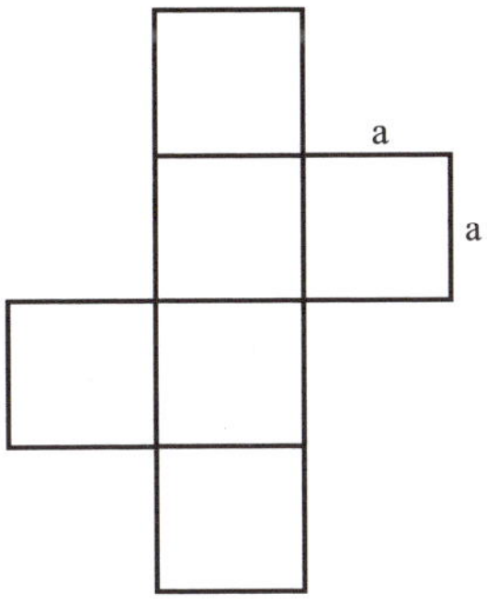

12.3 Quader und Rechteck

Der Quader besitzt 8 Ecken und 12 Kanten, von denen je vier Kanten gleich lang sind. Benachbarte Kanten stehen aufeinander senkrecht, gegenüberliegende sind parallel. Die sechs Flächen, die den Quader begrenzen, sind Rechtecke. Je zwei dieser Rechtecke sind **deckungsgleich**.

Schrägbild des Quaders:

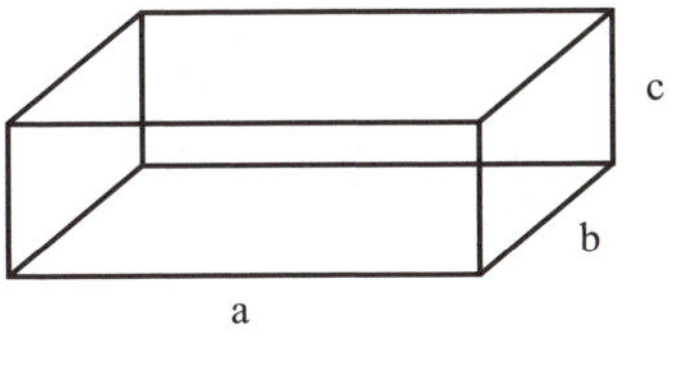

Netz des Quaders:

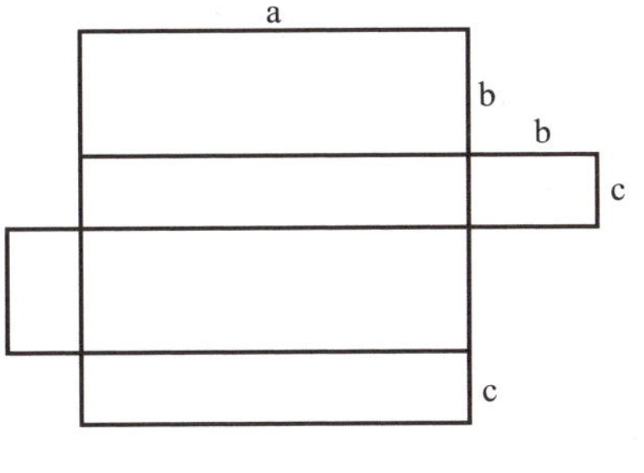

Der Würfel ist ein spezieller Quader.

12.4 Symmetrie

Kann eine Figur so gefaltet werden, dass die beiden Teile genau zur Deckung kommen, dann ist die Figur **achsensymmetrisch**. Die Faltgerade heißt **Symmetrieachse** oder **Spiegelachse**.

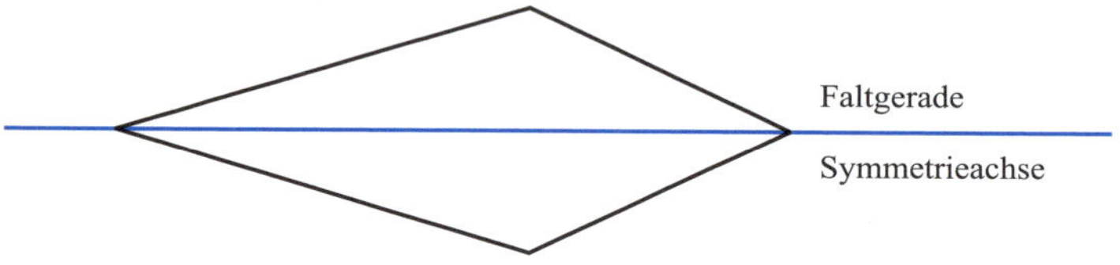

Das Rechteck hat zwei Symmetrieachsen.

Das Quadrat hat vier Symmetrieachsen.

Aufgaben

127. Welche Aussagen sind wahr, welche falsch?

a) Jeder Würfel ist ein Quader.

b) Jeder Quader ist ein Würfel.

c) Nicht jeder Würfel ist ein Quader.

d) Verdoppelt man die Kantenlänge eines Würfels, so entsteht ein Körper, der sechs ursprüngliche Würfel umfasst.

128. Zeichne zwei Punkte A und B, die 5 cm voneinander entfernt sind.

a) Zeichne um A eine Kreislinie mit dem Radius 3 cm.
Welche Eigenschaft erfüllen alle Punkte auf der Kreislinie?

b) Bestimme alle Punkte, die von A 3 cm und zugleich von B 3 cm entfernt sind.

c) Markiere in der selben Zeichnung die Menge aller Punkte, die von A mehr als 3 cm und zugleich von B weniger als 3 cm entfernt sind.

129. a) Zeichne jeweils drei Geraden, die sich in
(1) keinem
(2) einem
(3) zwei
(4) drei Punkten schneiden.

b) Zeichne zwei Geraden g und h mit $g \perp h$.
Zeichne dann eine Gerade g' mit $g' \parallel g$ und eine Gerade h' mit $h' \parallel h$.
Welche Figur schließen die vier Geraden g, g', h' und h ein?

130. Zeichne eine Gerade g und zwei Punkte A und B mit $A \in g$ und $B \notin g$. Bestimme diejenigen Punkte A' und B', die symmetrisch zu A bzw. B bezüglich der Symmetrieachse g liegen.

131. a) Zeichne in ein Gitternetz die Punkte $A(1|4)$, $B(9|6)$ und $C(4|3)$ ein.
Zeichne dann die Halbgerade [AB und die Parallele zu [AB durch C ein.
Gib Rechts- und Hochwert eines beliebigen Punktes D an, durch den diese Parallele verläuft.
Zeichne dann eine Gerade g so ein, dass sie die Gerade CD in C unter einem Winkel $\alpha = 59°$ schneidet.

b) Zeichne in ein Quadratgitter die Punkte $A(1|3)$, $B(9|1)$, $C(3|1)$ und $D(7|3)$ ein.
Bestimme Rechts- und Hochwert des Punktes S, in dem sich die Geraden AB und CD schneiden, und miss den Winkel ASC.

c) Zeichne in ein Quadratgitter die Punkte $A(0|0)$, $B(4|2)$, $C(6|6)$ und $D(2|4)$ ein und verbinde die Punkte zu einem Viereck ABCD.
Hat dieses Viereck Symmetrieachsen?
Miss den Winkel CBA.

132. Trage Begriffe mit der unten stehenden Bedeutung ein. Der umrandete Bereich liefert das Lösungswort.

1													
2													
3													
4													
5													
6													

1 bestimmter Körper
2 Teil einer Geraden
3 regelmäßiger Körper
4 bestimmter Verlauf von Geraden
5 einer der beiden Gitterwerte
6 möglicher Verlauf zweier Geraden

133. Suche und markiere bei den folgenden Gegenständen die Symmetrieachsen.

a)

b)

c)

d)

13 Flächenmessung und Flächenberechnung

13.1 Flächenmessung

Eine Fläche messen heißt, sie mit einer Einheitsfläche zu vergleichen. Man verwendet als Einheitsflächen Quadrate, deren Seitenlängen Längeneinheiten sind, z. B. hat ein Quadrat mit der Kantenlänge 1 m den **Flächeninhalt 1 m^2 (1 Quadratmeter)**. Man kennt folgende Flächenmaße:

Längeneinheit	Flächeneinheit	
1 mm	1 mm^2	Quadratmillimeter
1 cm	1 cm^2	Quadratzentimeter
1 dm	1 dm^2	Quadratdezimeter
1 m	1 m^2	Quadratmeter
10 m	1 a	Ar
100 m	1 ha	Hektar
1 000 m = 1 km	1 km^2	Quadratkilometer

Die Umrechnungszahl von einer Flächeneinheit in die nächste beträgt 100, d. h.
1 km^2 = 100 ha, 1 ha = 100 a, 1 a = 100 m^2,
1 m^2 = 100 dm^2, 1 dm^2 = 100 cm^2, 1 cm^2 = 100 mm^2

Kommaschreibweise:
Das **Komma** trennt eine Einheit von den nächst kleineren, z. B.
5,32 ha = 5 ha 32 a = 532 a

Beispiele

1. Gib in der kleinsten auftretenden Einheit an:
   a) 1 ha 1 m^2 = **10 001 m^2**
   b) 1 ha 12 a = **112 a**
   c) 4 m^2 1 mm^2 = **4 000 001 mm^2**
2. Gib mehrfach benannt an:
   a) 643 185 cm^2 = **64 m^2 31 dm^2 85 cm^2**
   b) 104 100 051 dm^2 = **1 km^2 4 ha 10 a 51 dm^2**
   c) 5 100 005 mm^2 = **5 m^2 10 dm^2 5 mm^2**
3. Schreibe in der angegebenen Einheit:
   a) ha: 712 506 m^2 = **71,2506 ha**
   b) km^2: 1 a 10 m^2 = **0,00011 km^2**
   c) dm^2: 6 m^2 3 mm^2 = **600,0003 dm^2**

Aufgaben

134. a) Gib in der kleinsten vorkommenden Maßeinheit an:
(1) $12\,m^2\;\;18\,cm^2 =$
(2) $64\,ha\;\;3\,a =$
(3) $12\,km^2\;\;9\,a =$
(4) $79\,m^2\;\;1\,mm^2 =$

b) Schreibe in der angegebenen Einheit:
(1) ha: $16\,ha\;\;1\,a\;\;25\,m^2 =$
(2) m^2: $1\,m^2\;\;7\,dm^2\;\;6\,cm^2 =$
(3) km^2: $6\,km^2\;\;9\,ha\;\;1\,m^2 =$
(4) dm^2: $8\,m^2\;\;2\,dm^2\;\;15\,mm^2 =$

c) Zerlege in die auftretenden Einheiten:
(1) $6{,}1521\,m^2 =$
(2) $0{,}0058\,a =$
(3) $3{,}0605\,dm^2 =$
(4) $1{,}456\,ha =$

135. Berechne:
a) $11\,m^2\;\;86\,dm^2 + 13{,}94\,m^2 + 18\,m^2\;\;12\,dm^2 =$
b) $86\,ha - 86\,m^2\;\;91\,dm^2 =$
c) $7\,ha\;\;42\,a : 14 =$
d) $1\,a\;\;2\,m^2\;\;8\,dm^2 : 11\,cm^2 =$
e) $144\,m^2\;\;36\,dm^2 : 36\,dm^2\;\;9\,cm^2 =$
f) $888\,a - 7{,}43\,ha - 1\,200\,m^2 =$

13.2 Flächeninhalt und Umfang des Rechtecks

Das Rechteck habe die Seiten a und b, die in der gleichen Längeneinheit gemessen sein sollen. Der **Umfang u_R** des Rechtecks ist die Summe der vier Seiten. Daraus ergibt sich als Berechnungsformel:

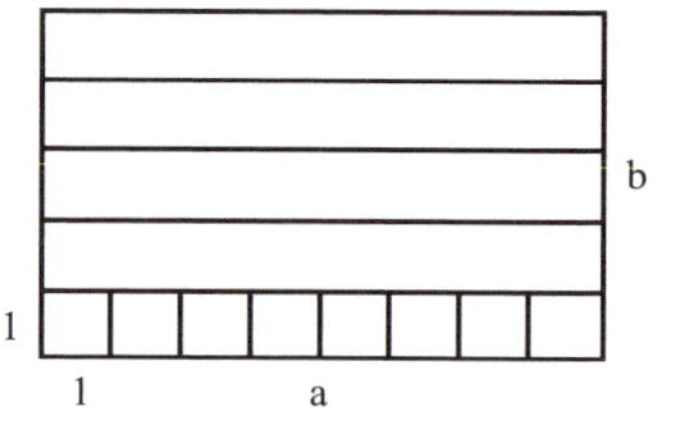

Umfang des Rechtecks
$u_R = 2 \cdot a + 2 \cdot b = 2 \cdot (a + b)$

Den **Flächeninhalt A_R** des Rechtecks erhält man durch folgende Überlegung: In einen Streifen längs der Seite a passen a Quadrate, deren Seitenlänge so groß ist wie die Längeneinheit, in der a gemessen ist. Dann füllen b solche Streifen das Rechteck völlig aus, d. h. man erhält als Berechnungsformel für den Flächeninhalt des Rechtecks:

Flächeninhalt des Rechtecks
$A_R = a \cdot b$

Hinweis: Man bezeichnet die Seiten eines Rechtecks auch als Länge ℓ und als Breite b. Entsprechend ändern sich die Berechnungsformeln für Umfang und Flächeninhalt.

Beispiele

1. Bestimme Umfang u und Flächeninhalt A eines Rechtecks mit a = 10 cm und b = 2 dm.

   Lösung:
   $a = 10\text{ cm},\ b = 2\text{ dm} = 20\text{ cm}$
   $u = 2 \cdot (a+b) = 2 \cdot (10\text{ cm} + 20\text{ cm}) = 2 \cdot 30\text{ cm} = 60\text{ cm} = \mathbf{6\text{ dm}}$
   $A = a \cdot b = 10 \cdot 20\text{ cm}^2 = 200\text{ cm}^2 = \mathbf{2\text{ dm}^2}$

2. Bestimme aus dem Flächeninhalt $A = 240\text{ cm}^2$ und der Seite $b = 20$ cm den Umfang u des Rechtecks.

   Lösung:
   $A = a \cdot b \Rightarrow b = A : a = 240\text{ cm}^2 : 20\text{ cm} = 12\text{ cm}$
   $u = 2 \cdot (a+b) = 2 \cdot (12\text{ cm} + 20\text{ cm}) = 2 \cdot 32\text{ cm} = \mathbf{64\text{ cm}}$

13.3 Flächeninhalt und Umfang des Quadrats

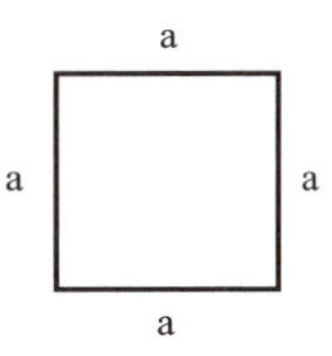

Das Quadrat ist ein spezielles Rechteck mit b = a. Damit erhält man für das Quadrat die Berechnungsformeln aus denen des Rechtecks:

Umfang des Quadrats
$u_Q = 4 \cdot a$
Flächeninhalt des Quadrats
$A_Q = a \cdot a = a^2$

Beispiel

Der Umfang u eines Quadrats beträgt $u = 36$ cm. Bestimme seinen Flächeninhalt A.

Lösung:

$u = 4 \cdot a = 36\ \text{cm} \Rightarrow a = 9\ \text{cm}$

$A = a \cdot a = 9 \cdot 9\ \text{cm}^2 = \mathbf{81\ cm^2}$

13.4 Oberfläche von Quader und Würfel

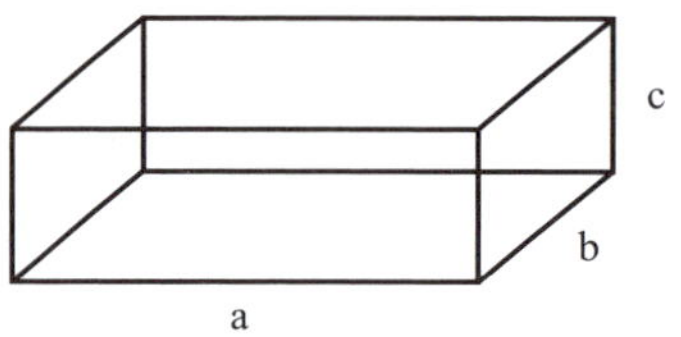

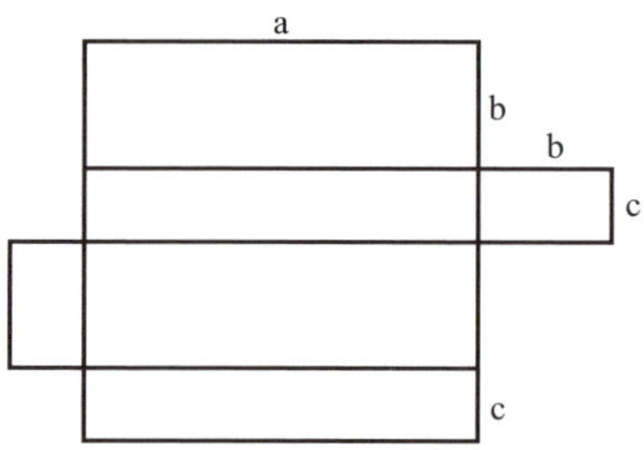

Die Oberfläche O_Q eines Quaders ist die Summe der Flächeninhalte der sechs Rechtecksflächen, die den Quader begrenzen. Die zwei einander gegenüberliegenden Flächen sind jeweils gleich groß. Damit ergibt sich die Berechnungsformel:

Oberfläche des Quaders

$O_Q = 2 \cdot a \cdot b + 2 \cdot a \cdot c + 2 \cdot b \cdot c = 2 \cdot (a \cdot b + a \cdot c + b \cdot c)$

Die Oberfläche eines Würfels besteht aus sechs deckungsgleichen Quadraten. Für deren Flächeninhalt gilt mit $b = c = a$:

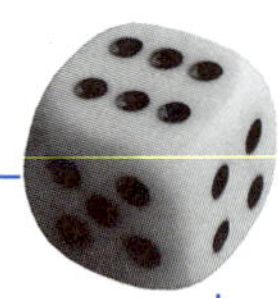

Oberfläche des Würfels

$O_W = 6 \cdot a \cdot a = 6 \cdot a^2$

Beispiele

1. Ein Quader hat die Abmessungen $a = 6$ dm, $b = 12$ cm und $c = 80$ mm. Berechne seine Oberfläche.

   Lösung:
   $a = 6$ dm $= 60$ cm, $b = 12$ cm, $c = 8$ cm
   $O_Q = 2 \cdot 60 \cdot 12\ \text{cm}^2 + 2 \cdot 60 \cdot 8\ \text{cm}^2 + 2 \cdot 12 \cdot 8\ \text{cm}^2$
   $= 1\,440\ \text{cm}^2 + 960\ \text{cm}^2 + 192\ \text{cm}^2$
   $= \mathbf{2\,592\ cm^2}$

2. Die Oberfläche eines Würfels beträgt 294 dm^2. Wie groß ist die Kantenlänge des Würfels?

   Lösung:
   $6 \cdot a^2 = 294$
   $a^2 = 294 : 6 = 49$
   $a = \mathbf{7} \Rightarrow$ Die Kantenlänge beträgt **7 dm**.

Aufgaben

136. Ein Fußballfeld soll maximal 110 m lang und 75 m breit sein. In A-Dorf hat der Sportplatz folgende Abmessungen: 102 m Länge und 68 m Breite.

a) Um wie viele m^2 ist das Spielfeld in A-Dorf kleiner als das maximal mögliche?

b) Um den Sportplatz in A-Dorf wird ein 4 m breiter rasenfreier Streifen angelegt. Welche Fläche hat der Streifen?

c) Der Streifen wird außen mit einer Barriere umgeben.
Wie viele laufende Meter von dieser Barriere muss man anbringen, wenn ein 8 m breiter Durchgang offen bleiben soll?

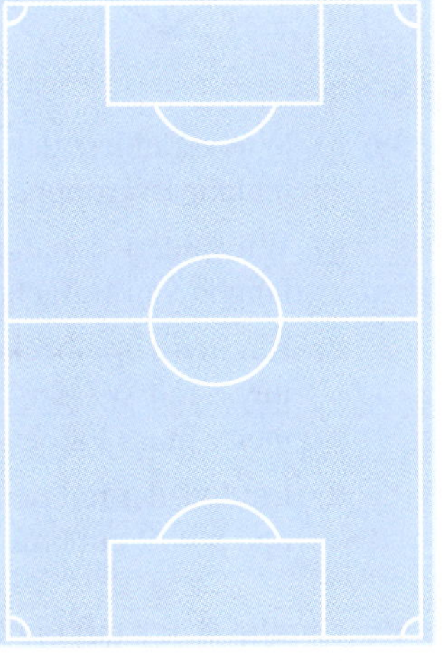

137. Berechne jeweils den Flächeninhalt. Die angegebenen Maße beziehen sich auf die Längeneinheit 1 cm.

a) 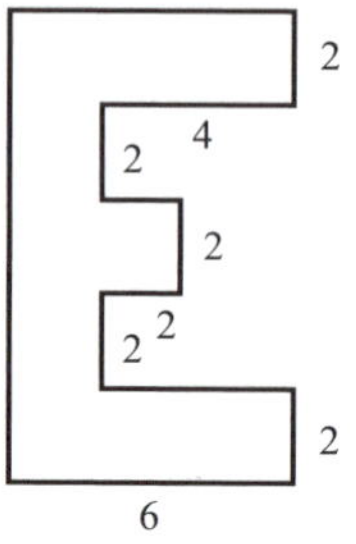

b) 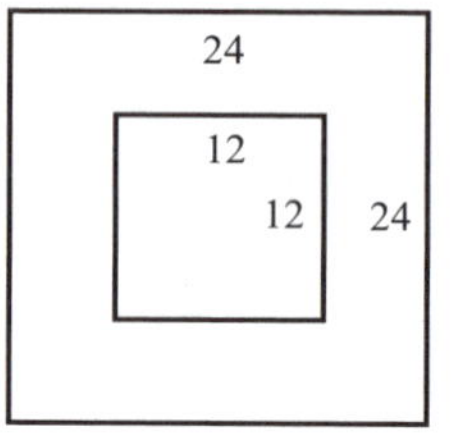

c) 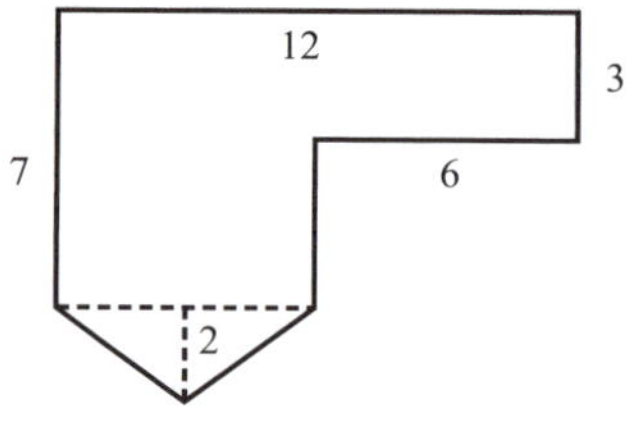

d) 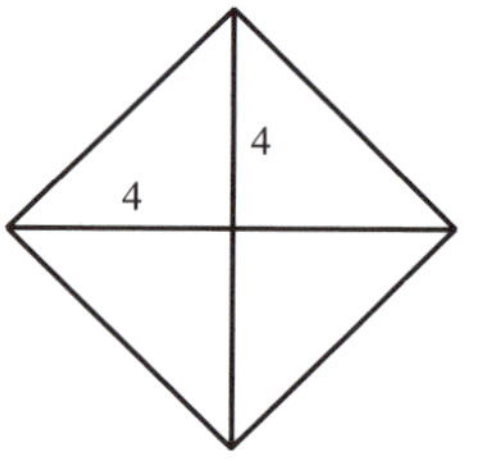

138. a) Wie verändert sich die Oberfläche eines Würfels, wenn man seine Kantenlänge verdoppelt?

b) Wie ändert sich die Oberfläche eines Quaders, wenn man alle Kantenlängen verdreifacht?

c) Ein Schwimmbecken, das 12 m lang, 8 m breit und 2 m tief ist, soll innen mit Wasserschutzfarbe gestrichen werden. Für wie viele Quadratmeter muss Farbe gekauft werden?

d) Ein Quader mit dem Oberflächeninhalt $O_Q = 832\ \text{cm}^2$ ist $a = 16$ cm lang und $b = 12$ cm breit. Welche Höhe c hat dieser Quader?

139. Familie Bau kauft ein Grundstück für 97 128 €. An Erschließungskosten zahlt sie noch 54 € pro m^2, sodass sich die Gesamtkosten für das Grundstück auf 134 064 € erhöhen.

a) Wie viele Quadratmeter hat Familie Bau gekauft?

b) Wie teuer war ein Quadratmeter des Grundstücks mit bzw. ohne Erschließungskosten?

140. Der Flächeninhalt des Quadrats beträgt $A_Q = 8\text{ cm} \cdot 8\text{ cm} = 64\text{ cm}^2$, der des Rechtecks $A_R = 13\text{ cm} \cdot 5\text{ cm} = 65\text{ cm}^2$. Vergleicht man die Flächen, in die Quadrat und Rechteck zerlegt werden, dann scheinen sie gleich groß zu sein, d. h. es gilt: $64 = 65$. Löse das Rätsel, indem du die Flächen des Quadrats ausschneidest und damit die Fläche des Rechtecks bedeckst.

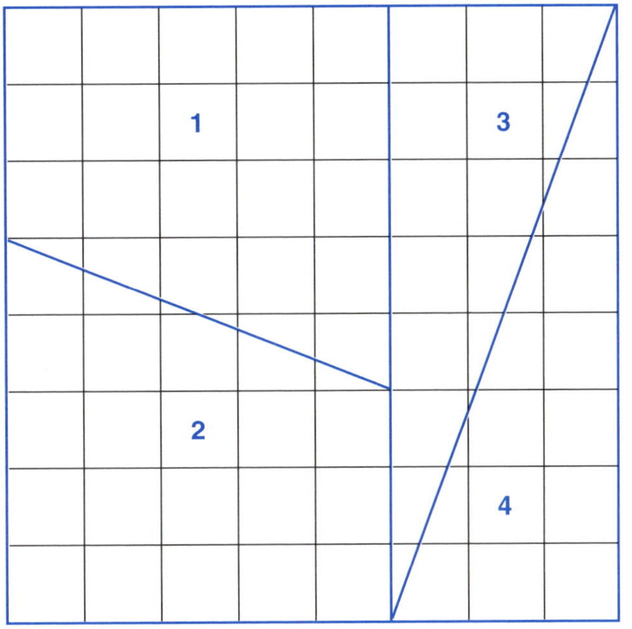

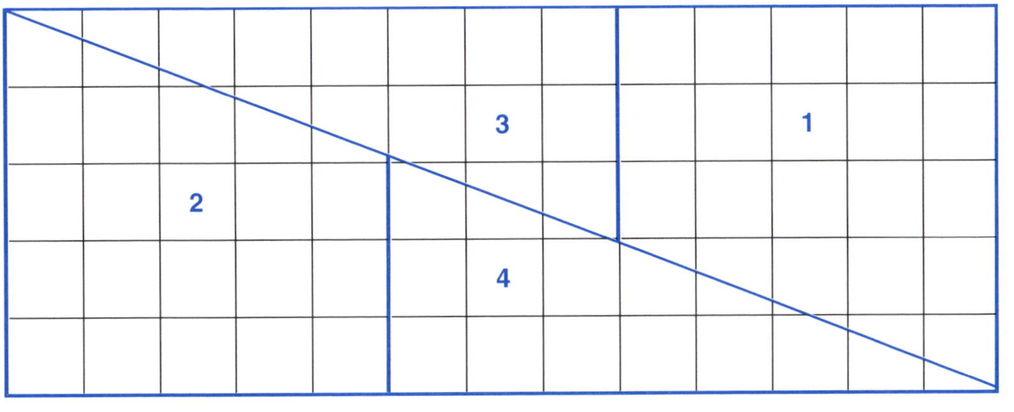

Schulaufgaben

Die folgenden Aufgaben wurden als Schulaufgaben gestellt. Die Bearbeitungszeit sollte nicht mehr als 45 Minuten betragen. Lies die Aufgaben zuerst genau durch! Sieh dir die Lösung erst dann an, wenn du die Aufgabe fertig gelöst hast oder nicht weiterkommst! So bist du auf dem besten Weg, auch schwierige mathematische Knoten zum Platzen zu bringen.

Schulaufgabe 1

1. a) Schreibe die Zahl in Ziffern: 7 HB 4 ZM 5 M 2 H =
   b) Zerlege in Stufen: 880 106 001 101 =
   c) Gib Vorgänger V und Nachfolger N der Zahl 199 890 an.

2. a) Schreibe im Zehnersystem: MMCMLXXVI =
   b) Schreibe mit römischen Ziffern: 1 843 =

3. a) Ergänze die Zahlenfolge um die nächsten drei Zahlen: 8, 15, 22, 29, …
   b) Setze die Zahlenfolge vorwärts und rückwärts um je zwei Zahlen fort: …, 24, 22, 44, 42, 84, 82, …
   c) Eine Zahlenfolge beginnt mit 7. Jede Zahl der Folge ist um 1 kleiner als das Doppelte des Vorgängers.
   Gib die ersten fünf Folgenglieder an.

4. Bestimme jeweils die Lösungsmenge L, d. h. die Zahlen $x \in G$, die jeweils die Ungleichung erfüllen.
   a) $x < 64$ $\quad G = V_8$
   b) $1\,010 \leq x \leq 1\,110$ $\quad G = \{10, 30, 50, 70, \ldots\}$
   c) $8 \cdot x - 5 > 13$ $\quad G = T_{16}$
   d) $x < 12 < 2 \cdot x$ $\quad G = \mathbb{N}$

5. Entscheide und begründe jeweils, ob eine wahre, eine falsche oder eine sinnlose Aussage vorliegt.
   a) $12 - 10 = 3$
   b) $2 \notin V_4$
   c) $4 \cdot 3$
   d) $8 \cdot 8 - 7 \cdot 7 = 3 \cdot 5$
   e) Gib Gas!
   f) $\mathbb{N} \subseteq \mathbb{N}_0$

Schulaufgabe 2

1. a) (1) Schreibe in Ziffern:
vierzig Billionen siebenhundertzwanzigtausendfünfundachtzig
(2) Zerlege in Stufen: 3 801 000 000 009 =
(3) Schreibe in römischen Ziffern: 2 481 =
(4) Schreibe im Zehnersystem: MMDXLVI =

b) Gib den Vorgänger V und den Nachfolger N der Zahl 999 100 an.

2. Bestimme

a) das 23. Element der Menge V_7,

b) das 28. Element der Menge $M = \{65, 64, 63, \ldots, 1\}$,

c) die ersten vier Glieder der Zahlenfolge …, 12, 17, 23, 30, …

d) die Menge T_{12}.

3. a) Die Zahl 15 ist das erste, die Zahl 31 das letzte Glied einer Ungleichungskette ungerader Zahlen, die lückenlos aufeinander folgen.
Schreibe diese Kette auf.

b) Markiere auf dem Zahlenstrahl mit der Einheit 1 cm alle Zahlen, die von der Zahl 6 nicht mehr als 3 cm entfernt sind.

c) Gib für die Lösungsmenge $L = \{5, 6, 7\}$ und die Grundmenge $G = \mathbb{N}$ eine passende Ungleichung an.

4. Bestimme jeweils die Lösungsmenge L, d. h. die Zahlen aus G, die jeweils die Ungleichung erfüllen.

a) $x > 12$ $\quad G = \{5, 10, 15, \ldots, 35\}$

b) $3 \cdot y < 40$ $\quad G = V_{10}$

c) $16 < z < 20$ $\quad G = \mathbb{N}$

d) $16 < z < 20$ $\quad G = V_{12}$

5. Ergänze jeweils zu einer wahren Aussage:

a) $9 + \square = 13$

b) $12 \, \square \, V_2$

c) $7 \cdot 8 \, \square \, 7 + 8$

d) $T_{16} \, \square \, T_8$

Schulaufgabe 3

1. a) Welche Elemente enthält die Lösungsmenge L einer Ungleichung mit der Grundmenge G?

b) Bestimme die Lösungsmenge L für die Grundmenge $G = \mathbb{N}$:
$7 < x \leq 12$

2. a) Vertausche in 3 456 die erste, die zweite und die vierte Ziffer so, dass neue Zahlen entstehen.
Ordne die Zahlen der Größe nach in einer Ungleichungskette, wobei mit der größten Zahl begonnen werden soll.

b) Eine Zahlenfolge beginnt mit 6. Jede Zahl der Folge ist um 2 kleiner als das Dreifache des Vorgängers.
Gib die ersten fünf Zahlen der Zahlenfolge an.

3. a) Bestimme jeweils die Lösungsmenge L, d. h. die Zahlen $x \in G$, die die Gleichung bzw. Ungleichung erfüllen:

(1) $4 + 55 > 5 + x$ $\quad G = V_3$
(2) $x + 7 \geq 3 + x$ $\quad G = \mathbb{N}$
(3) $x + 45 = 55$ $\quad G = V_4$

b) Gib jeweils die kleinste natürliche Zahl an, welche die Ungleichung erfüllt:

(1) $17 + x > 23$
(2) $x + 92 \geq 117$

4. a) Welches ist die größte Zahl, die man mit Elementen aus der Ziffernmenge $Z = \{V, X, L, D\}$ von römischen Zahlzeichen schreiben kann?
Gib diese Zahl auch im Zehnersystem an.

b) Schreibe mit römischen Ziffern: 1 964 =

c) Welcher wesentliche Unterschied besteht zwischen dem Zehnersystem und dem römischen Zahlsystem?

5. a) Bestimme für die Ungleichung $8 \leq z < 40$ jeweils die Lösungsmenge L:

(1) $G = V_8$
(2) $G = T_{24}$

b) Die Ungleichung $u < v < 15$ enthält die Platzhalter u und v. Für u können Zahlen aus V_3 und für v Zahlen aus T_{30} eingesetzt werden.
Gib zwei Einsetzungsbeispiele an, die wahre Aussagen darstellen.

Schulaufgabe 4

1. a) Wie ändert sich der Wert einer Summe, wenn der erste Summand um 11 verkleinert und der zweite um 18 vergrößert wird?

b) Wie ändert sich der Wert einer Differenz, wenn der Minuend um 12 vergrößert und der Subtrahend um 3 verkleinert wird?

2. Gib jeweils die Lösungsmenge L an, d. h. die Zahlen $x \in G$, die jeweils die Gleichung bzw. Ungleichung erfüllen.

a) $4 + x \leq 10 - x$ $\quad G = \mathbb{N}_0$

b) $9 - x > 3$ $\quad G = V_3$

c) $x - 4 - (72 + 49) = 186$ $\quad G = \mathbb{N}$

3. a) (1) Vergleiche die Ergebnisse:

$784 - (516 + 183) = \square$

$(784 - 516) + 183 = \square$

(2) Warum muss der Vergleich so ausfallen?

b) Gib die Art des Terms an, gliedere ihn und berechne seinen Wert.

$[(968 - 413) + 1\,416] - (3\,719 - 2\,548) =$

c) Schreibe den Term auf und berechne:
Subtrahiere die Differenz der Zahlen 736 und 593 von der Summe der gleichen Zahlen.

4. a) Berechne vorteilhaft unter Verwendung der Rechengesetze.
Schreibe die Einzelschritte auf.

$5\,040 + 576 + 4\,582 + 124 + 260 =$

b) Ersetze die Punkte durch die richtigen Ziffern:

$$\begin{array}{r} 1\;.\,0\,1\,8 \\ -\quad 7\;.\,8\;. \\ \hline 3\,7\,3\,5 \end{array}$$

5. Uwe und Laura sind in den Schulferien vier Tage mit dem Fahrrad unterwegs. Auf der Karte haben sie eine Strecke von 285 km errechnet. Am ersten Tag fahren sie 87 km. Am zweiten Tag legen sie 71 km zurück. Am dritten Tag fahren sie 7 km weniger als am zweiten Tag.
Wie weit sind sie am vierten Tag gefahren?

Schulaufgabe 5

1. Berechne:

a) 1 354 + 2 058 007 + 3 645 742 + 2 941 993 =

b) 309 984 – 85 005 =

2. a) Ersetze die Punkte durch die richtigen Ziffern:

```
  8 . 010
– . 1053
–   6.5.
---------
  330.3
```

b) In einem Zauberquadrat ist der Wert der Summe der Zahlen in den Zeilen, Spalten und Diagonalen jeweils gleich. Vervollständige das Zauberquadrat.

18		
17		
22		20

3. a) Schreibe zuerst einen Term auf und berechne dann:
Subtrahiere von der Summe der Zahlen 612 und 224 die Differenz der Zahlen 581 und 245.

b) Der Term ist eine Summe. Der 1. Summand ist die Differenz der Zahlen 812 und 616. Der 2. Summand ist die Differenz aus der Zahl 928 und der Differenz der Zahlen 547 und 423.
Schreibe den Term auf und berechne seinen Wert.

4. a) Gliedere den Term, gib seine Wortform an und berechne seinen Wert:
[(5 944 – 3 816) – 1 288] + [6 912 – (8 244 – 1 792)] =

b) Schreibe den zugehörigen Term auf und berechne seinen Wert:

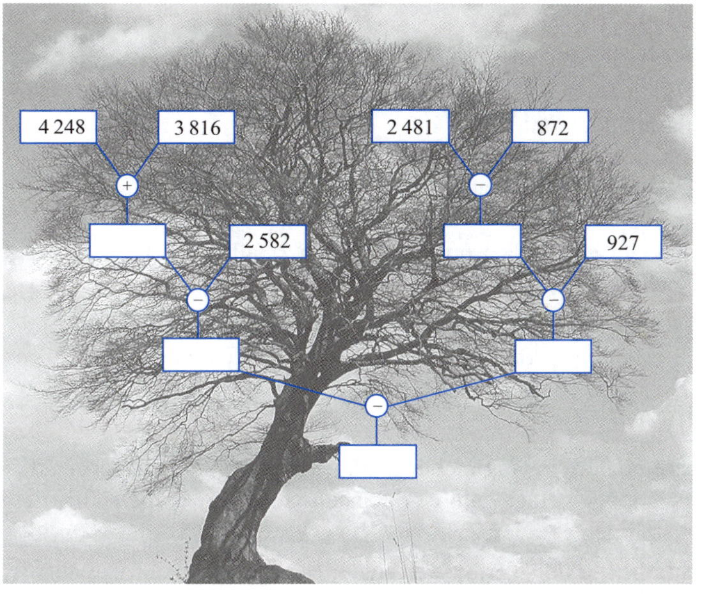

5. Ein Gewinn von 10 000 € wird auf die vier Freunde Anna, Birgit, Christoph und David aufgeteilt. Anna erhält 2 513 €, Birgit 500 € mehr als Anna, Christof 613 € weniger als Birgit und David den Rest.
Welchen Betrag erhält David?

Schulaufgabe 6

1. a) Was erlaubt uns das Assoziativgesetz der Addition?
   b) Verkleinere den Minuenden einer Differenz um 7 und vergrößere den Subtrahenden um 19.
   Wie ändert sich der Wert der Differenz?
   Gib ein geeignetes Zahlenbeispiel an.

2. Bestimme jeweils die Lösungsmenge L, d. h. alle Zahlen $x \in G$, die jeweils die Gleichung bzw. Ungleichung erfüllen.
   a) $51 + x < 93$ $\qquad G = V_9$
   b) $[(133 + 418) - 159] - x = 314$ $\qquad G = \{3, 10, 17, 24, \ldots\}$
   c) $28 + x < 36 - x$ $\qquad G = \mathbb{N}_0$

3. a) Schreibe nur die Ungleichung in mathematischer Kurzform auf:
   Das Doppelte einer Zahl ist höchstens so groß wie die Hälfte der größten dreistelligen geraden Zahl.
   b) Schreibe nur den Term exakt in der richtigen Reihenfolge auf:
   Subtrahiere von der Zahl 76 die Differenz der Zahlen 87 und 28 und die Summe der Zahlen 27 und 14.
   c) Gib nur die Termart an und gliedere den Term:
   $(387 + 54) - [84 + (219 - 72)] =$

4. Von welcher Zahl muss man die Summe der Zahlen 239 und 448 subtrahieren, um die Differenz der Zahlen 149 und 29 zu erhalten?

5. a) Für die Produktmenge $A \times B$ gilt:
   (1) $A \times B$ ist leer,
   (2) $A \times B$ hat drei Elemente,
   (3) $A \times B$ hat zwölf Elemente.
   Was kann man jeweils über A bzw. B aussagen?
   b) Zum Gipfel eines Berges führen vier verschiedene Aufstiege, die auch für den Abstieg genutzt werden können. Wie viele verschiedene Möglichkeiten für eine Gipfeltour gibt es, wenn Aufstieg und Abstieg
   (1) verschieden sein müssen,
   (2) auch gleich sein können?

Schulaufgabe 7

1. a) Gib ein Zahlenbeispiel für das Distributivgesetz der Multiplikation an.
   b) Wie ändert sich der Wert eines Quotienten, wenn der Dividend halbiert und der Divisor vervierfacht wird?

2. Rechne nach Möglichkeit vorteilhaft:
   a) $447 : 3 - 147 : 3 =$
   b) $(39 - 3 \cdot 13) : (129 - 32 \cdot 4) =$
   c) $(11^2 - 12 \cdot 10) : (12 \cdot 13 - 3 \cdot 52) =$
   d) $254 \cdot 99 =$

3. Berechne den Wert des Terms:
   $(48 - 48 : 16) \cdot 4 + 6 \cdot (17^2 - 13 \cdot 13) + 265 \cdot 0 - 1350 : 150 =$

4. a) Gegeben ist die Gleichung $439 - 126 : x = 418$ mit der Grundmenge $G = \mathbb{N}_0$.
   Welche Art von Term steht auf der linken Seite der Gleichung?
   Welche Zahl x erfüllt die Gleichung?
   b) Welche Zahl muss man durch die dreifache Summe der Zahlen 28 und 17 teilen, um die Differenz dieser Zahlen zu erhalten?

5. Die Reihenfolge, in der die Kinder Alf, Iris, Otto und Ursel im Laufe des Jahres Geburtstag haben, wird durch nebenstehendes Pfeilbild beschrieben. Die Pfeile bedeuten. „... hat Geburtstag vor ...“.
   In welcher Reihenfolge haben die Kinder Geburtstag?

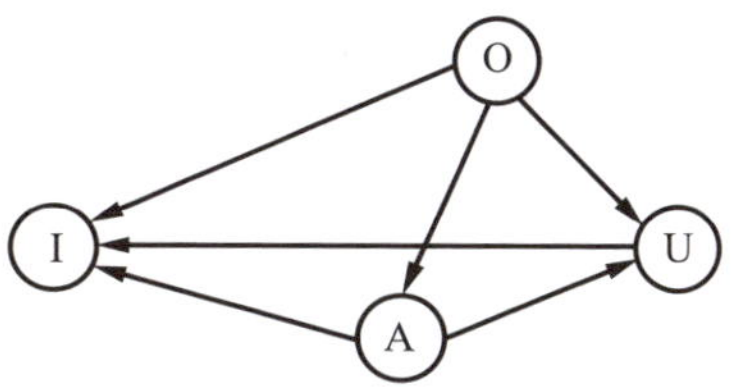

Schulaufgabe 8

1. a) Stelle fest, ob 319 eine Primzahl ist.
   b) Wie oft ist die Zahl $x = 2 \cdot 3^2 \cdot 11$ in $y = 2^2 \cdot 3^2 \cdot 5 \cdot 11^2$ enthalten?

2. a) Wie und um wie viel ändert sich der Wert
   (1) einer Summe, wenn man den 1. Summanden um 17 vergrößert und den 2. Summanden um 23 vergrößert,
   (2) einer Differenz, wenn man den Minuenden um 17 verkleinert und den Subtrahenden um 12 verkleinert?
   b) Gib nur den Term für die Berechnung an, ohne ihn auszurechnen: Um wie viel ist die Summe der Zahlen 312 und 78 größer als die Differenz dieser beiden Zahlen?

3. a) Gliedere den Term und berechne seinen Wert:
   $[839 - (613 + 98)] - (4\,015 - 3\,988) =$
   b) Zeichne einen Rechenbaum, gib den Termansatz an und berechne seinen Wert:
   Der Term ist eine Summe. Der 1. Summand ist die Differenz aus der Summe der Zahlen 847 und 612 und der Zahl 444. Der 2. Summand ist die Summe aus der Differenz der Zahlen 366 und 299 sowie der Zahl 186.

4. Bestimme jeweils die Zahl $x \in \mathbb{Z}$, die die Gleichung erfüllt.
   a) $x + 121 = 681 - (535 + 214)$
   b) $5\,005 - [3\,406 - (4\,001 - 1\,004)] - x = 4\,906 + 514$

5. In einen Bus steigen an der ersten Haltestelle 24 Personen ein, 13 Personen steigen aus. Nach der 2. Haltestelle, an der 10 Personen aussteigen und 4 einsteigen, sitzen noch 32 Fahrgäste im Bus. Wie viele Personen waren zu Beginn im Bus?

Schulaufgabe 9

1. Berechne:

a) Überprüfe die Zahl $n = 3\,760\,932$ auf Teilbarkeit durch 3, 4, 6, 9, 12.
Antworte jeweils nach dem Muster: $2 \mid n$, weil … .

b) Entscheide mithilfe der in Teilaufgabe a gefundenen Ergebnisse, ob die Gleichung $3\,760\,932 : x = 36$ in der Grundmenge $G = \mathbb{N}$ lösbar ist.

2. a) Berechne: $83 - (44 - 26) - (23 - 38) + (102 - 44) - 150 =$

b) Ersetze x durch eine ganze Zahl so, dass eine wahre Aussage entsteht.
$-3 + x = -6$

c) Welche Aussage ist wahr (w), welche falsch (f)?
(1) $\mathbb{N}_0 \subseteq \mathbb{Z}$
(2) $\mathbb{N}_0 = \mathbb{Z}$
(3) $\mathbb{N}_0 \cup \mathbb{Z}^- = \mathbb{Z}$
(4) $\mathbb{N} = \mathbb{Z}^+$

3. a) Welche Aussage ist wahr (w), welche falsch (f)?
(1) In einer Summe ganzer Zahlen darf man die Summanden vertauschen.
(2) Die Summe zweier ganzer Zahlen mit gleichem Vorzeichen ist stets positiv.
(3) Die Differenz zweier ganzer Zahlen mit gleichen Vorzeichen ist stets positiv.
(4) Die Summe einer ganzen Zahl und ihrer Gegenzahl ist immer null.

b) Bestimme die Lösungsmenge in $G = \mathbb{Z}$:
$-66 - x < -58$

4. Gegeben ist der Term: $(9\,724 - 2\,377) - (6\,108 - 4\,861) =$

a) Berechne den Wert des Terms.

b) Gib die Wortform an.

c) Gib die Art des Terms an und gliedere ihn durch ein Baumdiagramm.

5. Familie Brauseweit fährt im Urlaub an vier Tagen insgesamt 1 292 km. Am ersten Tag legen sie 278 km, am zweiten Tag 364 km und am dritten Tag 33 km weniger als am zweiten Tag zurück.
Wie viele Kilometer fährt die Familie am vierten Tag?

Schulaufgabe 10

1. a) Prüfe die Zahl $n = 1\,263\,960$ auf Teilbarkeit durch 3, 6, 8, 9, 18. (Kurze Begründung angeben, z. B. $2 \mid n$, weil Endziffer 0 gerade)

b) Begründe ohne ausführliche Rechnung, ob folgende Gleichung in der Grundmenge $G = \mathbb{N}$ erfüllbar oder nicht erfüllbar ist:
$9 \cdot x = 162\,351 + 252\,341$

2. Gib jeweils die Lösungsmenge L an, d. h. die Zahlen $x \in G$, die die Gleichung bzw. Ungleichung erfüllen.

a) $8 + 41 > x + 41$ $\quad G = V_2$

b) $25 - x > 15 - x$ $\quad G = \mathbb{Z}$

c) $(100 + x) - x = 64 + 36$ $\quad G = \mathbb{N}_0$

d) $x - [6\,401 - (2\,817 - 1\,928) - 1\,314] = 5\,912 - 2\,689$ $\quad G = \mathbb{N}$

3. a) Berechne: Addiere zur Differenz der Zahlen 191 und 627 die Zahl 346.

b) Rechne mit Vorteil und schreibe die Rechnung auf: $736 - 98 =$

c) Fasse geeignet zusammen und berechne: $131 - 148 - 24 + 86 - 15 =$

d) Eine Zahl und ihre Gegenzahl sind gleich. Wie heißt die Zahl?

e) Eine Zahl und ihr Betrag sind gleich. Was kann man über die Zahl aussagen?

4. a) Der Filmsaal einer Schule hat 100 Sitzplätze. Den Klassen 5 bis 7 soll ein Film gezeigt werden. Die Schülerzahlen betragen:

Klasse	5 a	5 b	6 a	6 b	7 a	7 b
Schüler	32	35	39	30	33	31

Wie kann man die Klassen so auf zwei Vorführungen verteilen, dass alle Schüler den Film sehen können?

b) Ein Theater hat 876 Sitzplätze.
An drei Vorverkaufsstellen wurden 123, 98 und 347 Karten verkauft.
An der Abendkasse standen 108 Personen an.
Wie viele Plätze blieben im Theater leer?

5. Ines, Petra, Max und Daniel haben zusammen 1 000 €. Ines hat 60 € weniger als Petra und Daniel zusammen. Petra besitzt mit ihren 143 € genau 58 € weniger als Daniel.
Wie viele € besitzt Max?

Schulaufgabe 11

1. a) Wie viele dreistellige Zahlen haben an der Hunderterstelle die Ziffer 5 und an der Einerstelle die Ziffer 2?

   b) Quersumme QS:
      (1) Berechne QS(3976) =
      (2) Gib die größte und die kleinste dreistellige Zahl an, deren Quersumme 12 ist.

2. a) Der Betrag einer Zahl stimmt mit ihrer Gegenzahl überein.
   Was kann man über die Zahl aussagen?

   b) Berechne: $(-21) + (-66) =$
      $(-21) + (+66) =$
      $(+21) + (-66) =$

   c) Welche Lösung hat die folgende Gleichung in $G = \mathbb{Z}$:
   $a + x = b$

3. Auf der Zahlengeraden wird als Einheit 1 cm verwendet.
   Gib alle Zahlen aus L an, deren Bildpunkt vom

   a) Punkt 3 höchstens 4 cm entfernt sind,

   b) Punkt –4 genau 5 cm entfernt sind.

4. a) Setze das richtige der Zeichen „<“, „=“ oder „>“ ein:
      (1) $225 \square 450 : 2$
      (2) $666\,066 \square 660\,666$
      (3) $91 \square 38 \cdot 3$

   b) Gib alle Zahlen an, die aus den Ziffern der Zahl 789 gebildet werden können, und ordne sie der Größe nach in einer steigenden Ungleichungskette.

   c) Setze die Zahlenfolge …, 7, 14, 11, 22, 19, 38, 35, … nach vorwärts und nach rückwärts jeweils um drei Zahlen fort.

5. a) Ordne die folgenden Zahlen in einer fallenden Ungleichungskette:
   14; –12; +5; –11; 0; –9

   b) Welche Zahl ist um
      (1) 3 größer als –7,
      (2) 4 größer als –1,
      (3) 9 größer als –11,
      (4) 1 kleiner als –9?

Schulaufgabe 12

1. a) Wie lautet das Distributivgesetz der Multiplikation für eine Differenz mit Variablen (Platzhaltern)?

   b) Wie ändert sich der Wert eines Quotienten, wenn man den Dividenden verdoppelt und den Divisor halbiert?

2. a) Gib für $a \in \mathbb{N}$ an:
   (1) $0 : a =$
   (2) $a : a =$
   (3) $a : 0 =$

   b) Für Zahlen $a \in \mathbb{N}$ und $b \in \mathbb{N}_0$ gilt: $a \cdot b = 0$
   Was kann man daraus folgern?

   c) Gib die Lösungsmenge L für die Grundmenge $G = \mathbb{N}_0$ an:
   $3 \cdot x \cdot (6 - x) = 0$

3. a) Berechne:
   (1) $[35 - (35 - 35)] : [35 : (35 : 35)] =$
   (2) $(999 + 9) : [99 - 9 \cdot (99 - 90)] =$

   b) Mit welcher Zahl muss man 786 multiplizieren, um die Summe der Zahlen 112 481 und 23 497 zu erhalten? (Ansatz und Lösung!)

4. a) Berechne schriftlich:
   $(-672) \cdot (-23)$

   b) Berechne:
   $(-2)^2 =$
   $(-2)^3 =$
   $-2^4 =$

   c) Welche Aussage ist wahr (w), welche falsch (f)?
   (1) $(-12) \cdot (-8) > 0$
   (2) $(-12) \cdot (+13) > -10$
   (3) $(-12)^6 > 0$
   (4) $(-8)^4 < (-8)^6$

5. a) Berechne den Termwert im Baum:

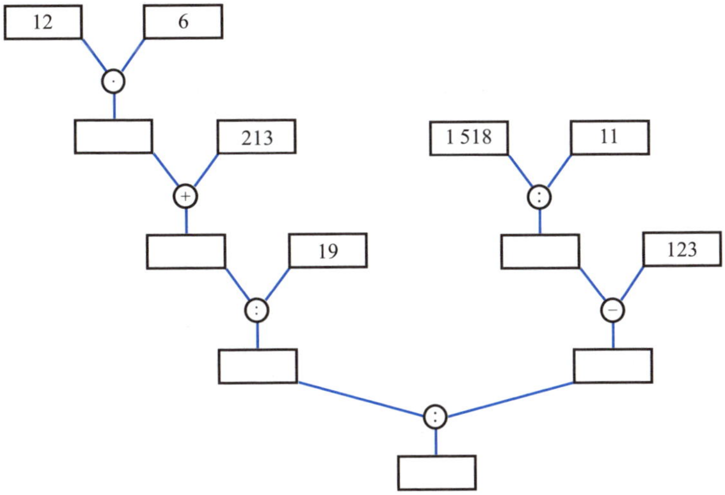

b) Schreibe den zu Teilaufgabe a gehörigen Term auf und gib die Art des Terms an.

c) Für welche Zahl $x \in \mathbb{N}$ gilt:
(1) $x^2 = 64$
(2) $x = 14^2 - 13^2$

Schulaufgabe 13

1. Welche natürliche Zahlen erfüllen jeweils die Gleichung bzw. Ungleichung?

a) $84 > 7 \cdot x \geq 56$

b) $(11 \cdot x) \cdot 16 = 11 \cdot (16 \cdot 18)$

c) $45 \cdot x \cdot 138 \cdot 0 = 0$

d) $21 \cdot (84 : x) = 84$

2. Antworte genau, ohne ein Beispiel anzugeben:

a) Wie ändert sich der Wert eines Produktes, wenn man den 1. Faktor vervierfacht und den 2. Faktor halbiert?

b) Wie ändert sich der Quotient, wenn man den Dividenden verdreifacht und den Divisor halbiert?

3. Berechne:

a) $8 \cdot 12 - 4 \cdot (64 : 4 + 4) =$

b) $1\,407\,600 : 255 =$

c) (108 € – 36 €) : 12 Cent =

d) 3 t 90 kg : 15 =

e) $211 - 165 : x = 5 \cdot 40$

4. Stelle nur den Term auf:
Dividiere die doppelte Differenz aus der Zahl 289 und dem Produkt der Zahlen 98 und 2 durch die Summe der Zahlen 34 und 47.

5. a) Berechne:
$4 \cdot (-7 + 15) + 2 \cdot (-9 - 13) =$

b) Rechne auf zwei verschiedene Arten:
$(24 - 16) : (-2) =$

c) Ist die folgende Aussage wahr (w) oder falsch (f)?
Ist der Wert einer Potenz positiv, dann ist die Hochzahl gerade.

Schulaufgabe 14

1. a) Begründe mithilfe einer Rechnung, warum man in der Menge $\mathbb{Z}$ der ganzen Zahlen keinen Wert für den Quotienten 7 : 0 angeben kann.

b) Welche Zahl muss man durch die Differenz der Zahlen 73 und 36 dividieren, um das 27fache der Zahl 11 zu erhalten?
(Ansatz und Lösung!)

c) Gib in Worten ohne Ausrechnen an:
$x : (84\,832 : 352) = 4\,907 - 3\,999$

2. Berechne:

a) $(5^3 \cdot 2^3 - 3^3 \cdot 37) \cdot 9\,999 + 1 =$

b) $[3\,618 - (248 \cdot 18 - 4\,288) : 22] : 19 - 190 =$

c) Warum gilt eigentlich Punktrechnung vor Strichrechnung?

3. Welche Zahlen $x \in G$ erfüllen jeweils die Gleichung?

a) $(49 - x^2) \cdot (x - 4) = 0$ $\quad G = \{4, 5, 6, 7\}$

b) $2 \cdot x : x = 2$ $\quad G = \mathbb{N}$

c) $81 : x^3 = 3$ $\quad G = \mathbb{N}$

4. Gegeben ist der Term $T(x) = (x^2 + 9) : x^2 + 9$
Gib die Art des Terms an, gliedere ihn und berechne den Termwert T(3).

5. a) Berechne jeweils:
(1) $503 - (856 - 195) + (470 - 922 + 215) =$
(2) $(503 - 856) - (195 + 470) - (922 + 215) =$

b) Stelle einen Term auf und berechne:
Subtrahiere von der Differenz der Zahlen 38 und –21 die Summe der Zahlen –14 und 57.

c) Berechne:
(1) $-3^4 =$
(2) $(-3)^4 =$

Schulaufgabe 15

1. a) Berechne:
$14 - [23 - (34 - 57) - (24 - 40)] =$

b) Stelle einen Term auf und berechne:
Addiere die Summe der Zahlen –35 und 78 zur Differenz der Zahlen –83 und 124 und multipliziere diesen Wert mit –3.

c) Berechne:
(1) $(3 - 5)^2 =$
(2) $3^2 - 5^2 =$

2. a) Schreibe zunächst als Summe und berechne dann ihren Wert:
Addiere die Summe der Zahlen 614 und 81 zur Zahl 305.

b) Formuliere zur Aufgabe einen Text und ermittle dann das Ergebnis:
$(618 + 459) + (928 - 771) =$

3. a) Bestimme die Lösungsmenge L für die Grundmenge $G = \mathbb{N}_0$:
$(578 + 332) + x = 1\,808$

b) Bestimme die Lösungsmenge L, wenn die Grundmenge G alle ungeraden Zahlen enthält:
$(293 - 78) - x = 203$

4. a) Stelle eine Gleichung auf und berechne:
Von welcher Zahl muss man die Summe der Zahlen 18 192 und 23 432 subtrahieren, um die Zahl 12 113 zu erhalten?

b) Vier Stühle mit den Nummern 1, 2, 3, 4 stehen in einer Reihe nebeneinander. Lisa und Lena wollen sich jeweils auf einen Stuhl setzen. Wie viele verschiedene Möglichkeiten der Sitzordnung haben sie?

5. Ein Kaufmann verkauft im Winterschlussverkauf 15 Skianoraks für je 333 €. Der Einkaufspreis für alle Anoraks betrug 5 025 €.
Wie hoch war der Verlust pro Anorak, wenn außerdem Kosten von insgesamt 90 € mit berücksichtigt werden müssen?

Schulaufgabe 16

1. a) Rechne in einer Zeile unter Beachtung der Klammerregeln:
$[9\,008-(4\,328-619)]-(7\,938-4\,829)-833=$

b) In einer Differenz wird der Minuend um 7 vergrößert und der Subtrahend um 4 verkleinert.
Wie ändert sich der Wert der Differenz?

c) Gib für die Grundmenge $G=V_3$ die Lösungsmenge L an:
$(637-389)-x=89$

2. a) Berechne:
$(-24):8-4-15:5-12\cdot(-7)=$

b) Stelle einen Term auf und berechne:
Multipliziere die Summe der Zahlen 31 und −41 mit −30 und subtrahiere vom Ergebnis das Dreifache der Differenz aus 48 und 64.

c) Womit muss man eine ganze Zahl multiplizieren, um ihre Gegenzahl zu erhalten?

3. a) Für zwei Hotelgäste stehen drei Einzelzimmer zur Auswahl.
Wie viele unterschiedliche Möglichkeiten der Belegung gibt es?

b) $A=\{x, y, z\}$, $B=\{1, 5\}$, $C=\{0, +, \#\}$
Gib drei Elemente aus $A\times B\times C$ sowie die Gesamtzahl aller Elemente an.

c) Schreibe den zum folgenden Baum gehörenden Term auf und berechne seinen Wert:

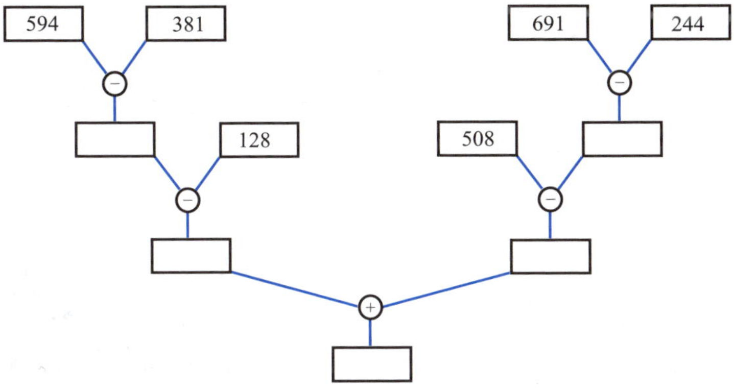

4. Berechne:
$[(14 \cdot 305 - 4\,966 : 13) : 54] : [(16^2 - 58 \cdot 4) : 3] =$

5. Auf dem Zahlenstrahl liegen zwei Zahlen x und y (siehe Skizze), die sich um 48 unterscheiden. Die größere der beiden Zahlen ist von der Zahl 100 dreimal so weit entfernt wie die kleinere Zahl.
Wie heißen die beiden Zahlen?

Schulaufgabe 17

1. a) Wandle die Größen in die in Klammern angegebenen Einheiten um:
(1) 4 kg 40 mg (mg)
(2) 2 Std 25 min (Sek)
(3) 29 km 8 dm (cm)

b) Berechne und gib jeweils an, ob eine Teilung oder eine Messung vorliegt:
(1) 3 kg 60 g : 4 =
(2) 10 Std 40 min : 1 Std 20 min =
(3) (3,6 km + 400 m) : 500 m =

2. Welche natürliche Zahl erfüllt jeweils die Gleichung?
a) $(x+7)^2 = 324$
b) $3^{x+1} = 81$
c) $x^2 + 3 = 199$

3. Berechne: $[(1\,000\,000-55\,666):207+2\,104]:66-4^3+99\cdot16=$

4. a) Ein Geschäftsmann hatte in den letzten fünf Tagen folgende Einnahmen:
13 340 €, 14 600 €, 15 020 €, 9 560 €, 13 480 €
Wie groß war die durchschnittliche tägliche Einnahme?

b) Eine Strecke von 1 750 m erscheint auf einer Karte 7 cm lang.
Welcher Maßstab wurde verwendet?

5. Sascha hat für eine Stereoanlage, die 1 299 € kostet, schon 794 € gespart. Von seinen Eltern erhält er zu Weihnachten 150 € und von seinen Großeltern noch 100 €. Für die Geschenke, die Sascha zu Weihnachten macht, gibt er 48 € aus.

Wie viel Geld muss ihm seine Patentante jetzt noch schenken, damit er sich die Stereoanlage endlich kaufen kann?

Schulaufgabe 18

1. a) Ergänze für a, b, c ∈ $\mathbb{Z}$:
(1) $a\cdot(b-c)=$
(2) $(a-b):c=$ $(c\neq0)$

b) Ersetze die Punkte durch Ziffern:

```
   9 1 0 0 .
 −     . 8 4 1
 − 5 3 6 . 4
 − . 8 4 8 0
 ___________
       8 . 8 5
```

c) Ein Zauberquadrat liegt vor, wenn der Wert der Summe der Zahlen in den Zeilen, Spalten und Schrägreihen gleich ist.
Vervollständige das nebenstehende Quadrat zum Zauberquadrat.

18			15
	12		10
11		9	
	17	16	3

d) Wie ändert sich der Wert eines Quotienten, wenn Dividend und Divisor jeweils verzehnfacht werden?

2. a) Subtrahiere die Differenz der Zahlen 912 und 633 von der Summe der Zahlen 681 und 462. (Ansatz und Lösung)

b) Berechne: $6\,006\cdot16-8\,800\cdot12-4\,444:11-92=$

3. a) Welche ganze Zahl passt jeweils?
(1) $(788 + 325) + x < x + (4\,319 - 3\,205)$
(2) $(888 - x) + x = (1\,644 - 243) - 514$

b) Welche Zahl muss man von der Differenz der Zahlen 65 417 und 23 918 subtrahieren, um die Differenz der Zahlen 74 309 und 23 560 zu erhalten?

4. a) Berechne: $24\,323 - [(8\,041 + 9\,030 + 2\,041) - (48\,716 - 43\,927)] =$

b) Bei den Olympischen Spielen kämpfen im 100-m-Endlauf acht Läufer um die drei Medaillen.
Auf wie viele Arten können diese verteilt werden?

5. Am Ort Kalt des Polarkreises betragen die mittleren Monatstemperaturen von Januar bis Dezember jeweils in Grad Celsius:
–39, –35, –19, –3, +2, +12, +15, +10, +2, –4, –26, –35.
Bestimme die mittlere Jahrestemperatur in Kalt.

Schulaufgabe 19

1. a) Schreibe das Distributivgesetz der Division für eine Differenz mit Variablen (Platzhaltern) auf.

b) Berechne möglichst vorteilhaft:
$91 : 13 - 52 : 13 =$

c) Welche natürliche Zahl muss in der Gleichung $387 : x = 9$ stehen, damit sich eine wahre Aussage ergibt? Wie lautet die dazu passende Probenregel?

2. a) Berechne den Wert des Terms:
$(37 \cdot 21 + 53 \cdot 42) : (98 \cdot 33 - 7 \cdot 319) =$

b) Fertige zum Term $34\,428 : 38 - (1\,103 - 197)$ eine Wortformulierung an und berechne dann seinen Wert.

3. Ein Markthändler kauft 15 Steigen (Lattenkisten) Äpfel ein. Jede Steige enthält 3 kg Äpfel und kostet 5 €. Bis zum vollständigen Verkauf verderben 5 kg Äpfel.
Wie teuer muss er 1 kg verkaufen, wenn er noch 20 € Transportkosten bezahlen muss und einen Gesamtgewinn von 25 € erzielen will? (x-Ansatz und Lösung!)

4. a) Zeige durch Ausrechnen, dass die Beziehung $1^3 + 2^3 + 3^3 = 6^2$ gilt.

b) Prüfe, ob $4^3 = 3^4$ gilt.
Was kann man über die Gültigkeit des Kommutativgesetzes für Potenzen aussagen?

c) Gib drei Zahlen a, b, c so an, dass $a^2 + b^2 = c^2$ gilt.

5. Bei einer Gebirgswanderung hat Ute festgestellt, dass sie von ihrer Berghütte aus zuerst 434 m zum Gipfel des Schneevaters aufgestiegen und dann 500 Höhenmeter bis zum Schneesee abgestiegen ist.
Gib die Höhenlage des Schneesees bezüglich der Berghütte an.

Schulaufgabe 20

1. Berechne:

a) $605 \cdot 231 - (123 + 77) \cdot (1\,536 - 985) =$

b) $218\,862 : 567 =$

c) Was bedeutet eigentlich „Punkt vor Strich“ und warum ist diese Vereinbarung vorteilhaft?

2. Berechne:

a) $(5^2 - 4^2 - 3^2) : 16^2 =$

b) $(85 \cdot 69) : (34 + 35) =$

c) $(14 \cdot 15) : (170 - 13^2) =$

3. Ein Schwimmbecken mit 1 200 *hl* Inhalt ist schon zur Hälfte mit Wasser gefüllt.

a) Wie lange dauert das völlige Auffüllen des Beckens, wenn pro Minute 500 Liter Wasser zufließen?

b) Wie viel Wasser befindet sich 1 Stunde nach dem Öffnen des Wasserhahnes im Becken?

4. a) Schreibe den Term mit Platzhaltern (Variablen) auf:
Der Term ist eine Differenz. Der Minuend ist die Summe aus a und b. Der Subtrahend ist das Produkt aus c und der Differenz aus d und a.

b) Bestimme jeweils die Lösungsmenge L in der jeweils gegebenen Grundmenge G:

(1) $x : 36 = 45$ $\quad G = \mathbb{N}_0$

(2) $(733 - 291) + x < 81 + 387$ $\quad G = \{2, 4, 6, \ldots\}$

5. Im Supermarkt sind Scheuertücher teurer geworden. Eine Viererpackung kostet jetzt gleich viel wie vorher ein Fünferpack. Herr Sparsam rechnet aus, dass die Erhöhung bei jedem Tuch 20 Cent ausmacht.
Wie teuer ist jetzt ein Tuch?

Schulaufgabe 21

1. a) Berechne:
$\{[12 \cdot 200 - (8 \cdot 13 + 14^2)] : 7 - 12^2\} : 12 =$

b) Fritzchen hat für seine Klassenkameraden Eis gekauft. 15 Schüler hatten ein Eis zu 1,20 € bestellt, der Rest der Klasse jeweils eines zu 1,50 €. Insgesamt hat Fritzchen 30 € bezahlt. Wie viele Schüler wollten ein Eis zu 1,50 €? (Gesamtansatz und Lösung!)

2. a) Berechne:

(1) $105\,547 : 23 =$

(2) 37 Std 24 min : 12 =

b) Wie groß ist der Maßstab einer Landkarte, wenn auf ihr die 345 km lange Entfernung von München bis Wien 23 cm lang ist?

3. a) Berechne:
$[(65^2 - 15^2) : 40 - 25] \cdot (165 - 135 : 3) =$

b) Berechne $x \in \mathbb{N}$ aus der folgenden Gleichung:
$x : (4\,496 : 281) = 4\,019 - 3\,994$

4. Gegeben ist der Term $T(x) = (x - 5) \cdot (18 - 2 \cdot x)$ in der Grundmenge $G = \mathbb{N}_0$.

a) Gliedere den Term.

b) Was versteht man allgemein unter der Definitionsmenge D eines Terms? Gib dann D für das Beispiel an.

c) Berechne die Termwerte T(6) und T(8).

d) Welche Lösungsmenge hat die Gleichung $(x - 5) \cdot (18 - 2 \cdot x) = 0$?

5. Nadine kauft einen gebrauchten Computer, der 452 € kosten soll. Da sie in Raten abzahlen will, kommt ein Preisaufschlag von 38 € hinzu. 210 € hat sie vorher gespart, die sie nun als Anzahlung verwendet.
Wie viele Monate muss sie noch zahlen, wenn sie monatlich 35 € abzahlt?

Schulaufgabe 22

1. Berechne die Quotienten:

a) $0 : (6\,510 : 30) =$

b) $1\,410 : (13^2 - 12^2 - 5^2) =$

c) 8 Std 33 min : 3 =

d) 12 m 50 cm : 2m 50 cm =

2. Berechne unter Verwendung von Rechenvorteilen:

a) $2 \cdot 136 \cdot 25 \cdot 2 =$

b) $125 \cdot 37 \cdot 8 =$

c) $79 \cdot 14 + 21 \cdot 14 =$

3. a) Berechne $840 : 70 + [12^2 : 3 + (20 - 5) \cdot 18 - 8 \cdot 15] : 9 + 21^2 =$

b) Gliedere den folgenden Term, ohne seinen Wert zu berechnen:
$74 - (16 \cdot 2 + 3) : 7 =$

c) Bestimme $x \in \mathbb{N}$.
$6\,300 : x = 450$

d) Welche Zahl muss man durch 36 dividieren, um 18 zu erhalten?

4. a) Das Sportgeschäft Sommer verkauft im Winterschlussverkauf 20 Skianzüge für zusammen 4 500 €. Im Einkauf hat der einzelne Anzug das Sportgeschäft 160 € gekostet, zusätzlich entstanden Kosten in einer Gesamthöhe von 300 €.
Welchen Gewinn brachte der Verkauf eines einzelnen Skianzugs? (Gesamtansatz und Lösung!)

b) Eine Waschmaschine kostet am Wohnort einschließlich Anschluss 1 320 €. Im 35 km entfernten Großmarkt kostet die gleiche Maschine 1 230 € zuzüglich 25 € Anschlusskosten.
Lohnt sich der Kauf im Großmarkt, wenn man dorthin mit dem Auto fährt und ein gefahrener Kilometer 65 Cent kostet?

5. a) Eine Landkarte ist im Maßstab 1 : 250 000 angefertigt.
(1) Gib die wirkliche Entfernung zweier Orte an, die auf der Karte 8 cm 5 mm auseinander liegen.
(2) Die wirkliche Entfernung zweier Orte beträgt 75 km. Welchen Abstand haben sie auf der Landkarte?

b) In welchem Maßstab hätte man die Karte anfertigen müssen, damit der Abstand zwischen zwei Orten auf der Karte 4 cm beträgt, wenn diese beiden Orte in Wirklichkeit 30 km voneinander entfernt sind?

Schulaufgabe 23

1. a) Berechne:
(1) 12 Std 35 min : 5 =
(2) 4 m 5 mm : 4 cm 5 mm =
(3) 749 925 : 135 =
(4) $(2^7 - 7^2) - (3^4 - 4^3) =$

b) Wie groß ist der Maßstab einer Landkarte, wenn eine 165 km lange Entfernung zwischen zwei Orten auf der Karte 11 cm lang ist?

2. Gegeben ist der Term $T(x) = (7 - x) \cdot (3^3 - x^3)$ in der Grundmenge $G = \mathbb{N}_0$.
a) Gliedere den Term.
b) Gib die Definitionsmenge D des Terms an.
c) Welche Lösungsmenge L hat die Gleichung $(7 - x) \cdot (3^3 - x^3) = 0$?

3. Karl und Inge planen eine eintägige Radtour. Inge schlägt eine Rundtour vor, die auf einer Karte im Maßstab 1 : 150 000 eine Länge von 42 cm hat.
   a) Wie viele km lang ist diese Strecke in Wirklichkeit?
   b) Karl ist das zu weit. Er will, bis er abends wieder zu Hause ankommt, höchstens 45 km zurückgelegt haben.
   Wie viele cm darf die Rundtour auf der Karte höchstens lang sein?
   c) In einer anderen Karte ist die Strecke von Teilaufgabe a nur 12,6 cm lang. In welchem Maßstab ist diese Karte angefertigt?

4. Auf einem Modell im Maßstab 1 : 10 000 liegt der Zwischensee 11 cm tiefer als der Gipfel des Hochberges, der 2 080 m ü. M. hoch ist.
Welche Höhenlage hat der Zwischensee in Bezug auf den Hochberg und in Bezug auf den Meeresspiegel?

5. Familie Fröhlich kauft sich einen neuen Farbfernseher für 2 216 €. 70 € werden für den alten Fernseher gutgeschrieben, 1 570 werden bar bezahlt, der Rest in 12 Monatsraten. Wie viel muss die Familie monatlich noch zahlen? (Gesamtansatz und Lösung!)

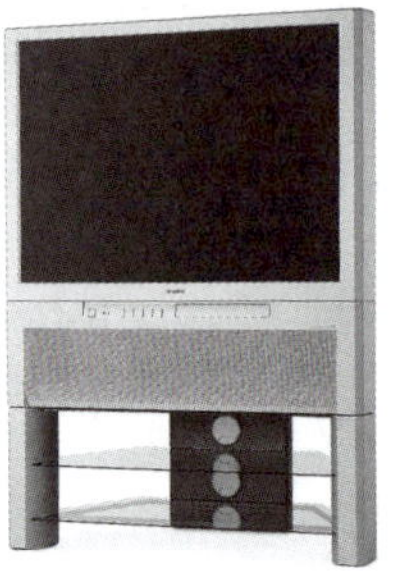

Schulaufgabe 24

1. Berechne:
   a) $(2^6 - 6^2) - (3^4 - 4^3) =$
   b) $[52\,909 - (249 \cdot 17 + 13\,763) : 44] : 28 + 5 \cdot 25 =$
   c) Berechne: 3 Std 30 min : 7 =

2. a) Welche Zahl $x \in \mathbb{N}$ erfüllt jeweils die Gleichung?
   (1) $37\,044 : x = 42$
   (2) $(3\,310 - 2\,986) : x = 20\,736 : 384$
   b) Welche Zahl muss man von dem doppelten Produkt der Zahlen 23 und 74 subtrahieren, um die halbe Differenz der Zahlen 1 817 und 1 009 zu erhalten?

3. Mutter beobachtet, dass der Preis eines Pelzmantels, der ihr besonders gefällt, im Sommerkatalog eines Versandhauses im Vergleich zum letzten Winterkatalog um 304 € gefallen ist. Im nächsten Winterkatalog findet sie ihn mit einer Erhöhung um 144 € im Vergleich zum Sommerkatalog wieder. Gib die Preisänderung von Winterkatalog zu Winterkatalog an.

4. a) In einem Kino gibt es 60 erste und 125 zweite Plätze. Der erste Platz kostet 12 €, der zweite Platz 8 €.
   Wie groß ist die Gesamteinnahme bei ausverkauftem Kino?
   b) 348 € werden unter drei Personen so verteilt, dass die erste Person den 3. Teil, die zweite die Hälfte des Geldes und die dritte Person den Rest erhält.
   Wie viel erhält jede der drei Personen?

5. Frau Raser kauft sich einen Gebrauchtwagen für 19 500 €. 3 770 € werden ihr für ihren alten Wagen gutgeschrieben, 7 000 € zahlt sie bar, den Rest in 18 Monatsraten.
   Wie viel muss sie monatlich bezahlen?

Schulaufgabe 25

1. Berechne:
   a) $2{,}87\ \text{m} + \frac{1}{2}\text{m} + 1\ \text{m}\ 5\ \text{cm} =$
   b) $14\ \text{km}^2\ 42\ \text{ha} : 7 + 13\ \text{ha}\ 9\ \text{a} \cdot 8 =$
   c) $18\ \text{ha}\ 60\ \text{m}^2 : 15\ \text{m}^2 =$

2. Der Flächeninhalt eines Quadrates ist 196 a.
   Berechne seinen Umfang.

3. a) Zeichne eine Gerade g und einen Punkt P mit $P \notin g$.
   Zeichne dann mithilfe des Geodreiecks eine Senkrechte h zu g durch P und eine Parallele k zu g durch P.
   Welche Eigenschaft hat die Gerade h?
   b) Ein Rechteck hat einen Umfang von 24 m und ist doppelt so lang wie breit.
   (1) Wie groß sind die Seiten des Rechtecks?
   (2) Wie viele Quadrate der Seitenlänge 2 m benötigt man, um das Rechteck vollständig mit diesen Quadraten auszulegen?

4. Ein quaderförmiges Paket mit den Maßen Länge a = 6 dm, Breite b = 4 dm und Höhe c = 2 dm soll so aufgeklappt werden, dass sein Netz entsteht.

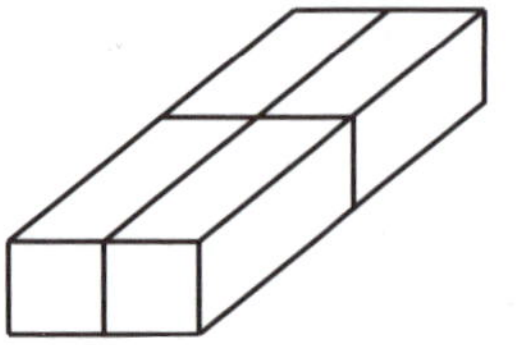

a) Zeichne dieses Netz so, dass 2 dm vom Original 1 cm in der Zeichnung entsprechen.

b) Berechne die Oberfläche des Pakets.

c) Berechne die Länge der Schnur, die man zum Verschnüren des Paketes braucht. Berücksichtige, dass man bei jedem Knoten an den Schnurkreuzungen 1 cm Schnurbedarf hat und dass man für eine Schlussschleife zusätzlich 10 cm Schnur benötigt.

5. Ein Schwimmbecken ist 15 m lang und 9 m breit. Um das Becken herum wird ein 2 m breiter Weg mit quadratischen Platten der Kantenlänge 20 cm ausgelegt.

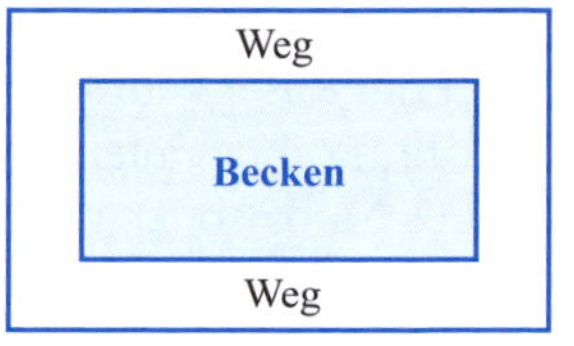

a) Berechne die mit Platten zu belegende Wegfläche A.

b) Berechne die Anzahl der für den Weg benötigten Platten.

c) Für die Platten zahlt man 24 € pro Quadratmeter und für das Verlegen der Platten 65 € pro Quadratmeter.
Berechne die Gesamtkosten.

Schulaufgabe 26

1. a) Wandle in m^2 um: $3\ km^2\ 5\ a =$

b) Rechne:
(1) $(4\ m^2 - 3\ m^2\ 8\ dm^2) : 4 =$
(2) $390\ a : 13\ m^2 =$

2. a) Vom Dorf A(0|3) wird eine gerade Straße zum Ort B(10|9) gebaut. Die in der Nähe gelegenen Bauernhöfe P(0|8) und Q(9|4) sollen je einen möglichst kurzen Zufahrtsweg zur neuen Straße bekommen. Wie lang sind Straße und Zufahrtswege?
Zeichne dazu einen genauen Plan in ein Gitternetz, in dem eine Einheit einem Kilometer in Wirklichkeit entspricht.

b) Zwischen A und B plant man eine Bushaltestelle, die von P höchstens 5,5 km und von Q höchstens 5 km (Luftlinie) entfernt sein soll. Konstruiere den für die Bushaltestelle möglichen Bereich und markiere das darin liegende Straßenstück farbig.

3. Ein Bauer besitzt Wald, Wiesen und Äcker. Die Ackerfläche beträgt 61 ha 24 a. Die Waldfläche ist um 3 ha 56 a größer als die Wiesenfläche. Die Wiesenfläche ist um 17 ha 89 a kleiner als die Ackerfläche.
Wie groß ist der gesamte Grundbesitz des Bauern?

4. Ein Rechteck hat die Länge $\ell = 22$ m und die Breite $b = 14$ m. Wie groß ist die Seite eines Quadrates, das denselben Umfang hat wie das Rechteck?

5. Zeichne das Dreieck ABC mit den Punkten A(–3 | –1), B(5 | 1) und C(1 | 5) in ein Koordinatensystem.
   a) Bestimme mit dem Geodreieck die Länge der Seiten und die Innenwinkel des Dreiecks.
   b) Die Parallele zu BC durch den Mittelpunkt M(1 | 0) der Strecke [AB] schneidet die Seite [AC] in einem Punkt M'.
   Welche Koordinaten hat M' und welche Bedeutung hat er für die Dreiecksseite [AC]?

Schulaufgabe 27

1. a) Welches Rechteck mit ganzzahligen Seitenlängen hat unter allen Rechtecken mit gleichem Flächeninhalt 36 cm^2 den kleinsten Umfang?
   b) Der Umfang eines Rechtecks beträgt 72 cm. Die Länge ℓ ist doppelt so groß wie die Breite b des Rechtecks.
   Welchen Flächeninhalt A hat das Rechteck?
   c) Welchen Umfang und welche Fläche hat die nebenstehende Figur, wenn sich die Maßzahlen auf die Einheit cm beziehen?

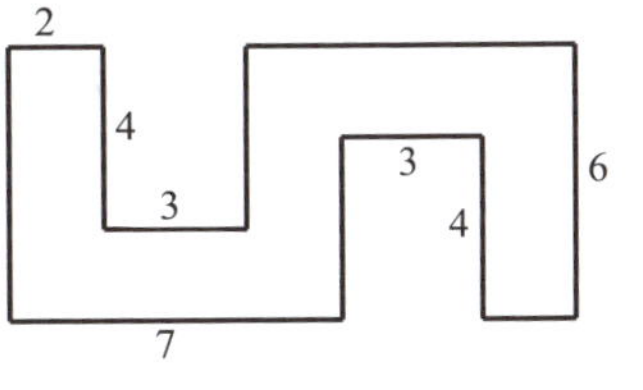

2. a) Im Sportgeschäft „Ballhof“ gibt es 360 Bälle, die sich wie folgt verteilen: Ein Viertel der Bälle sind Handbälle, ein Drittel Fußbälle und der Rest x sind Gymnastikbälle.
Wie viele Bälle sind von jeder Sorte vorhanden?

b) Von den 360 Bällen wurden in einem Monat 36 mehr verkauft als im Laden zurückblieben.
Wie viele Bälle wurden verkauft?

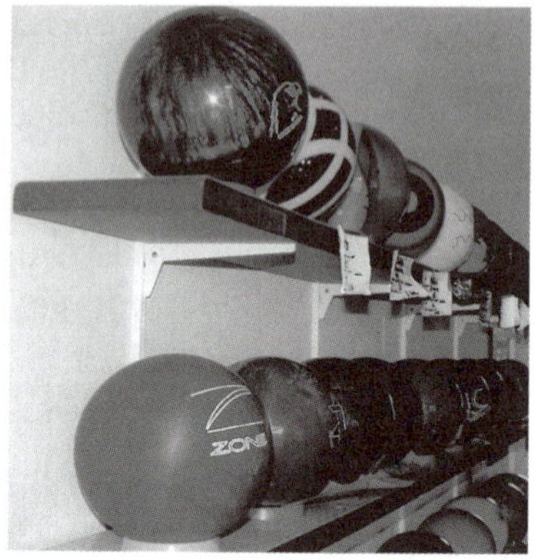

3. a) Die Summe der Längen aller Kanten eines Würfels beträgt 60 cm. Berechne die Kantenlänge des Würfels und die Gesamtfläche des Würfelnetzes.

b) Berechne:
$(185\,dm^2\ 30\,mm^2 - 8\,dm^2\ 50\,cm^2\ 30\,mm^2) -$
$(850\,cm^2\ 3\,mm^2 - 85\,003\,mm^2) =$

4. Welchen Flächeninhalt hat die nebenstehende Figur?

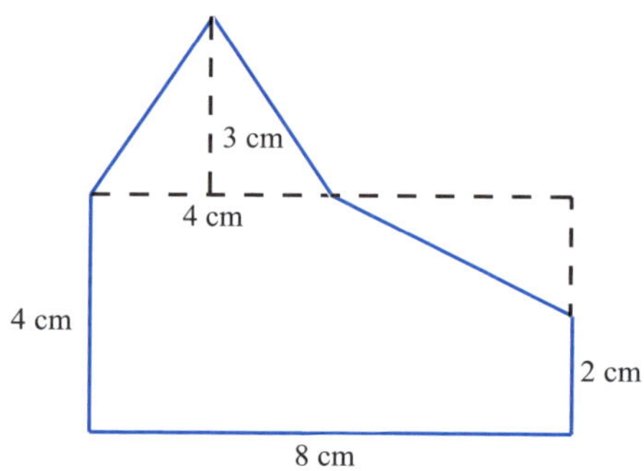

5. Eine 3 m lange und 2,50 m hohe Wand soll mit quadratischen Fliesen der Kantenlänge 15 cm versehen werden. Allerdings soll ein 1,85 cm langes und 150 cm breites Rechteck nicht gefliest werden.

a) Wie viele Fliesen benötigt man?

b) Berechne die Gesamtkosten, wenn 100 Fliesen 460 € kosten und der Arbeitslohn zum Verlegen der Fliesen 1 230 € beträgt.

Schulaufgabe 28

1. Berechne:

a) $(25+83)\cdot 397-397\cdot 83=$

b) $[6\,533-(4\,675:25+53):15]\cdot 27-959=$

c) $(12\text{ ha }36\text{ a}+97\text{ ha }36\text{ a}):52=$

2. Ein Landwirt hat ein rechteckiges Stück Land eingezäunt, das 60 m breit und 125 m lang ist.

a) Wie lang ist der Zaun?

b) An einer Längsseite wird ein Streifen Land von 18 a 75 m^2 abgetrennt und verkauft.

(1) Wie groß ist die Fläche, die dem Landwirt verbleibt?

(2) Der Landwirt baut den Zaun an dem verkauften Stück Land ab und schließt damit die durch das Abtrennen des Landes entstandene Zaunlücke.
Wie viele Meter Zaun bleiben übrig?

3. a) Vervollständige: Zwei Geraden g und h sind parallel, wenn …

b) Welche gegenseitige Lage haben die beiden Geraden g und h, wenn S ein Punkt mit $S\in g$ und $S\in h$ ist .

4. a) Auf dem in der Skizze blau markierten Teil des Grundstücks soll Rasen gesät werden.
Wie viele Kilogramm Grassamen müssen gekauft werden, wenn man pro Quadratmeter 50 g Samen braucht?

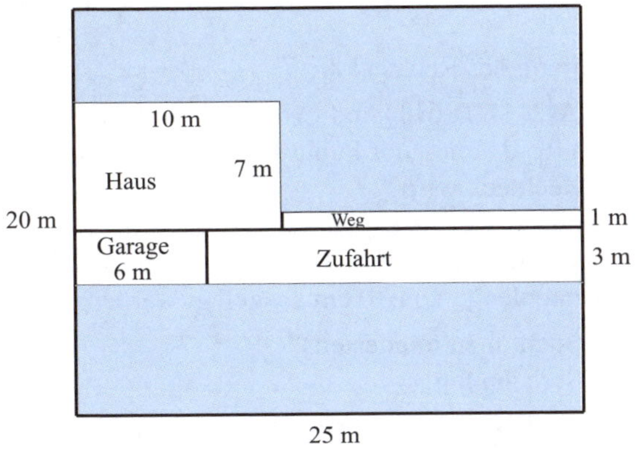

b) Alle Rasenteile sollen nach außen durch einen Zaun abgeschlossen werden (doppelter Rand in der Skizze).
Wie viel muss man dafür bezahlen, wenn der laufende Meter Zaun 52 € kostet und für zwei Arbeiter, die zum Aufstellen des Zaunes 2 Tage zu je 8 Stunden benötigen, ein Stundenlohn von je 65 € berechnet wird?

5. In einem Koordinatensystem sind die Punkte A(–2 | –3), B(–3 | 2), C(3 | 3) und D(2 | –1) gegeben.
Zeichne durch die Punkte B und D die Parallelen zur Geraden AC sowie das Lot durch den Nullpunkt des Koordinatensystems auf die drei parallelen Geraden.

Schulaufgabe 29

1. a) Welche Zahlen $x \in \mathbb{N}$ erfüllen beide Ungleichungen gleichzeitig?
(1) $(4+x) \cdot 3 < 25$
(2) $2^x \geq 8$

b) Berechne:
(1) $29\,677 - [(172\,692 : 369 + 508) \cdot 34 - 4\,507] =$
(2) 788 a – 3 ha 8 a =
(3) $19\text{ m}^2\ 20\text{ dm}^2 : 24\text{ cm}^2 =$

2. a) Wie ändern sich der Flächeninhalt A und der Umfang u eines Rechtecks mit den Seitenlängen a und b, wenn man a und b verdoppelt?

b) Ein Rechteck hat einen Flächeninhalt von 18 a. Die eine Seite ist 20 m lang.
Wie groß ist der Umfang des Rechtecks?

c) Zeichne die Punkte A(2 | 1), B(6 | 1) und C(6 | 4) in ein Gitternetz.
Welche Koordinaten d_1, d_2 muss der Punkt $D(d_1 | d_2)$ besitzen, damit das Viereck ABCD ein Rechteck wird?

3. Eine Wohnung mit einer Grundfläche von 81 m² soll mit quadratischen Teppichfliesen mit einer Kantenlänge von 30 cm ausgelegt werden.

a) Wie viele Fliesen braucht man mindestens?
(Gesamtansatz und Berechnung!)

b) Warum braucht man in Wirklichkeit mehr Fliesen? (Kurze Antwort!)

4. In einem Neubaugebiet werden 50 a für 8 Reihenhäuser erschlossen. Welche Grundfläche besitzen jeweils die gleich großen Mittelgrundstücke, wenn für die Straßen und den Garagenhof 11 a benötigt werden und jedes der beiden Eckgrundstücke eine Fläche von 600 m^2 besitzt? (Gesamtansatz und Lösung!)

5. Berechne den Flächeninhalt der skizzierten Figur, wenn sich die Angaben auf die Längeneinheit cm beziehen.

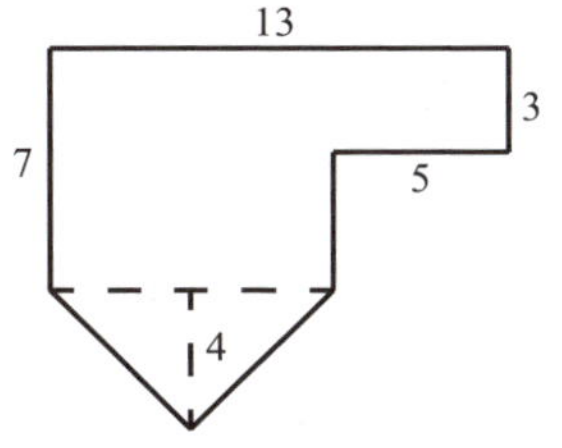

Schulaufgabe 30

1. a) Wandle in die angegebene Einheit um:
   (1) 12 dm^2 8 cm^2 in cm^2
   (2) 1 km^2 40 a in m^2

   b) Berechne:
   (1) 0,25 $dm^2 - 5$ $mm^2 =$
   (2) 1 a 8 $m^2 : 9$ $m^2 =$

2. Wie groß ist die Gesamtlänge des Stoffbandes um das Päckchen, wenn man für einen Knoten an den Kreuzungen je 1 cm und für die Schleife 25 cm benötigt?

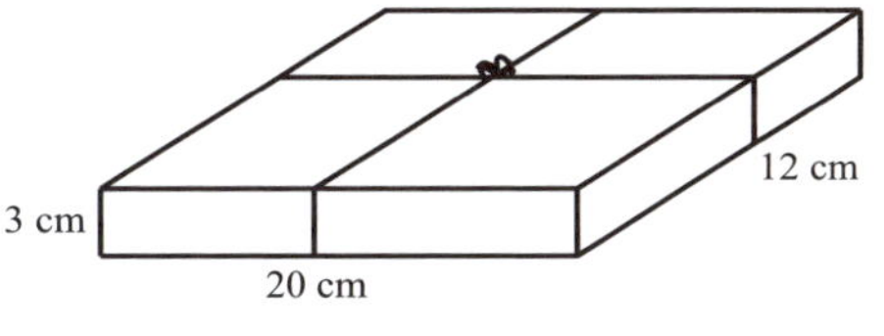

3. a) In welchem Maßstab ist die Skizze eines Schwimmbeckens angefertigt, wenn die größte Länge 35 m einer Strecke von 7 cm entspricht?

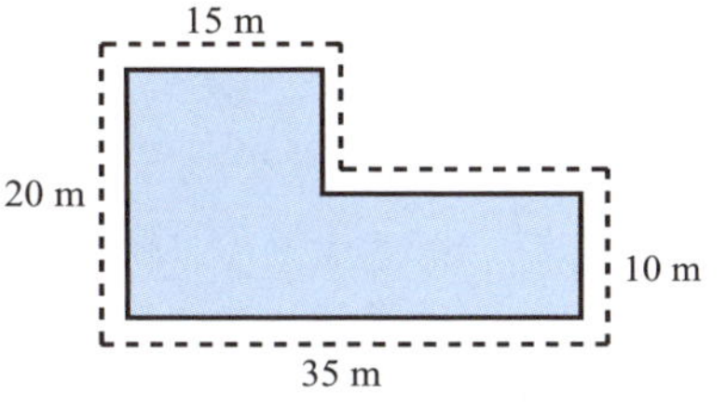

   b) Wie groß ist die Wasseroberfläche des Schwimmbades?

   c) Der Boden des Bades soll mit Platten der Länge 2 dm und der Breite 1 dm gefliest werden.
   Wie viele Platten werden hierfür benötigt?

d) Wie hoch belaufen sich die Gesamtkosten für das Fliesen von Teilaufgabe c, wenn 1 m^2 der Platten 55 € kostet und 5 Arbeiter an 10 Tagen jeweils 8 Stunden zu einem Stundenlohn von je 48 € arbeiten? (Gesamtansatz und Lösung!)

e) Um das Schwimmbad wird ein Betonstreifen der Breite 5 m gelegt. Berechne seine Fläche.

4. Herr Rosig hat in seinem Blumenladen noch 72 gelbe und 96 rote Tulpen. Er möchte daraus als Sonderangebot möglichst viele gleiche Sträuße binden.
Wie viele Sträuße bekommt er zusammen und wie viele gelbe und rote Tulpen enthält jeder Strauß?

5. Eine Schreinerin soll Bücherregale mit 84 cm, 140 cm und 196 cm Höhe herstellen. Der Abstand zwischen zwei Regalbrettern soll überall gleich groß sein.

a) Bestimme den größtmöglichen Abstand.

b) Wie viele Zwischenbretter benötigt man für das kleinste Regal?

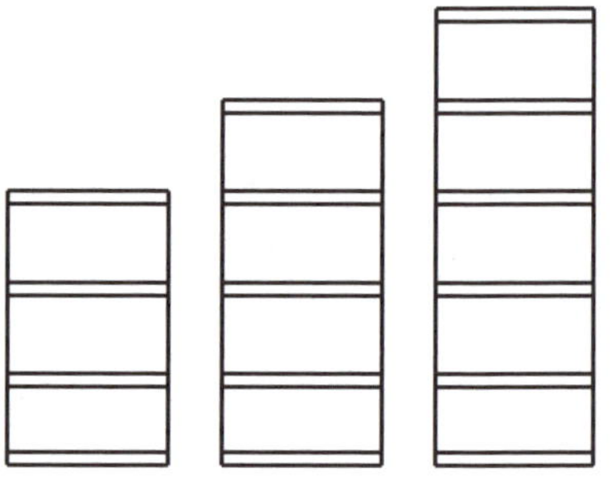

Lösungen

Ob du das „Licht am Ende des Tunnels“ der Mathematik erblickt hast, kannst du anhand der Lösungen überprüfen.

Lösungen der Aufgaben

1. a) 5 ZB 1 Md 6 HM 3 T 4 Z = **50 001 600 003 040**

   b) 1 HMd 1 ZMd 1 M 1 HT 1 ZT 1 E = **110 001 110 001**

   c) acht Billionen vierhundertvier = **8 000 000 000 404**

   d) eine Milliarde fünf Millionen dreitausendeins = **1 005 003 001**

   e) elftausendelfhundertelf = 11 000 + 1 100 + 11 = **12 111**

2. a) 10 040 031 = **1 ZM 4 ZT 3 Z 1 E**

   b) 10 203 040 506 = **1 ZMd 2 HM 3 M 4 ZT 5 H 6 E**

   c) 1 234 567 890 = **1 Md 2 HM 3 ZM 4 M 5 HT 6 ZT 7 T 8 H 9 Z**

3. a) $86 = 1 \cdot 64 + 0 \cdot 32 + 1 \cdot 16 + 0 \cdot 8 + 1 \cdot 4 + 1 \cdot 2 + 0 \cdot 1 = \mathbf{(1\,010\,110)_2}$

   b) $(110\,001)_2 = 1 \cdot 32 + 1 \cdot 16 + 1 \cdot 1 = \mathbf{49}$

   c) Einheiten im Dreiersystem sind 1, 3, 9, 27, 81, 243, …
   $100 = 1 \cdot 81 + 0 \cdot 27 + 2 \cdot 9 + 0 \cdot 3 + 1 \cdot 1 = \mathbf{(10\,201)_3}$

   d) $(120\,210)_3 = 1 \cdot 243 + 2 \cdot 81 + 2 \cdot 9 + 1 \cdot 3 = \mathbf{426}$

   e) Einheiten im Fünfersystem sind 1, 5, 25, 125, 625, …
   $716 = 1 \cdot 625 + 0 \cdot 125 + 3 \cdot 25 + 3 \cdot 5 + 1 \cdot 1 = \mathbf{(10\,331)_5}$

   f) $(12\,340)_5 = 1 \cdot 625 + 2 \cdot 125 + 3 \cdot 25 + 4 \cdot 5 = \mathbf{970}$

   g) Einheiten im Zwölfersystem sind 1, 12, 144, 1 728, …
   $1\,000 = 6 \cdot 144 + 11 \cdot 12 + 4 \cdot 1 = \mathbf{(6\ E\ 4)_{12}}$

   h) $(Z\ E\ 9)_{12} = 10 \cdot 144 + 11 \cdot 12 + 9 \cdot 1 = 1\,440 + 132 + 9 = \mathbf{1\,581}$

4. a) 98 = 90 + 8 = **XCVIII**

   b) 1 544 = 1 000 + 500 + 40 + 4 = **MDXLIV**

   c) 3 333 = 1 000 + 1 000 + 1 000 + 100 + 100 + 100 + 10 + 10 + 10 + 1 +
   + 1 + 1 = **MMMCCCXXXIII**

   d) 1 905 = 1 000 + 900 + 5 = **MCMV**

5. a) MXXXVI = **1 036**

b) CMXL = **940**

c) MCDLXIV = **1 464**

d) MCMXIV = **1 914**

e) MDCCXCII = **1 792**

f) MMCCXCIV = **2 294**

g) MMMDXLVIII = **3 548**

h) MMI = **2 001**

6. a) kleinste Zahl: CDXLIV = **444**
größte Zahl: DCCCLXXXVIII = **888**

b) New Amsterdam wurde **1626** gegründet.

7. a) **111** < **112** < **113** < **121** < **122** < **123** < **131** < **132** < **133** < **211** < **212** < **213** < **221** < **222** < **223** < **231** < **232** < **233** < **311** < **312** < **313** < **321** < **322** < **323** < **331** < **332** < **333**
Es gibt $3 \cdot 3 \cdot 3 = 27$ verschiedene Zahlen.

b) **642** > **624** > **462** > **426** > **264** > **246**
Es gibt $3 \cdot 2 \cdot 1 = 6$ verschiedene Zahlen.

c) **1 234**, **2 345**, **3 456**, **4 567**, **5 678**, **6 789** bzw.
9 876, **8 765**, **7 654**, **6 543**, **5 432**, **4 321**, **3210**

d) **30 003** < **30 033** < **30 300** < **30 303** < **30 333** < **33 003** < **33 033** < **33 300** < **33 303** < **33 333**

8.

a)	20 100 099	V: **20 100 098**	N: **20 100 100**
b)	36 411 019	V: **36 411 018**	N: **36 411 020**
c)	11 101 000	V: **11 100 999**	N: **11 101 001**
d)	55 003 999	V: **55 003 998**	N: **55 004 000**

9. a) 1, 4, 7, 10, **13**, **16**, **19**, … Es wird jeweils drei dazugezählt.

b) 2, 3, 5, 8, 12, **17**, **23**, **30**, … Es wird erst eins, dann zwei, dann drei, usw. dazugezählt.

c) 10, 11, 20, 21, **30**, **31**, **40**, … Zehnerzahl und Nachfolger

d) 1, 2, 4, 8, 16, 32, **64**, **128**, **256**, … Die vorhergehende Zahl wird jeweils verdoppelt.

e) 1, 4, 9, 16, 25, **36**, **49**, **64**, … Jede natürliche Zahl wird jeweils mit sich selbst malgenommen.

10. a) …, **15**, **18**, 21, 24, 27, 30, **33**, **36**, … Es wird jeweils drei dazugezählt.

b) …, **8**, **16**, 25, 35, 46, 58, **71**, **85**, … Es wird jeweils um eins vermehrt dazugezählt.

c) …, **5**, **10**, 9, 18, 17, 34, 33, 66, **65**, **130**, … Es wird verdoppelt, eins abgezogen, wieder verdoppelt usw.

11. a) **1**, **4**, **7**, **10**, **13**, **16**, …

b) **10**, **19**, **37**, **73**, **145**, **289**, …

c) **1**, **2**, **4**, **7**, **11**, **16**, **22**, …

12. a) Es werden jeweils gerade Zahlen, mit 6 beginnend, dazugezählt:
6, 12, 20, 30, 42, 56, 72, 90, 110, …
100 gehört nicht zur Zahlenfolge.

b) Da die geraden Folgenglieder jeweils 0 sind, heißt **das 30. Folgeglied auch 0**.

c) 1. Monat: $z_1 = 1$
2. Monat: $z_2 = 1$
3. Monat: $z_3 = 1 + 1 = 2$
4. Monat: $z_4 = 2 + 1 = 3$
5. Monat: $z_5 = 3 + 2 = 5$
6. Monat: $z_6 = 5 + 3 = 8$
7. Monat: $z_7 = 8 + 5 = 13$
8. Monat: $z_8 = 13 + 8 = 21$
9. Monat: $z_9 = 21 + 13 = 34$
10. Monat: $z_{10} = 34 + 21 =$ **55**
usw.
Allgemein: $z_{n+1} = z_{n-1} + z_n$

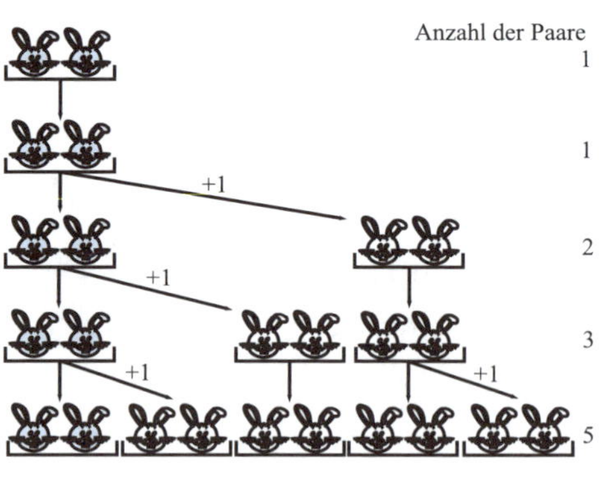

13. Durch Einsetzen erhält man jeweils die Lösungsmenge L.

a) **L = {18, 21, 24, 27, 30}**

b) **L = {10, 20, 30, 40, 50}**

c) **T_{20} = {1, 2, 4, 5, 10, 20} ⇒ L = {1, 2, 4, 5, 10}**

d) **L = {14, 21, 28, …, 63}**

e) **L = { }**

f) **L = {11, 22}**

14. a) A = {1, 2, 3}
{ }
{1}, {2}, {3}
{1, 2}, {1, 3}, {2, 3} Es gibt 8 Teilmengen.
{1, 2, 3}

b) A = {1, 2, 3, 4}
{ }
{1}, {2}, {3}, {4},
{1, 2}, {1, 3}, {1, 4}, {2, 3}, {2, 4}, {3, 4} Es gibt 16 Teilmengen.
{1, 2, 3}, {1, 2, 4}, {1, 3, 4}, {2, 3, 4}
{1, 2, 3, 4}

15. a) a ∈ A: A ist Element der Menge A.

b) z ∉ A: z ist kein Element der Menge A.

c) {a, b, c} ⊆ A: {a, b, c} ist eine Teilmenge der Menge A.

d) {c, d, e, f} ⊄ A: {c, d, e, f} ist keine Teilmenge der Menge A.

e) { } ⊆ A: Die leere Menge ist Teilmenge der Menge A.

f) A = A bzw. A ⊆ A: Die Menge A ist gleich der Menge A bzw. die Menge A ist eine Teilmenge der Menge A.

g) {0} ⊄ A: {0} ist keine Teilmenge der Menge A.

16. a) (1) $\{\ \} \subseteq M_1$
(2) $\{10\} \not\subseteq M_1$
(3) $8 \in M_2$
(4) $M_1 \neq M_2$ (oder: $M_1 \not\subseteq M_2$)

b) (1) $M_1 \cap M_2 = \{4, 11\}$
(2) $M_1 \cup M_2 = \{1, 2, 4, 5, 7, 8, 11, 14\}$

c) z. B: $M_3 = \{18, 20, 22\}$

17. a)

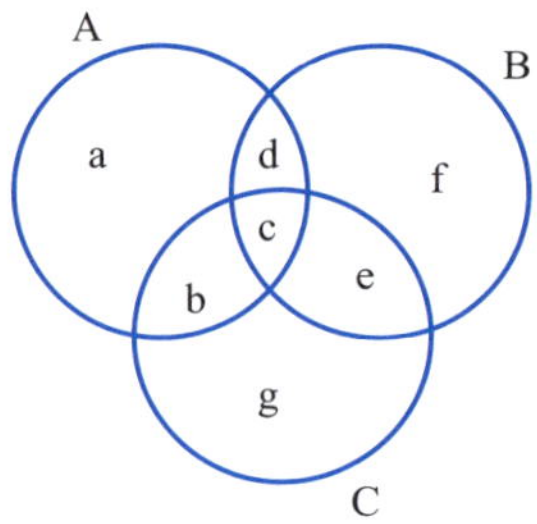

b) (1) $A \cap B = \{c, d\}$
(2) $A \cup C = \{a, b, c, d, e, g\}$
(3) $B \cap C = \{c, e\}$
(4) $A \cap B \cap C = \{c\}$

18. a)

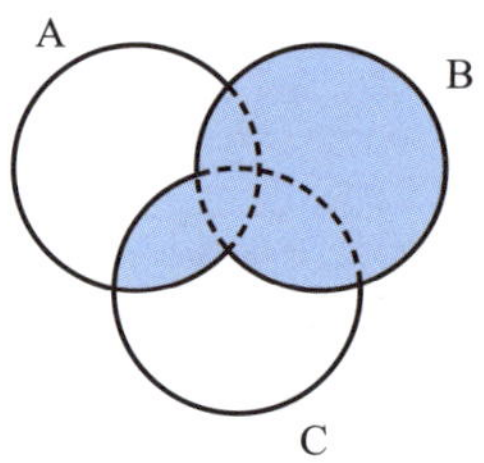

$(A \cap C) \cup B$

b) $A \cap B = B \Rightarrow B \subseteq A$

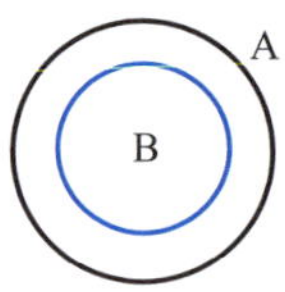

19. a) $A \cup A = A$

b) $A \cap \{\ \} = \{\ \}$

c) $A \cap A = A$

d) $B \cup B =$ **B**

e) $A \subseteq B$ und $B \subseteq C \Rightarrow$ **$A \subseteq C$**

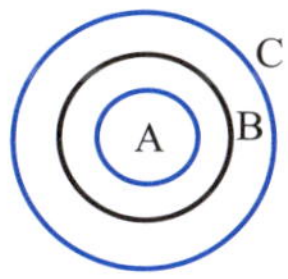

f) $A \subseteq B$ und $B \subseteq A \Rightarrow$ **$A = B$**

20. a) $A \subseteq B \Rightarrow A \cap B = A$

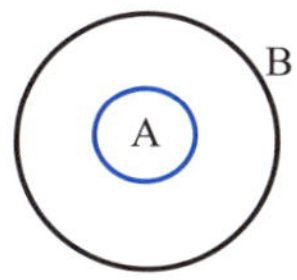

wahre Aussage

b) $A \cup B = A \Rightarrow A \subseteq B$ **falsch**, da B eine Teilmenge von A sein müsste.

c) $A \cup B = A \cap B \Rightarrow A = B$ **wahr**.

d) $A \subseteq B$ und $B \subseteq A \Rightarrow A = B$ **wahr**.

21. a) Es waren 23 Lkws.

b) Wenn man „Fünferbündel" schreibt, dann ist diese Schreibweise übersichtlicher und das Ergebnis kann ohne größeres Zählen abgelesen werden.

22. Es sind siebenmal Zahl und dreimal Wappen gefallen.

23. Es ergibt sich folgende Verteilung

Augenzahl	1	2	3	4	5	6
Häufigkeit	3	6	2	5	8	6

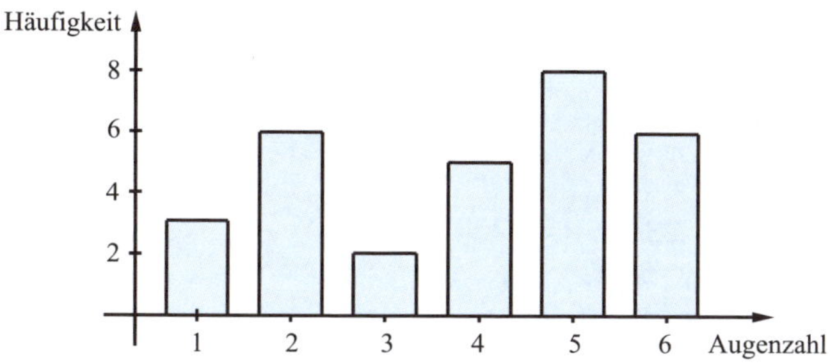

24.

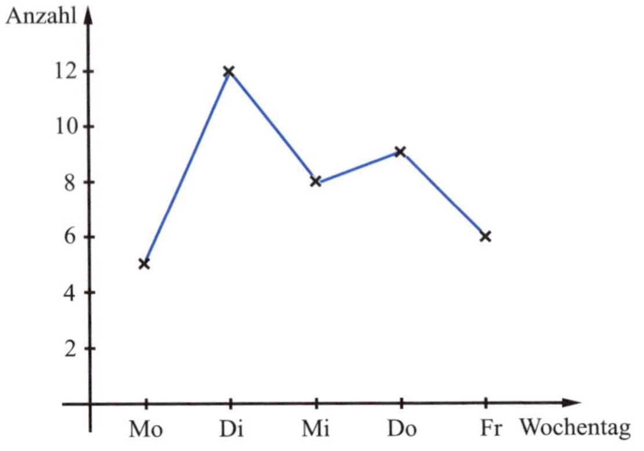

25. Bei 30 Schülern entspricht einem Schüler ein Winkel von $360° : 30 = 12°$.

Note	1	2	3	4	5	6
Winkel	36°	48°	72°	108°	72°	24°

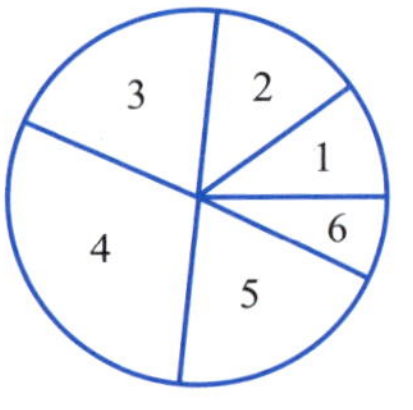

26. a) $= 85\,063 - [17\,077 - 3\,690] - 648 + 352$
$= 85\,063 - 13\,387 - 648 + 352$
$= (85\,063 + 352) - (13\,387 + 648) = 85\,415 - 14\,035 = \mathbf{71\,380}$

b) $84\,319 - [88\,466 - (48\,219 - 35\,031)] - 8\,041$
$= 84\,319 - [88\,466 - 13\,188] - 8\,041$
$= 84\,319 - 75\,278 - 8\,041$
$= 84\,319 - (75\,278 + 8\,041) = 84\,319 - 83\,319 = \mathbf{1\,000}$

c) $[35\,741 - (23\,918 + 4\,316)] + 2\,188 + [(48\,716 + 3\,014) - (16\,500 - 667)]$
$= [35\,741 - 28\,234] + 2\,188 + [51\,730 - 15\,833]$
$= 7\,507 + 2\,188 + 35\,897 = \mathbf{45\,592}$

27. a) $\mathbf{(913 + 446) + (1\,110 - 488)}$
$= 1\,359 + 622 = \mathbf{1\,981}$

b) $\mathbf{[796\,325 + (74\,903 - 23\,765)] - (11\,961 + 44\,312)}$
$= [796\,325 + 51\,138] - 56\,273$
$= 847\,463 - 56\,273 = \mathbf{791\,190}$

28. a) $688 - [312 + (67 - 31)]$
$= 688 - [312 + 36] = 688 - 348$
$= \mathbf{340}$

Der Term ist eine **Differenz**.
Der **Minuend** ist die Zahl 688. Der **Subtrahend** ist die Summe aus der Zahl 312 und der Differenz der Zahlen 67 und 31.

b) $[(891 - 664) - 44] + (1\,000 - 666) =$
$= [227 - 44] + 334 = 183 + 334 = \mathbf{517}$

Der Term ist eine **Summe**.
Der **1. Summand** ist die Differenz aus der Differenz der Zahlen 891 und 664 und der Zahl 44. Der **2. Summand** ist die Differenz aus den Zahlen 1 000 und 666.

29. a) $\mathbf{[(844 - 312) + 461] - (933 - 488)}$
$= [532 + 461] - 445 = 993 - 445$
$= \mathbf{548}$

b) $\mathbf{[(445 + 611) - (848 - 754)] + [612 + (1\,000 - 639)]}$
$= [1\,056 - 94] + [612 + 361]$
$= 962 + 973$
$= \mathbf{1\,935}$

30. a) $(312 - 41) - x = 22 \qquad G = \mathbb{N}_0$
$271 - x = 22$
$x = 271 - 22$
$x = \mathbf{249} \quad \Rightarrow \quad \mathbf{L = \{249\}}$

b) $(444 - 333) + x \geq 333 - 11 \qquad G = \mathbb{N}_0$
$111 + x \geq 322$
$x \geq 322 - 111$
$x \geq \mathbf{211} \quad \Rightarrow \quad \mathbf{L = \{211, 212, ...\}}$

c) $15 + x = 6 \qquad G = \mathbb{N}_0$
$x = 6 - 15$ **nicht definiert** $\quad \Rightarrow \quad \mathbf{L = \{\ \}}$

d) $x + 7 \geq x + 3 \qquad G = \mathbb{N}_0$
Für jede Einsetzung von x erhält man eine wahre Aussage, d. h. die Ungleichung ist **allgemeingültig** $\Rightarrow \mathbf{L = G = \mathbb{N}_0}$.

e) $50 - x < 35 - x \qquad G = \mathbb{N}_0$
Man erhält bei **keiner** Einsetzung eine wahre Aussage.
$\Rightarrow \quad \mathbf{L = \{\ \}}$

31. a) (1) Der Wert der Summe **vergrößert** sich um 54 + 67 = **121**.
(2) Der Wert der Summe wird um 117 – 103 = **14 kleiner**.

b) (1) Der Wert der Differenz wird um 27 – 16 = **11 größer**.
(2) Der Wert der Differenz wird um 44 + 44 = **88 größer**.

32.

	6 813 +	3 944 =	**10 757**
	614 +	2 936 =	**3 550**
716 +	948 +	858 =	**2 522**
2 818 +	1 548 +	211 =	**4 577**
3 534 +	**9 923** +	**7 949** =	**21 406**

33. a)

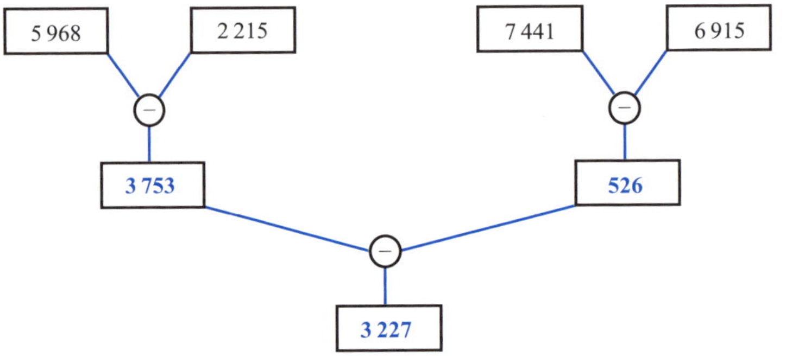

(5 968 – 2 215) – (7 441 – 6 915) =

Der Term ist eine **Differenz**. Der **Minuend** ist die Differenz der Zahlen 5 968 und 2 215. Der **Subtrahend** ist die Differenz der Zahlen 7 441 und 6 915.

b)

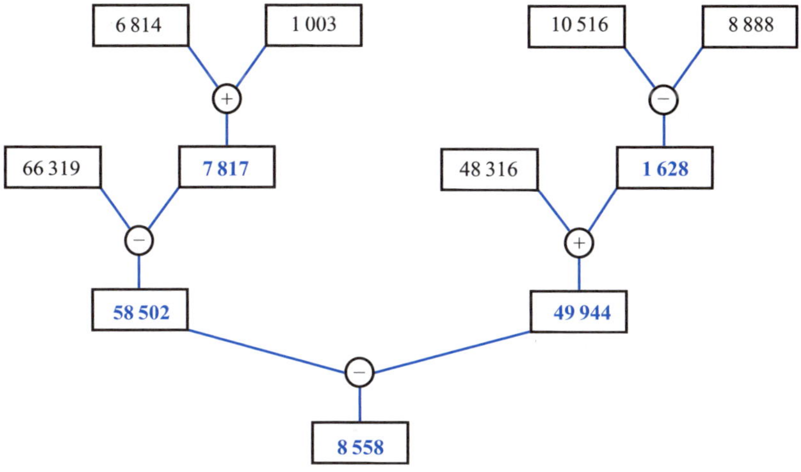

[66 319 – (6 814 + 1 003)] – [48 316 + (10 516 – 8 888)] =

Der Term ist eine **Differenz**.
Der **Minuend** ist die Differenz aus der Zahl 66 319 und der Summe der Zahlen 6 814 und 1 003. Der **Subtrahend** ist die Summe aus der Zahl 48 316 und der Differenz der Zahlen 10 516 und 8 888.

34.

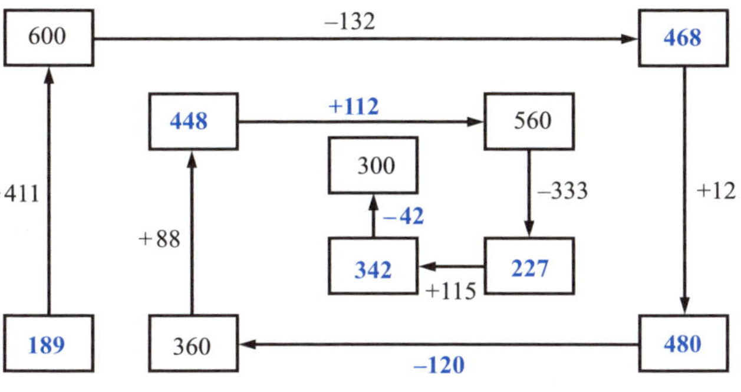

35. a) (1) Der Wert des Produktes wird $3 \cdot 3 =$ **9-mal so groß**.
(2) Der Wert des Produktes wird $4 : 2 =$ **2-mal so groß**.

b) (1) Der Wert des Quotienten wird $4 : 2 =$ **2-mal so groß**.
(2) Der Wert des Quotienten wird $3 \cdot 2 =$ **6-mal so groß**.

36. a) $16426500 : 2330 = \mathbf{7050}$
$\underline{16310}$
11650
$\underline{11650}$
00

b) $9222 : 159 = \mathbf{58}$
$\underline{795}$
1272
$\underline{1272}$
0

c) $391524 : 4956 = \mathbf{79}$
$\underline{34692}$
44604
$\underline{44604}$
0

d) $6222226 : 719 = \mathbf{8654}$
$\underline{5752}$
4702
$\underline{4314}$
3882
$\underline{3595}$
2876
$\underline{2876}$
0

37. a) $2091 : 123 = \mathbf{17}$
$\underline{123}$
861
$\underline{861}$
0

Proben: $2091 : 17 = 123$
$\underline{17}$
39
$\underline{34}$
51
$\underline{51}$
0

$\underline{123 \cdot 17}$
123
$\underline{861}$
2091

b) $1859975 : 325 = \mathbf{5723}$
$\underline{1625}$
2349
$\underline{2275}$
747
$\underline{650}$
975
$\underline{975}$
0

Proben: $1859975 : 5723 = 325$
$\underline{17169}$
14307
$\underline{11446}$
28615
$\underline{28615}$
0

$\underline{5723 \cdot 325}$
17169
11446
$\underline{28615}$
1859975

c) $\underline{646 \cdot 44}$

$$\begin{array}{r} 2584 \\ 2584 \\ \hline \mathbf{28424} \end{array}$$

Proben: $28424 : 646 = 44$

$$\begin{array}{l} \underline{2584} \\ 2584 \\ \underline{2584} \\ 0 \end{array}$$

$28424 : 44 = 646$

$$\begin{array}{l} \underline{264} \\ 202 \\ \underline{176} \\ 264 \\ \underline{264} \\ 0 \end{array}$$

38. a) $a \mid a$ und $b \mid b \Rightarrow a \mid b$ ist **falsch**, z. B. für $a=8$ und $b=9$

b) $2 \mid b$ und $4 \mid b \Rightarrow 8 \mid b$ ist **falsch**, z. B. $2 \mid 12$ und $4 \mid 12$, aber $8 \nmid 12$.

c) $10 \mid a \Rightarrow 5 \mid a$ und $4 \mid a$ ist **falsch**, z. B. für $a=30$.

d) $6 \mid a \Rightarrow 2 \mid a$ und $3 \mid a$ ist **wahr**.

e) $a \nmid b$ und $b \nmid c \Rightarrow a \nmid c$ ist **falsch**, z. B. $2 \nmid 5$ und $5 \nmid 12$, aber $2 \mid 12$.

39. a) $a \mid b \Rightarrow T_a \subseteq T_b$

b) $a \mid b$ und $b \mid c \Rightarrow a \mid c$

c) $a \mid b$ und $b \mid a \Rightarrow a = b$

40. a) $a = 6\,431\,835$

$2 \nmid a$,	weil a ungerade
$3 \mid a$,	weil $QS(a) = 30$ und $3 \mid 30$
$4 \nmid a$,	weil $2 \nmid a$
$5 \mid a$,	weil letzte Ziffer 5 ist
$6 \nmid a$,	weil $2 \nmid a$
$8 \nmid a$,	weil $8 \nmid 835$ oder: weil $2 \nmid a$
$9 \nmid a$,	weil $QS(a) = 30$ und $9 \nmid 30$
$12 \nmid a$,	weil $4 \nmid a$

b) $a = 4\,483\,120$

$2 \mid a$,	weil a gerade
$3 \nmid a$,	weil $QS(a) = 22$ und $3 \nmid 22$
$4 \mid a$,	weil $4 \mid 20$
$5 \mid a$,	weil letzte Ziffer eine 0 ist
$6 \nmid a$,	weil $3 \nmid a$
$8 \mid a$,	weil $8 \mid 120$
$9 \nmid a$,	weil $QS(a) = 22$ und $9 \nmid 22$
$12 \nmid a$,	weil $3 \nmid a$

41. a) $a = 353$

$2 \nmid a$, weil a ungerade
$3 \nmid a$, weil $QS(a) = 11$ und $3 \nmid 11$
$5 \nmid a$, weil letzte Ziffer nicht 0 oder 5
$7 \nmid a$, weil $a : 7$ nicht aufgeht
$11 \nmid a$, weil $a : 11$ nicht aufgeht
$13 \nmid a$, weil $a : 13$ nicht aufgeht
$17 \nmid a$, weil $a : 17$ nicht aufgeht
Wegen $17^2 < a < 19^2 \Rightarrow$ **353 ist eine Primzahl**

b) $a = 437$

$2 \nmid a$, weil a ungerade
$3 \nmid a$, weil $QS(a) = 14$ und $3 \nmid 14$
$5 \nmid a$, weil letzte Ziffer nicht 0 oder 5
$7 \nmid a$, weil $a : 7$ nicht aufgeht
$11 \nmid a$, weil $a : 11$ nicht aufgeht
$13 \nmid a$, weil $a : 13$ nicht aufgeht
$17 \nmid a$, weil $a : 17$ nicht aufgeht
$19 \mid a$, weil $437 : 19 = 23 \Rightarrow$ **437 ist keine Primzahl**

42. a) $x = 16 = 2 \cdot 2 \cdot 2 \cdot 2 = 2^4$

$\Rightarrow$ **$T_{16} = \{1, 2, 4, 8, 16\}$**

b) $x = 671 = 11 \cdot 61$

671	11
61	61

$\Rightarrow$ **$T_{671} = \{1, 11, 61, 671\}$**

c) $x = 147 = 3 \cdot 7 \cdot 7 = 3 \cdot 7^2$

147	3
49	7
7	7

$\Rightarrow$ **$T_{147} = \{1, 3, 7, 21, 49, 147\}$**

d) $x = 432 = 2 \cdot 2 \cdot 2 \cdot 2 \cdot 3 \cdot 3 \cdot 3 = 2^4 \cdot 3^3$

432	2
216	2
108	2
54	2
27	3
9	3
3	3

$\Rightarrow$ **$T_{432} = \{1, 2, 3, 4, 6, 8, 9, 12, 16, 18, 24, 27, 36, 48, 54, 72, 108, 144, 216, 432\}$**

e) $x = 4\,199 = 13 \cdot 17 \cdot 19$ $T_{4\,199} = \{1, 13, 17, 19, 221, 247, 323, 4\,199\}$

43. a) $(1\,750+1\,025):25=\mathbf{1\,750:25+1\,025:25}=70+41=\mathbf{111}$

b) $(6\,666-330):11=\mathbf{6\,666:11-330:11}=606-30=\mathbf{576}$

c) $923\cdot 47-623\cdot 47=\mathbf{(923-623)\cdot 47}=300\cdot 47=\mathbf{14\,100}$

d) $997\cdot 21=(1\,000-3)\cdot 21=\mathbf{1\,000\cdot 21-3\cdot 21}=21\,000-63=\mathbf{20\,937}$

44. a) $(198+58-16^2):12=(256-256):12=0:12=\mathbf{0}$

b) $17\,354:(3^2-8)=17\,354:(9-8)=17\,354:1=\mathbf{17\,354}$

c) $(35\cdot 88):(22+66)=(35\cdot 88):88=\mathbf{35}$

d) $17\cdot 9-6+240:20-18=153-6+12-18=(153+12)-(6+18)=$
$=165-24=\mathbf{141}$

45. a) $72:8+[44:4+(12-7)\cdot 9+4\cdot 12]:4+18^2-3^2$
$=9+[11+5\cdot 9+48]:4+324-9$
$=9+[11+45+48]:4+324-9$
$=9+104:4+324-9=9+26+324-9=\mathbf{350}$

b) $133-2\cdot[333-(333-333:9)]+(43-18)\cdot 6$
$=133-2\cdot[333-(333-37)]+25\cdot 6$
$=133-2\cdot[333-296]+150$
$=133-2\cdot 37+150=133-74+150=\mathbf{209}$

c) $[(17\cdot 19-6\cdot 23)\cdot 13-6\cdot 18+3]:[(14\cdot 19-6\cdot 11):2]$
$=[(323-138)\cdot 13-108+3]:[(266-66):2]$
$=[185\cdot 13-108+3]:[200:2]$
$=[2\,405-108+3]:100=2\,300:100=\mathbf{23}$
$185\cdot 13$ wurde in einer Nebenrechnung bestimmt.

46. a) $[(13^2-12^2-5^2):2^5+100]:(24^2-575)$
$=[(169-144-25):32+100]:(576-575)$
$=[0:32+100]:1$
$=[0+100]:1$
$=100:1$
$=\mathbf{100}$

b) $[92\,763-(17\,892+18\cdot 319):39]:13+8\,411$
$=[92\,763-(17\,892+5\,742):39]:13+8\,411$
$=[92\,763-23\,634:39]:13+8\,411$
$=[92\,763-606]:13+8\,411$
$=92\,157:13+8\,411$
$=7\,089+8\,411$
$=\mathbf{15\,500}$
Die Werte der Quotienten und des Produktes wurden in Nebenrechnungen bestimmt.

c) $[52\,909-(249\cdot 17+13\,763):44]:28+125$
$=[52\,909-(4\,233+13\,763):44]:28+125$
$=[52\,909-17\,996:44]:28+125$
$=[52\,909-409]:28+125$
$=52\,500:28+125$
$=1\,875+125$
$=\mathbf{2\,000}$
Die Werte des Quotienten und des Produktes wurden in Nebenrechnungen bestimmt.

47. a) $\mathbf{12\,000-4\cdot(2\,400-1\,080)}$
$=12\,000-4\cdot 1\,320$
$=12\,000-5\,280$
$=\mathbf{6\,720}$

b) $\mathbf{[5\cdot(72:6)+(15\cdot 12):18]:[(150-45):15]}$
$=[5\cdot 12+180:18]:[105:15]$
$=[60+10]:7=70:7$
$=\mathbf{10}$

c) $\mathbf{[8\cdot(391:23)-12^2:4]:[(160-85):3]}$
$=[8\cdot 17-144:4]:[75:3]$
$=[136-36]:25=100:25$
$=\mathbf{4}$

48. $T(x)=(x-5)\cdot(9-x)$

a) Beim Einsetzen sieht man, dass der Term in $G=\mathbb{N}$ nur für die x-Werte 5, 6, 7, 8, 9 in einen sinnvollen Ausdruck übergeht $\Rightarrow$ $\mathbf{D=\{5, 6, 7, 8, 9\}}$.

b) $T(8)=(8-5)\cdot(9-8)=3\cdot 1=\mathbf{3}$

c) $(x-5)\cdot(9-x)=0$
Eine wahre Aussage ergibt sich beim Einsetzen von 5 für x oder von 9 für x $\Rightarrow$ $\mathbf{L=\{5; 9\}}$

49. $T(a) = (a^3 + a) : a - 1$
Der Term ist eine **Differenz**. Der **Minuend** ist der Quotient aus der Summe von a^3 und a sowie a. Der **Subtrahend** ist die Zahl 1.
$T(4) = (4^3 + 4) : 4 - 1 = (64 + 4) : 4 - 1 = 68 : 4 - 1 = 17 - 1 = \mathbf{16}$

50. a) $T_{12} = \{1, 2, 3, 4, 6, 12\}$ $(x + 8) \cdot (6 - x) = 0$
Einsetzen aus $G = T_{12}$ ergibt: $\Rightarrow$ $\mathbf{L = \{6\}}$

b) $292 \cdot 73 - x = 52 \cdot 208$ $G = \mathbb{N}$
$21\,316 - x = 10\,816$
$x = 21\,316 - 10\,816$
$x = \mathbf{10\,500}$ $\Rightarrow$ $\mathbf{L = \{10\,500\}}$

c) $(50 + x) : 9 = 8$ $G = \mathbb{N}$
$50 + x = 8 \cdot 9$
$50 + x = 72$
$x = 72 - 50$
$x = \mathbf{22}$ $\Rightarrow$ $\mathbf{L = \{22\}}$

d) $(20\,366 - 13\,798) - x = 27 \cdot 88 + 1\,970$ $G = V_2 = \{2, 4, ...\}$
$6\,568 - x = 2\,376 + 1\,970$
$6\,568 - x = 4\,346$
$x = 6\,568 - 4\,346$
$x = \mathbf{2\,222}$ $\Rightarrow$ $\mathbf{L = \{2\,222\}}$

51. a) $x^2 - 21 = 100$ $G = \mathbb{N}$
$x^2 = 100 + 21$
$x^2 = 121$ (Gesucht wird die Zahl, die mit sich selbst multipliziert 121 ergibt.)
$x = \mathbf{11}$ $\Rightarrow$ $\mathbf{L = \{11\}}$

b) $3 \cdot x^2 = 147$ $G = \mathbb{N}$
$x^2 = 147 : 3$
$x^2 = 49$ (Gesucht wird die Zahl, die mit sich selbst multipliziert 49 ergibt.)
$x = \mathbf{7}$ $\Rightarrow$ $\mathbf{L = \{7\}}$

c) $(2 \cdot x)^2 = 144$ $G = \mathbb{N}$
Diejenige Zahl, die mit sich selbst multipliziert 144 ergibt, heißt 12, d. h.
$2 \cdot x = 12$
$x = 12 : 2$
$x = \mathbf{6}$ $\Rightarrow$ $\mathbf{L = \{6\}}$

d) $3^x = 81$ $G = \mathbb{N}$
Man rechnet
$3 \cdot 3 = 3^2 = 9;\ 3 \cdot 3 \cdot 3 = 3^3 = 27;\ 3 \cdot 3 \cdot 3 \cdot 3 = 3^4 = 81$
Der Vergleich liefert: $x = \mathbf{4}$ $\Rightarrow$ $\mathbf{L = \{4\}}$

e) $2^{x+1} = 16$ $\quad G = \mathbb{N}$
Da $2^4 = 16$ gilt, muss die Hochzahl 4 ergeben.
$x + 1 = 4 \Rightarrow x = \mathbf{3}$ $\quad \Rightarrow \mathbf{L = \{3\}}$

52. a) $48 : x \geq 10$ $\quad G = \mathbb{N}$
Einsetzen liefert: $\quad \mathbf{L = \{1, 2, 3, 4\}}$

b) $(x + 4)^2 < 50$ $\quad G = \mathbb{N}$
Einsetzen liefert: $\quad \mathbf{L = \{1, 2, 3\}}$

c) $(2 + x) \cdot 4 < 6 + 4 \cdot x$ $\quad G = \mathbb{N}$
Man wendet auf der linken Seite das Distributivgesetz an:
$8 + 4 \cdot x < 6 + 4 \cdot x$. Aus der Gleichung sieht man, dass nie eine wahre Aussage entsteht, da $8 > 6$ gilt. $\quad \mathbf{L = \{\ \}}$

d) $27 - x > 4 \cdot x$ $\quad G = \mathbb{N}$
Einsetzen liefert: $\quad \mathbf{L = \{1, 2, 3, 4, 5\}}$

e) $x^2 + x > 30$ $\quad G = \mathbb{N}$
Einsetzen liefert: $\quad \mathbf{L = \{6, 7, 8, \ldots\}}$

53. Die gesuchte Zahl heiße jeweils x.

a) $\mathbf{26 \cdot 25 - x = 1\,600 : 32}$
$650 - x = 50$
$x = 650 - 50$
$x = \mathbf{600}$
Die gesuchte Zahl heißt **600**.

b) $\mathbf{(4\,067 - 995) : x = 4 \cdot 4^3}$
$3\,072 : x = 256$
$x = 3\,072 : 256$
$x = \mathbf{12}$
Die gesuchte Zahl heißt **12**.
Der Wert des Quotienten $3\,072 : 256$ wurde in einer Nebenrechnung bestimmt.

c) $\mathbf{(15^2 + 13^2) - x = (15 + 13) : 2}$
$(225 + 169) - x = 28 : 2$
$394 - x = 14$
$x = 394 - 14$
$x = \mathbf{380}$
Die gesuchte Zahl heißt **380**.

d) **2 000 − 2 · x = 300**

$2 \cdot x = 2\,000 - 300$

$2 \cdot x = 1\,700$

$x = 1\,700 : 2$

$x = \mathbf{850}$

Die gedachte Zahl heißt **850**.

54.

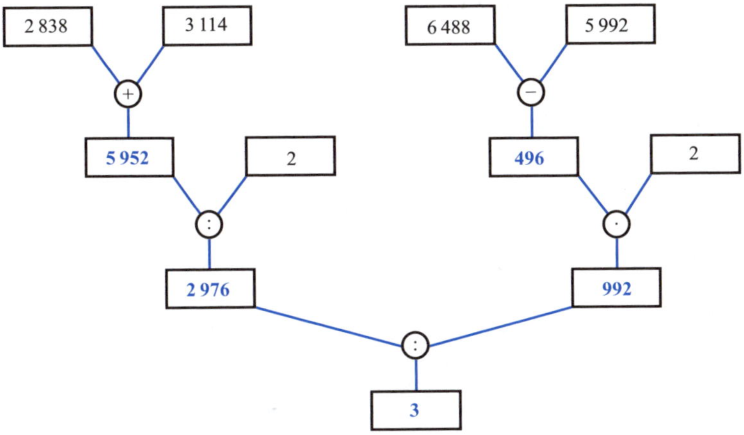

55.

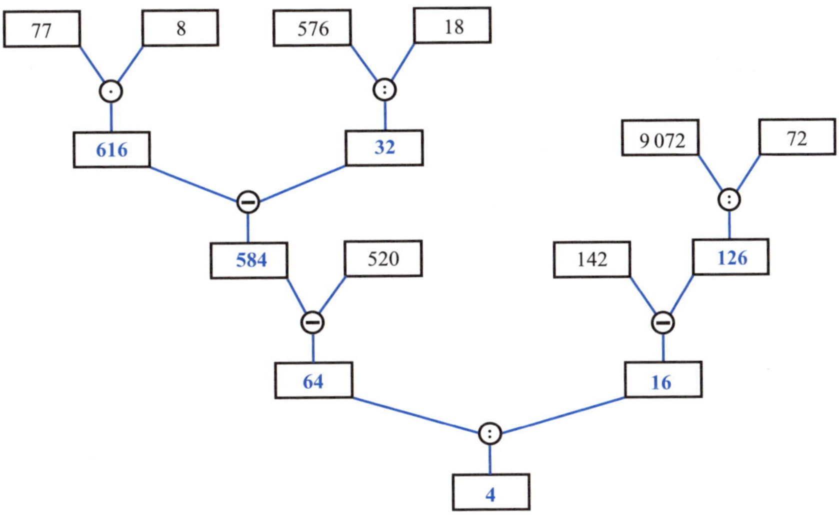

[(77 · 8 − 576 : 18) − 520] : (142 − 9072 : 72) =

Der Term ist ein **Quotient**.

Der **Dividend** ist eine Differenz, deren Minuend die Differenz des Produktes der Zahlen 77 und 8 und des Quotienten der Zahlen 576 und 18 ist und dessen Subtrahend die Zahl 520 ist. **Divisor** ist die Differenz aus der Zahl 142 und dem Quotienten der Zahlen 9 072 und 72.

56. Die dicken Pfeile zeigen den richtigen Weg.

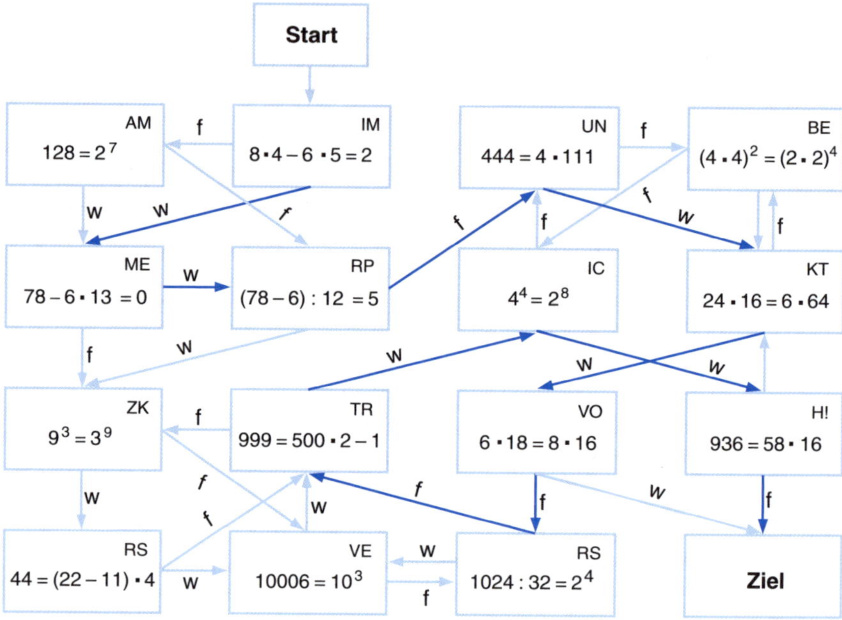

I	M	M	E	R		P	U	N	K	T		V	O	R		S	T	R	I	C	H	!

57.

1		L	Ö	S	U	N	G	S	M	E	N	G	E
2				M	I	L	L	I	O	N			
3			P	R	O	B	E						
4			M	I	L	L	I	A	R	D	E		
5	U	N	G	L	E	I	C	H	U	N	G		
6				R	E	C	H	E	N	B	A	U	M
7			P	R	O	D	U	K	T				
8				G	R	U	N	D	M	E	N	G	E
9	R	E	C	H	E	N	G	E	S	E	T	Z	

58.

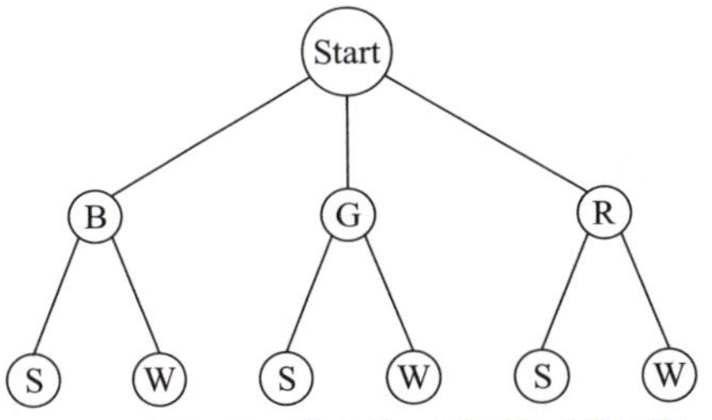

$L \times A = \{(B/S), (B/W), (G/S), (G/W), (R/S), (R/W)\}$

59.

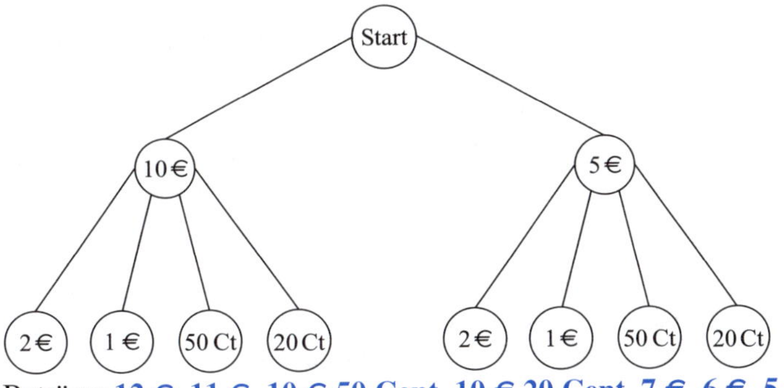

Beträge: **12 €, 11 €, 10 € 50 Cent, 10 € 20 Cent, 7 €, 6 €, 5 € 50 Cent, 5 € 20 Cent**

60. $A = \{a, x\}$, $B = \{b, c, d\}$

61. a) $A \times B = \{(a/a), (a/b), (b/a), (b/b)\}$

b) $A \times B = \{\ \}$

62.

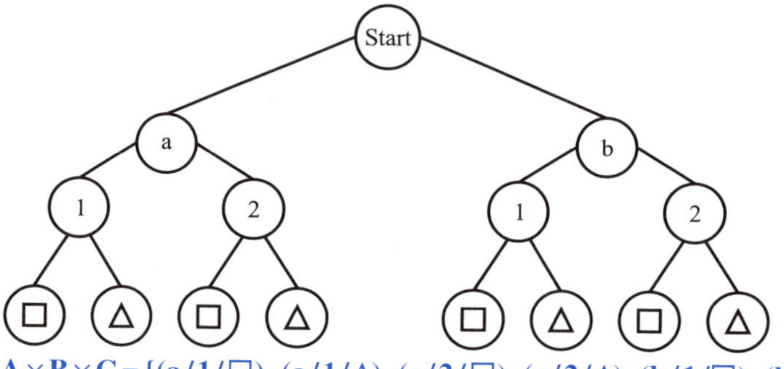

$A \times B \times C = \{(a/1/\square), (a/1/\Delta), (a/2/\square), (a/2/\Delta), (b/1/\square), (b/1/\Delta), (b/2/\square), (b/2/\Delta)\}$

Es gibt $2 \cdot 2 \cdot 2 = 8$ Elemente

63. a) Es gibt $4 \cdot 3 \cdot 10 = 120$ Möglichkeiten.

b) Da sie zu den drei Jeans als vierte Möglichkeit einen Rock hat, gibt es $4 \cdot 4 \cdot 10 = 160$ Möglichkeiten.

64. Man kann $3 \cdot 3 \cdot 3 = 27$ verschiedene dreistellige Zahlen bilden:
222, 224, 226, 242, 244, 246, 262, 264, 266, 422, 424, 426, 442, 444, 446, 462, 464, 466, 622, 624, 626, 642, 644, 646, 662, 664, 666

65. a) Es gibt $5 \cdot 4 \cdot 3 = 60$ verschiedene Möglichkeiten, da für den ersten Streifen fünf, für den zweiten noch vier und für den dritten noch drei Farben zur Verfügung stehen.

b) Es gibt $5 \cdot 4 = 20$ verschiedene Möglichkeiten, da für die beiden gleichen Streifen fünf und für die mittleren Streifen vier Farben zur Verfügung stehen.

66. a) 100 000 € – 120 000 € = **–20 000 €**.
Herr Reich hat 20 000 € Schulden, die er sich z. B. von seiner Bank leihen könnte.

b) $(+53) - (-28) = +81$
Der Aralsee liegt 81 m höher als das Kaspische Meer.

c) $(-12)+(+16)=\mathbf{+4}$
Die Mittagstemperatur beträgt +4 °C.

67. Es ergeben sich die folgenden Gegenzahlen:

a) **+6**

b) **−10**

c) **+88**

d) **0**

68. a) $\mathbb{Z}_0^+ \cap \mathbb{Z}_0^- = \{0\}$

b) $\mathbb{Z}_0^+ \cup \mathbb{Z}^- = \mathbb{Z}$

c) $\mathbb{Z}^+ \cup \mathbb{Z}_0^- = \mathbb{Z}$

d) $\mathbb{Z}_0^- \cap \mathbb{N} = \{\ \}$

69. Es ergibt sich die folgende Ungleichungskette:

$\mathbf{-6 < -3 < -1 < 0 < +2 < +4 < +8 < +11}$

70. Es ergeben sich die folgenden Beträge:

a) $|-11| = \mathbf{11}$

b) $|0| = \mathbf{0}$

c) $|11| = \mathbf{11}$

d) $|-1| = \mathbf{1}$

e) $|a| = a$ für alle $a \in \mathbb{N}$

f) $|a| = \begin{cases} \mathbf{a} & \text{für } a \geq 0 \\ \mathbf{-a} & \text{für } a < 0 \end{cases}$

d. h. der Betrag einer ganzen Zahl ist die Zahl selbst, wenn die Zahl nicht negativ ist ($a \geq 0$). Der Betrag einer Zahl $a < 0$, d. h. einer negativen Zahl ist ihre (positive) Gegenzahl $-a$.

71. Die Zahl **−1** liegt in der Mitte der Zahlen −5 und +3.

72. a) $(+21)+(-11)=+(21-11)=+10=\mathbf{10}$

b) $(+54)+(+26)=+(54+26)=+80=\mathbf{80}$

c) $(-108)+(+81)=-(108-81)=\mathbf{-27}$

d) $(-26)+(+26)=-(26-26)=\mathbf{0}$

e) $(-4)+(-140)=-(4+140)=\mathbf{-144}$

f) $(-17)+(+21)=+(21-17)=+4=\mathbf{4}$

73. a) $-14+(-5)=-(14+5)=\mathbf{-19}$

b) $-52+100=100-52=\mathbf{48}$

c) $-62+62=\mathbf{0}$

d) $42+(-36)=42-36=\mathbf{6}$

74. a) $(+29)-(+16)=29-16=\mathbf{13}$

b) $(-18)-(+39)=(-18)+(-39)=-(18+39)=\mathbf{-57}$

c) $(-33)-(-15)=-33+(+15)=-(33-15)=\mathbf{-18}$

d) $(+42)-(-28)=42+28=\mathbf{70}$

75. a) $88-46=\mathbf{42}$

b) $46-88=\mathbf{-42}$

c) $-88-46=\mathbf{-134}$

d) $-46-88=\mathbf{-134}$

76. a) $18-7-20+3$
$=(18+3)-(7+20)$
$=21-27$
$=\mathbf{-6}$

b) $12-44+18+4-28$
$=(12+18+4)-(44+28)$
$=34-72$
$=\mathbf{-38}$

c) $-5+(9-26)+(1-15)-4$
$=-5-17-14-4$
$=\mathbf{-40}$

d) $-5-[6-(3-5)+(-8+4)-2]+4$
$=-5-[6+2-4-2]+4$
$=-5-2+4=-7+4$
$=\mathbf{-3}$

e) $|-5|-|-8|=5-8=\mathbf{-3}$

f) $|-12+3|=|-9|=\mathbf{9}$

77. a) $17 + x = 13$
$x = 13 - 17$
$x = -4 \quad \Rightarrow \quad \mathbf{L = \{-4\}}$

b) $x - 12 = -35$
$x = -35 + 12$
$x = -23 \quad \Rightarrow \quad \mathbf{L = \{-23\}}$

c) $16 - x = 40$
$x = 16 - 40$
$x = -24 \quad \Rightarrow \quad \mathbf{L = \{-24\}}$

d) $x + 65 = 45$
$x = 45 - 65$
$x = -20 \quad \Rightarrow \quad \mathbf{L = \{-20\}}$

78. a) $(-18) \cdot (-18) = +324 = \mathbf{324}$

b) $(+36) \cdot (-29) = \mathbf{-1\,044}$

c) $13 \cdot (-37) = \mathbf{-481}$

d) $(-5) \cdot 111 = \mathbf{-555}$

79. a) $(+17) \cdot (-12) \cdot (+2) = \mathbf{-408}$

b) $(-16) \cdot (+5) \cdot (+8) = \mathbf{-640}$

c) $8 \cdot (-2) \cdot 0 = \mathbf{0}$

d) $(-4)^3 = \mathbf{-64}$

e) $(-3)^4 = +81 = \mathbf{81}$

f) $-3^4 = -(3 \cdot 3 \cdot 3 \cdot 3) = \mathbf{-81}$

80. a) $(-111) : (-3) = +37 = \mathbf{37}$

b) $(+216) : (-18) = \mathbf{-12}$

c) $(-165) : (+55) = \mathbf{-3}$

d) $(+1\,111) : (+101) = +11 = \mathbf{11}$

e) $0 : (-4) = \mathbf{0}$

f) $(+4) : (-1) = \mathbf{-4}$

g) $462 : (-22) = \mathbf{-21}$

h) $-1\,728 : 48 = \mathbf{-36}$

81. $T(x) = 2 \cdot x^2 - 10$

$T(-2) = 2 \cdot (-2)^2 - 10 = 2 \cdot 4 - 10 = 8 - 10 = \mathbf{-2}$

$T(3) = 2 \cdot 3^2 - 10 = 18 - 10 = \mathbf{8}$

82. a) $-6 \cdot (22 - 12) = -6 \cdot 10 = \mathbf{-60}$

$-6 \cdot (22 - 12) = -6 \cdot 22 - (-6) \cdot 12 = -132 + 72 = \mathbf{-60}$

b) $(64 - 96) : (-8) = -32 : (-8) = +4 = \mathbf{4}$

$(64 - 96) : (-8) = 64 : (-8) - 96 : (-8) = -8 + 12 = +4 = \mathbf{4}$

83. a) $43 - 2 \cdot (5 + 9) + 3 \cdot (5 - 17) - 3 + 4 \cdot (17 - 21)$

$= 43 - 2 \cdot 14 + 3 \cdot (-12) - 3 + 4 \cdot (-4) = 43 - 28 - 36 - 3 - 16$

$= 43 - (28 + 36 + 3 + 16) = 43 - 83$

$= \mathbf{-40}$

b) $(95 - 113) - [(6 \cdot (27 - 8) - (18 + 114)] - 5 \cdot (16 - 24)$

$= -18 - [6 \cdot 19 - 132] - 5 \cdot (-8) = -18 - [114 - 132] + 40$

$= -18 + 18 + 40$

$= \mathbf{40}$

84. a)

$$12 \cdot (6 - 8) - x = 32 - 4 \cdot (8 - 18)$$
$$12 \cdot (-2) - x = 32 - 4 \cdot (-10)$$
$$-24 - x = 32 + 40$$
$$x = -24 - 72$$
$$x = -96 \quad \Rightarrow \quad \mathbf{L = \{-96\}}$$

b)

$$444 - 44 \cdot (4 - 14) + x = 555 - 55 \cdot (5 - 15)$$
$$444 - 44 \cdot (-10) + x = 555 - 55 \cdot (-10)$$
$$444 + 440 + x = 555 + 550$$
$$884 + x = 1\,105$$
$$x = 1\,105 - 884$$
$$x = 221 \quad \Rightarrow \quad \mathbf{L = \{221\}}$$

c)

$$15 \cdot (2 - 16) - 6 \cdot (1 + 14) \leq x - 4 \cdot (68 - 5)$$
$$15 \cdot (-14) - 6 \cdot 15 \leq x - 4 \cdot 63$$
$$-210 - 90 \leq x - 252$$
$$-300 \leq x - 252$$
$$-300 + 252 \leq x$$
$$-48 \leq x$$
$$x \geq -48$$

$\mathbf{L = \{-48, -47, -46, \ldots\} = \{x \mid x \geq -48 \wedge x \in \mathbb{Z}\}}$

85. a) 2 586 cm = **25 m 8 dm 6 cm** = **25,86 m**

b) 1650 083 mm = **1 km 650 m 0 dm 8 cm 3 mm** = **1 650,083 m**

c) 60 030 kg = **60 t 30 kg** = **60,030 t**

d) 1 844 ℓ = **18 hℓ 44 ℓ** = **18,44 hℓ**

86. a) 10 h 40 min : 2 h 40 min = 640 min : 160 min = **4**
Es handelt sich um eine **Messung**, da nachgeprüft wird, wie oft 2 h 40 min in 10 h 40 min passen.

b) (8 km 416 m + 3 km 788 m) : 108 m = (8 416 m + 3 788 m) : 108 m
= 12 204 m : 108 m = **113**
Der Quotient 12 204 : 108 wurde in einer Nebenrechnung bestimmt.
Es handelt sich wie in Teilaufgabe a um eine **Messung**.

c) 327 t 80 kg : 68 = 327 080 kg : 68 = **4 810 kg**
Der Wert des Quotienten wurde in einer Nebenrechnung bestimmt. Es handelt sich um eine **Teilung**, da die 327 t 80 kg in 68 Teile aufgeteilt werden.

87. (6 · 12 ℓ + 8 · 35 ℓ + 1 · 62 ℓ + 3 · 72 ℓ) : 30 = (72 ℓ + 280 ℓ + 62 ℓ + 216 ℓ) : 30
= 630 ℓ : 30 = **21 ℓ**
Die durchschnittliche Niederschlagsmenge betrug im April **21 ℓ pro Quadratmeter und Tag**.

88. (154 ℓ + 236 ℓ + 178 ℓ) : 4 = 568 ℓ : 4 = **142 ℓ**
In jedem Fass befinden sich dann **142 Liter**.

89. a) (1) 7 t 560 g ≈ **7 t**, da erst ab 500 kg aufgerundet würde.
(2) 12,51 km ≈ **13 km**, da 510 m aufgerundet wird.
(3) 48 h 49 min ≈ **49 h**, da ab 30 min aufgerundet wird.
(4) 444 € 9 Cent ≈ **444 €**, da erst ab 50 Cent aufgerundet würde.
(5) 3 hℓ 73 ℓ ≈ **4 hℓ**, da ab 50 ℓ aufgerundet wird.

b) Für das gerundete Gewicht x gilt:
16 500 g ≤ x ≤ 17 499 g bzw. **16 500 g ≤ x < 17 500 g**

90. a) (3,85 m + 3,92 m + 3 m 98 cm + 402 cm + 4,18 m) : 5
= (385 cm + 392 cm + 398 cm + 402 cm + 418 cm) : 5
= 1 995 cm : 5
= **399 cm**

Die durchschnittliche Sprungweite in der 1. Riege beträgt **399 cm**. Damit sprangen **zwei** Schülerinnen bzw. Schüler weiter als die durchschnittliche Sprungweite.

b) (1 995 cm + 370 cm + 398 cm + 415 cm + 418 cm + 424 cm) : 10
= 4 020 cm : 10
= **402 cm**.
Die durchschnittliche Sprungweite aller Springer beträgt **402 cm**.

91. (59 000 Cent – 30 · 20 · 65 Cent) : (25 · 20)
= (59 000 Cent – 39 000 Cent) : 500 = 20 000 Cent : 500
= **40 Cent**
Für eine Flasche Limonade wurden **40 Cent** bezahlt.

92. Verkaufserlös – Einkaufspreis – Kosten = Gewinn
79 · 172 Cent + 45 · 99 Cent – 136 · 108 Cent – 1 800 Cent
= (13 588 Cent + 4 455 Cent) – (14 688 Cent + 1 800 Cent)
= 18 043 Cent – 16 488 Cent
= 1 555 Cent
Der Posten Blumenkohl hat sich für das Geschäft **gelohnt**, da ein **Gewinn** von 1 555 Cent = **15,55 €** erzielt wurde.

93. (20 · 3 040 Cent + 4 600 Cent – 10 · 4 100 Cent + 19 000 Cent) : 10
= (60 800 Cent + 4 600 Cent – 41 000 Cent + 19 000 Cent) : 10
= 43 400 Cent : 10 = 4 340 Cent
= 43,40 €
Vom Rest muss er je Meter **43,40 €** verlangen.

94. 4 · 6 250 Cent + 6 800 Cent + 8 · 4 250 Cent – 49 950 Cent
= 25 000 Cent + 68 00 Cent + 34 000 Cent – 49 950 Cent
= 65 800 Cent – 49 950 Cent = 15 850 Cent
= 158,50 €
Der im Geschäft gekaufte Anzug ist **158,50 € billiger** als der von der Schneiderin angefertigte.

95. a) (323 + 237) · 350 Cent + 8 200 Cent
= 560 · 350 Cent + 8 200 Cent
= 196 000 Cent + 8 200 Cent
= 204 200 Cent
= 2 042 €
Er muss insgesamt **2 042 €** zahlen.

b) $(204\,200 \text{ Cent} + 75\,800 \text{ Cent} + 123\,200 \text{ Cent}) : 560$
$= 403\,200 \text{ Cent} : 560$
$= 720 \text{ Cent}$
Der Quotient wurde in einer Nebenrechnung bestimmt.
Er muss eine Flasche Wein für **7,20 €** verkaufen.

96. a) $\underbrace{(2250 \text{ Cent} : 125) \cdot 10}_{\text{Peis für 100 g}} + 2250 \text{ Cent}$
$= 180 \text{ Cent} + 2\,250 \text{ Cent}$
$= 2\,430 \text{ Cent}$
Herr Hofmann muss jetzt insgesamt **24,30 €** für das Fleisch bezahlen.

b) $(288\,000 \text{ €} : 60) \cdot 11 = 4\,800 \text{ €} \cdot 11 = 52\,800 \text{ €}$.
Der Werbespot kostet **52 800 €**.

c) Verlust + Verkaufserlös – Kosten = Einkaufspreis
$369 \text{ €} + 2\,864 \text{ €} - 112 \text{ €} = 3\,121 \text{ €}$
Er hat die Ware für **3 121 €** eingekauft.

97. Es gebe x erste Plätze. Dann gibt es $2 \cdot x$ zweite Plätze und $x - 100$ Logenplätze.

$$
\begin{aligned}
10 \cdot x + 8 \cdot 2 \cdot x + 15 \cdot (x - 100) &= 19\,000 \\
10 \cdot x + 16 \cdot x + 15 \cdot x - 1\,500 &= 19\,000 \\
41 \cdot x - 1\,500 &= 19\,000 \\
41 \cdot x &= 19\,000 + 1\,500 \\
41 \cdot x &= 20\,500 \\
x &= 20\,500 : 41 \\
x &= \mathbf{500}
\end{aligned}
$$

Es gibt 500 erste Plätze, 1 000 zweite Plätze und 400 Logenplätze.

98. Es wird in € gerechnet.

$\{\underbrace{(9\,260 - 3\,500)}_{\text{Gesamtschuld}} - \underbrace{[(9\,260 - 3\,500) : 24] \cdot 10}_{\text{10 Raten}} - 1\,260\} : 14$
$= \{5\,760 - [5\,760 : 24] \cdot 10 - 1\,260\} : 14$
$= \{5\,760 - 240 \cdot 10 - 1\,260\} : 14$
$= \{5\,760 - 2\,400 - 1\,260\} : 14$
$= 2\,100 : 14$
$= \mathbf{150}$
Die restlichen Raten betragen jetzt noch jeweils **150 €**.
Da der Gesamtansatz sehr schwer ist, kann man auch in Einzelschritten rechnen.

99. (780 Cent · 12 – 7 800 Cent) : 12
= (9 360 Cent – 7 800 Cent) : 12
= 1 560 Cent : 12 = **130 Cent**
oder
780 Cent – 7 800 Cent : 12 = 780 Cent – 650 Cent = **130 Cent**
Ein Monatsheft ist im Abonnement **1,30 € billiger**.

100. Es wird in ℓ gerechnet.
50 – (5 000 – 590) : 105 = 50 – 4 410 : 105 = 50 – 42 = **8**
Es waren noch **8 ℓ** Benzin im Tank.

101. Da das Produkt dieser Zahlen nur dann null wird, wenn ein Faktor 0 ist, muss eine der Zahlen die Zahl 0 sein. Da die Summe 0 ist, muss die Gegenzahl zu –5, d. h. +5 dabei sein.
Die drei Zahlen heißen folglich **–5; 0; 5**.

102.

Gewinn:	Verlust:
50 €	20 €
120 €	40 €
100 €	50 €
100 €	50 €
	100 €
	200 €
370 €	460 €

370 € – 460 € = **–90 €**
In den zehn Spielen hat er einen Verlust von **90 €**.

103. Ausgaben:

722 € 30 Cent
448 € 80 Cent
582 € 20 Cent
1752 € 130 Cent = 1753 € 30 Cent

1 233 € 30 Cent – 1 753 € 30 Cent = **–520 €**
Ihr Kontostand ist **–520 €**.

104. Es wird in km gerechnet.
[2 200 – (600 + 600 – 250 + 600 – 250 + 176)] : 2
= [2 200 – (600 + 350 + 526)] : 2
= [2 200 – 1 476] : 2 = 724 : 2
= **362**
Er muss am 4. und am 5. Tag noch jeweils **362 km** fahren.

105. a) 90 000 m : 60 = **1 500 m**
In einer Minute legt der Zug **1 500 m** zurück.

b) 609 000 : 1 500 = **406**
Der Zug braucht für die Strecke Hamburg–München 406 Minuten, d. h. **6 Std 46 min**.

106. a) 150 000 : 8 = **18 750**
Er legt in einer Stunde 18 750 m = 18,750 km zurück, d. h. seine durchschnittliche Geschwindigkeit beträgt **18,75 km/h**

b) 193 500 : (18 000 : 60) = 193 500 : 300 = **645**
Er ist 645 Minuten, d. h. **10 Std 45 min** unterwegs.

107. 0 – 42 – 36 + 23 = –78 + 23 = **–55**
Der Pegel steht bei **–55 cm**.

108. a) (1) 9 900 000 cm : 450 000 = **22 cm**
Die Orte haben auf der Karte eine Entfernung von **22 cm**.
(2) 42 mm · 450 000 = 18 900 000 mm = **18,9 km**
Die Orte sind **18,9 km** voneinander entfernt.

b) 80 000 mm : 80 mm = **1 000**
Die Fotografie ist im Maßstab **1 : 1 000** verkleinert.

109. Es wird in Cent gerechnet:
(1 328 000 – 4 · 2 450 · 40) : (1 950 · 40)
= (1 328 000 – 392 000) : 78 000
= 936 000 : 78 000 = **12**
Produkte und Quotient wurden in Nebenrechnungen bestimmt.
Es arbeiten **12 Gesellen** im Betrieb.

110. Es wird in kg gerechnet.
9 000 – (1 500 + 12 · 240 + 3 260 + 740)
= 9 000 – (1 500 + 2 880 + 3 260 + 740)
= 9 000 – 8 380 = 620
Da nur noch 620 kg Ladekapazität frei sind, kann **keine weitere Maschine** geladen werden.

111. a) $20000 : 168 = 119$ Rest 8

$$\begin{array}{l} \underline{168} \\ \;320 \\ \;\underline{168} \\ \;1520 \\ \;\underline{1512} \\ \quad\;\; 8 \end{array}$$

Die Anlage kann **119 volle Tage** laufen. Dann sind noch 8 ℓ Öl im Tank.

b) $20\,000\,\ell - 42 \cdot 168\,\ell = 20\,000\,\ell - 7\,056\,\ell = 12\,944\,\ell$

Es befinden sich noch **12 944 ℓ** im Tank.

Der Wert des Produktes wurde in einer Nebenrechnung bestimmt.

112. a) Durch jeden Hahn fließen pro Minute $720\,\ell : 6 = 120\,\ell$.

Nach 2 min 30 Sek sind $2 \cdot 120\,\ell + 2 \cdot 120\,\ell : 2 = 240\,\ell + 120\,\ell =$ **360 ℓ** in der Badewanne.

b) $(720 - 240) : 240 = 480 : 240 = 2$

Die Badewanne ist nach 2 min + 2 min = **4 min** gefüllt.

113. $(134 \cdot 120\,\ell - 45 \cdot 120\,\ell) : (134 - 45 - 29)$

$= (16\,080\,\ell - 5\,400\,\ell) : 60 = 10\,680\,\ell : 60$

$=$ **178 ℓ**

Es müssen nach der Unterbrechung **178 ℓ pro Minute** zufließen.

Produkte und Quotient wurden in Nebenrechnungen bestimmt.

114. $(-14 - 10 - 3 - 1 + 0 + 6 + 8) : 7 = -14 : 7 =$ **−2**

Der Mittelwert der Temperatur beträgt **−2 °C**.

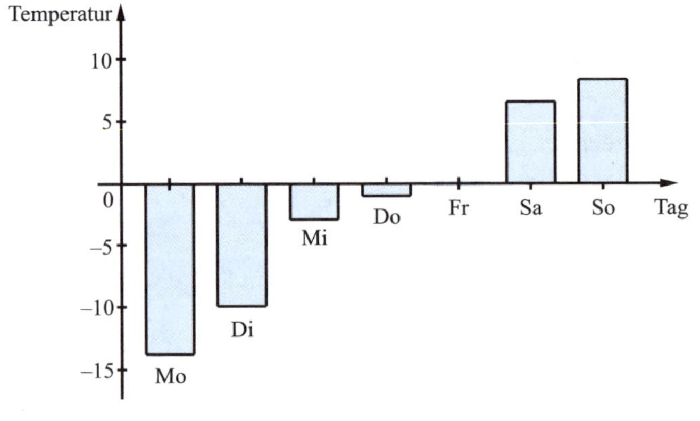

115. a) $37K + 273K = \mathbf{310K}$
Die Körpertemperatur beträgt **310K**.

b) $268 - 273 = \mathbf{-5}$
Die Temperatur auf der Celsius-Skala beträgt **–5 °C**.

116.

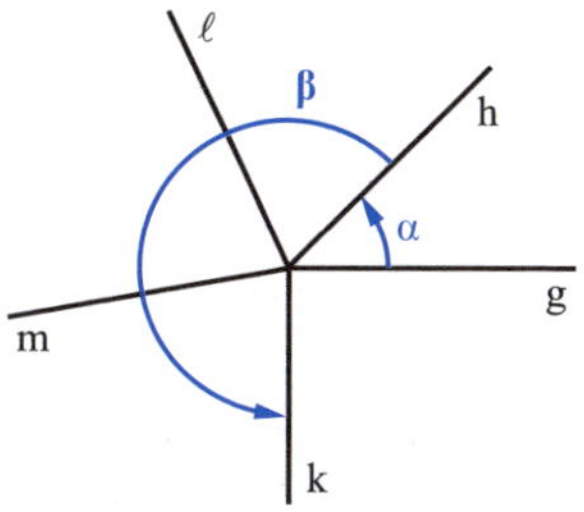

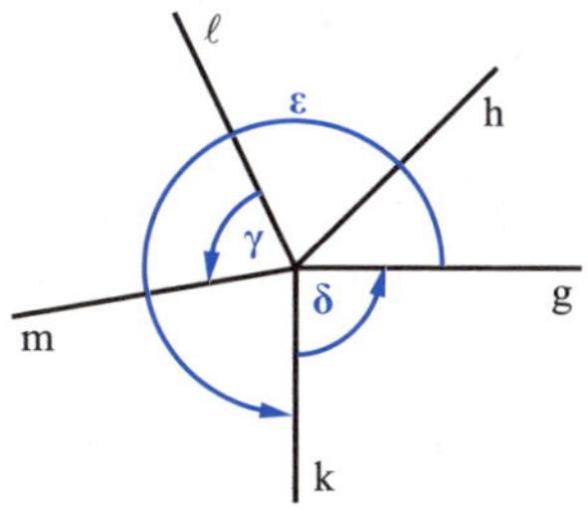

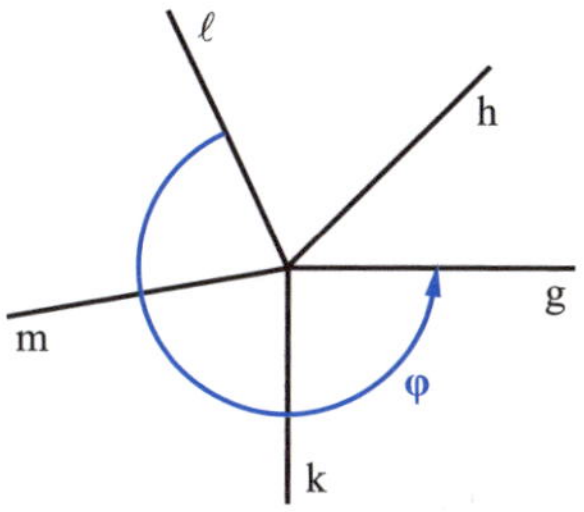

117. a) Der Winkel beträgt 90°.

b) Der Winkel beträgt 45°.

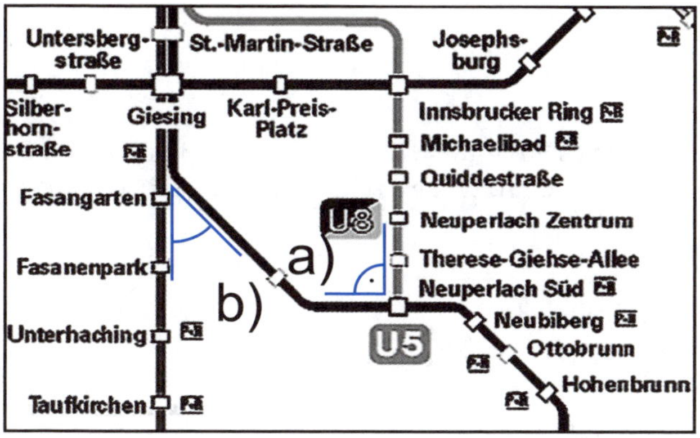

118. a) (1) großer Zeiger: $\alpha_1 = 0°$
kleinerZeiger: $\alpha_2 = 1 \cdot 30° = 30°$
Die beiden Zeiger schließen einen Winkel von **30°** ein.

(2) großer Zeiger: $\alpha_1 = 3 \cdot 30° = 180°$
kleiner Zeiger: $\alpha_2 = 3 \cdot 30° + 3 \cdot 30° = 90° + 15° = 105°$
Die beiden Zeiger schließen einen Winkel von $180° - 105° =$ **75°** ein.

(3) großer Zeiger: $\alpha_1 = 20 \cdot 6° = 120°$
kleiner Zeiger: $\alpha_2 = 2 \cdot 30° + 20 \cdot 0{,}5° = 60° + 10° = 70°$
Die beiden Zeiger schließen einen Winkel von $120° - 70° =$ **50°** ein.

(4) großer Zeiger: $\alpha_1 = 40 \cdot 6° = 240°$
kleiner Zeiger: $\alpha_2 = 6 \cdot 30° + 40 \cdot 0{,}5° = 180° + 20° = 200°$
Die beiden Zeiger schließen einen Winkel von $240° - 200° =$ **40°** ein.

b) Man müsste feststellen:

$\alpha_1 = \alpha_3$ $\quad \beta_1 = \beta_3$ $\quad \gamma_1 = \gamma_3$
$\alpha_2 = \alpha_4$ $\quad \beta_2 = \beta_4$ $\quad \gamma_2 = \gamma_4$

$\alpha_1 + \alpha_2 = 180°$ $\quad \beta_1 + \beta_2 = 180°$ $\quad \gamma_1 + \gamma_2 = 180°$
$\alpha_1 + \alpha_4 = 180°$ $\quad \beta_1 + \beta_4 = 180°$ $\quad \gamma_1 + \gamma_4 = 180°$
$\alpha_3 + \alpha_2 = 180°$ $\quad \beta_3 + \beta_2 = 180°$ $\quad \gamma_3 + \gamma_2 = 180°$
$\alpha_3 + \alpha_4 = 180°$ $\quad \beta_3 + \beta_4 = 180°$ $\quad \gamma_3 + \gamma_4 = 180°$

$\alpha_1 + \beta_1 + \gamma_1 = 180°$

c) Man stellt fest:

$\alpha_1 = \alpha_2$
$\alpha_1 + \gamma_2 = 180°$
$\beta_1 = \gamma_2$

119. Zum Nordpol sind es $90° - 48° = 42°$, d. h. $42 \cdot 111{,}3$ km, zum Äquator $48 \cdot 111{,}3$ km, d. h. die Entfernung zum Äquator ist größer als die zum Nordpol.

120. $\alpha =$ **52°**: spitzer Winkel
$\beta =$ **262°**: überstumpfer Winkel

121. $\measuredangle (f; e) = \measuredangle CSD =$ **132°**: stumpfer Winkel
$\measuredangle (f; g) = \measuredangle CSB =$ **295°**: überstumpfer Winkel
$\measuredangle (g; f) = \measuredangle BSC =$ **65°**: spitzer Winkel

122. a)
b)

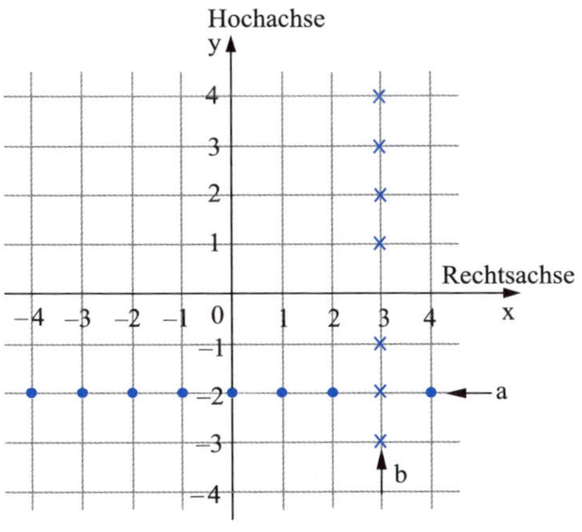
Hochachse
y
4
3
2
1
Rechtsachse
–4 –3 –2 –1 0 1 2 3 4
x
–1
–2
a
–3
b
–4

c)
d)

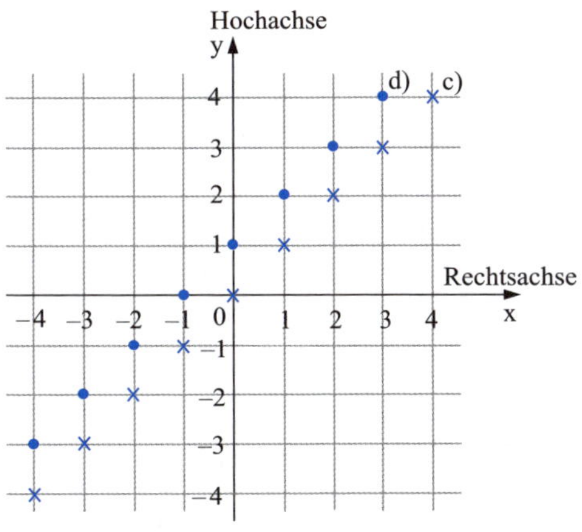
Hochachse
y
d)
c)
4
3
2
1
Rechtsachse
–4 –3 –2 –1 0 1 2 3 4
x
–1
–2
–3
–4

123.

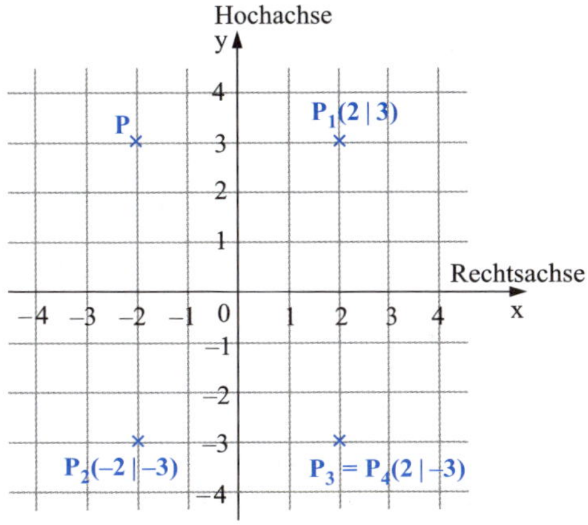
Hochachse
y
4
P
P1(2 | 3)
3
2
1
Rechtsachse
–4 –3 –2 –1 0 1 2 3 4
x
–1
–2
–3
P2(–2 | –3)
P3 = P4(2 | –3)
–4

124.

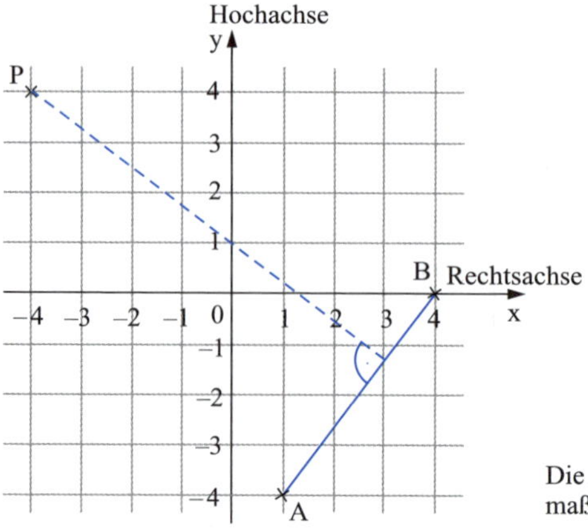

Die Abbildung ist nicht maßstabsgetreu!

a) Die Strecke [AB] ist in der Zeichnung 5 cm lang.
$\Rightarrow$ Maßstab: 5 : 2 500 = **1 : 500**

b) Die Mindestentfernung ist das Lot von P auf die Strecke [AB]. Die Mindestentfernung beträgt 8,8 cm · 500 = 4 400 cm = **44 m**.
Er muss den Ball mindestens **44 m** weit werfen.

125. a)

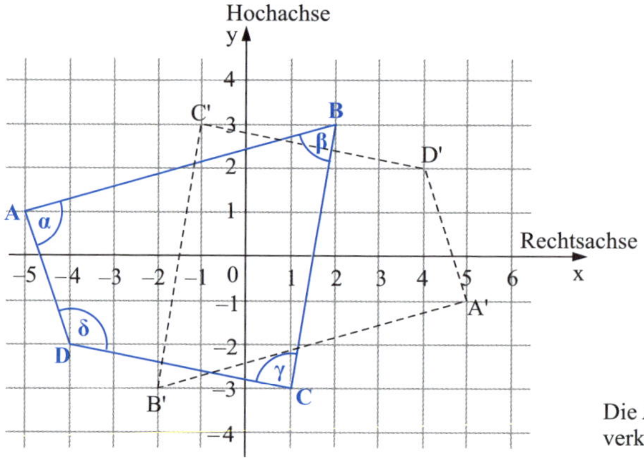

Die Abbildung ist verkleinert!

Länge [AB] ≈ **7,3 cm**; $\alpha \approx$ **87°**
Länge [BC] ≈ **6,1 cm**; $\beta \approx$ **65°**
Länge [CD] ≈ **5,1 cm**; $\gamma \approx$ **88°**
Länge [AD] ≈ **3,2 cm**; $\delta \approx$ **120°**

b) Die Punkte werden alle sowohl an der x- als auch an der y-Achse gespiegelt. Man erhält das Viereck A'B'C'D', das gleichlange Seiten und gleichgroße Winkel besitzt wie das Viereck ABCD, aber umgekehrten Durchlaufsinn, d. h. die umgekehrte Reihenfolge der Punkte.

126.

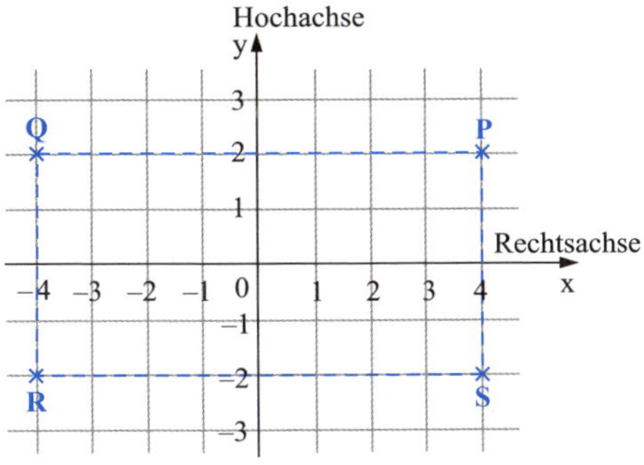

Q entsteht durch Spiegelung von P an der y-Achse, S entsteht durch Spiegelung von P an der x-Achse.
R geht durch Spiegelung von P an der y-Achse und durch Spiegeln dieses Bildpunktes an der x-Achse aus P hervor.

Die Punkte PQRS bilden ein Rechteck mit den Seitenlängen **8 cm** und **4 cm**.

127. a) **wahr**, weil beim Würfel sogar alle Kanten gleich lang sind.

b) **falsch**, da beim Quader nicht immer alle Seitenkanten gleich lang sind.

c) **falsch**, weil Teilaufgabe a wahr ist.

d) **falsch**, da $2 \cdot 2 \cdot 2 = 8$ ursprüngliche Würfel in den neuen Würfel passen.

128. a)

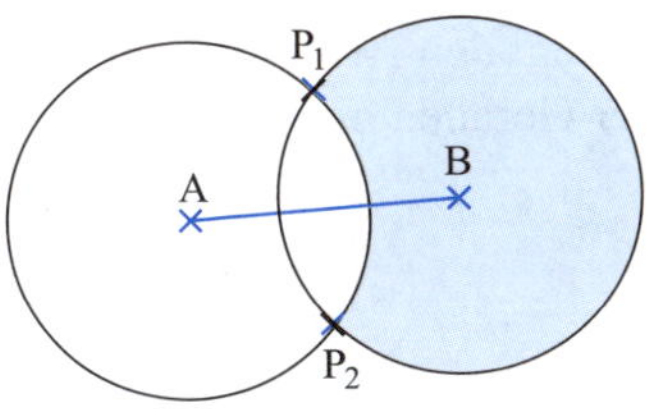

Man zeichnet einen Kreis um A mit dem Radius 3 cm. **Alle Punkte** der Kreislinie sind **von A 3 cm entfernt**.

b) Man zeichnet noch einen Kreis um B mit Radius 3 cm. Die Punkte $\mathbf{P_1}$ und $\mathbf{P_2}$ erfüllen die Bedingung, dass sie sowohl von A als auch von B 3 cm entfernt sind.

c) Die **blau gefärbte Menge** erfüllt die Bedingung, dass ihre Punkte von A mehr als 3 cm und von B weniger als 3 cm entfernt sind.

129. a) (1)

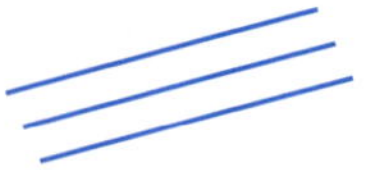

(2)

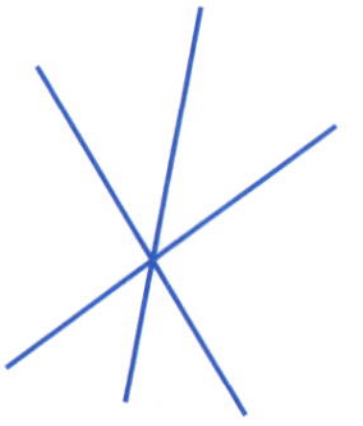

(3)

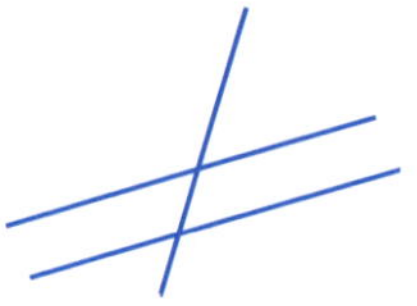

(4)

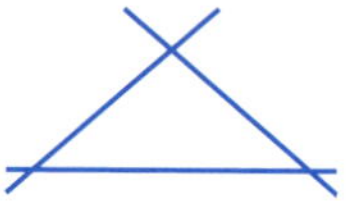

b)

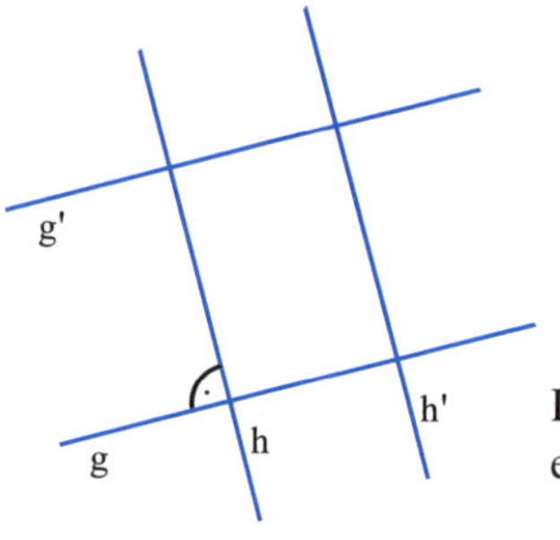

Die vier Geraden schließen ein **Rechteck** ein.

130.

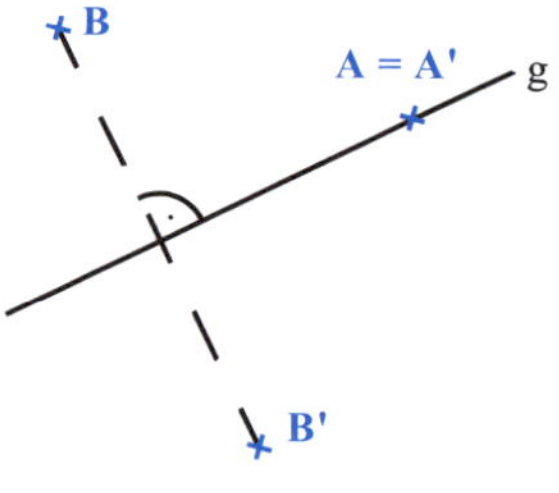

A ist zu sich selbst symmetrisch, weil A auf der Faltgeraden (Symmetrieachse) liegt, d. h. **A' = A**.

Man zeichnet die Senkrechte zu g durch B und trägt den Abstand des Punktes B von der Geraden nach der anderen Seite ab.

131. a)

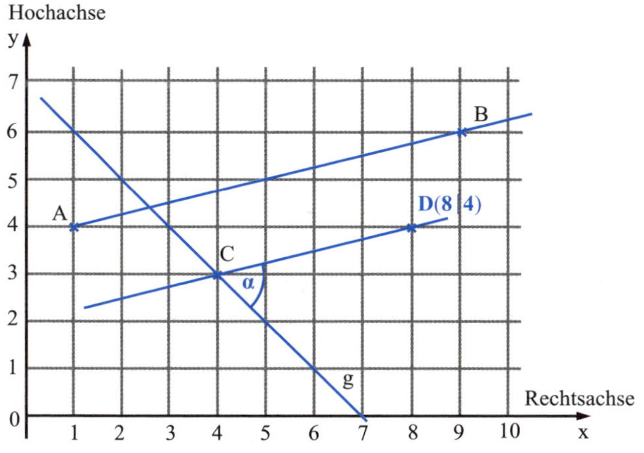

b)

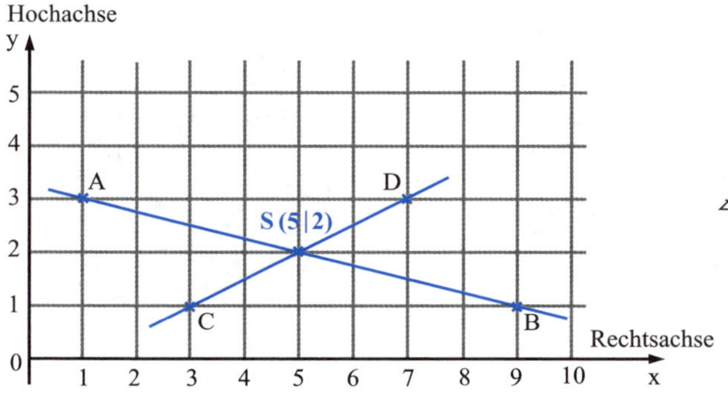

∡ASC = 41°

c)

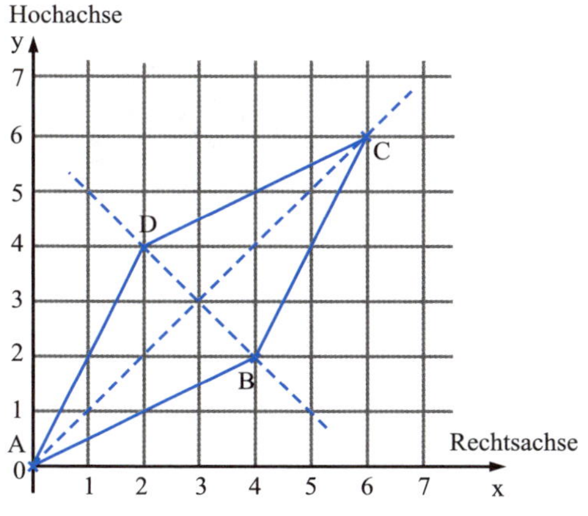

Es gibt **zwei** Symmetrieachsen: AC und DB.
∡CBA = 143°

132.

1		P	R	I	S	M	A					
2				S	T	R	E	C	K	E		
3			W	Ü	R	F	E	L				
4			W	A	A	G	R	E	C	H	T	
5		R	E	C	H	T	S	W	E	R	T	
6	P	A	R	A	L	E	L	L				

133. Suche und markiere bei den folgenden Gegenständen die Symmetrieachsen.

a)

b)

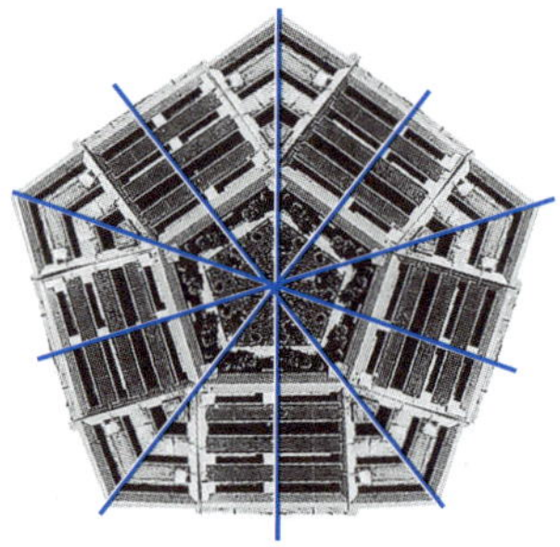

c)

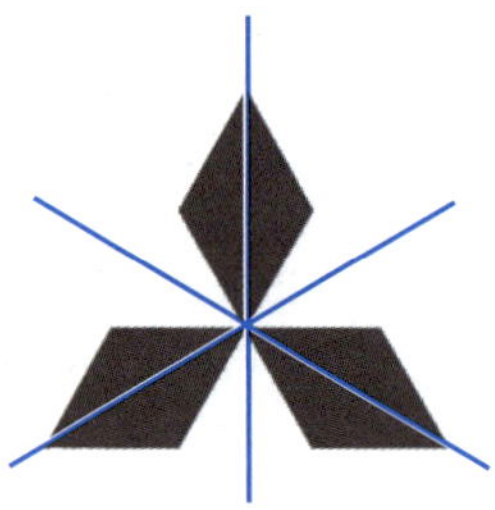

d)

134. a) (1) $12\ m^2\ \ 18\ cm^2 =$ **$120\,018\ cm^2$**
(2) 64 ha 3a = **6 403 a**
(3) $12\ km^2\ \ 9\ a =$ **120 009 a**
(4) $79\ m^2\ \ 1 mm^2 =$ **$79\,000\,001\ mm^2$**

b) (1) $16\ ha\ \ 1\ \ a\ 25\ m^2 =$ **16,0125 ha**
(2) $1\ m^2\ \ 7\ dm^2\ \ 6\ cm^2 =$ **$1{,}0706\ m^2$**
(3) $6\ km^2\ \ 9\ ha\ \ 1\ m^2 =$ **$6{,}090001\ km^2$**
(4) $8\ m^2\ \ 2\ dm^2\ \ 15\ mm^2 =$ **$802{,}0015\ dm^2$**

c) (1) $6{,}1521\ m^2 = \mathbf{6\ m^2\ \ 15\ dm^2\ \ 21\ cm^2}$

(2) $0{,}0058\ a = \mathbf{58\ dm^2}$

(3) $3{,}0605\ dm^2 = \mathbf{3\ dm^2\ \ 6\ cm^2\ \ 5\ mm^2}$

(4) $1{,}456\ ha = 1{,}4560\ ha = \mathbf{1\ ha\ \ 45\ a\ \ 60\ m^2}$

135. a) $11\ m^2\ \ 86\ dm^2 + 13{,}94\ m^2 + 18\ m^2\ \ 12\ dm^2$

$= 1\,186\ dm^2 + 1\,394\ dm^2 + 1\,812\ dm^2$

$= 4\,392\ dm^2$

$= 43\ m^2\ \ 92\ dm^2 = \mathbf{43{,}92\ m^2}$

b) $86\ ha - 86\ m^2\ \ 91\ dm^2$

$= 86\,000\,000\ dm^2 - 8\,691\ dm^2$

$= 85\,991\,309\ dm^2$

$= \mathbf{85\ ha\ \ 99\ a\ \ 13\ m^2\ \ 9\ dm^2}$

c) $7\ ha\ \ 42\ a : 14 = 742\ a : 14 = \mathbf{53\ a}$

d) $1\ a\ 2\ m^2\ \ 8\ dm^2 : 11\ cm^2$

$= 1\,020\,800\ cm^2 : 11\ cm^2 = \mathbf{92\,800}$

e) $144\ m^2\ \ 36\ dm^2 : 36\ dm^2\ \ 9\ cm^2$

$= 1\,443\,600\ cm^2 : 3\,609\ cm^2 = \mathbf{400}$

f) $888\ a - 7{,}43\ ha - 1\,200\ m^2$

$= 88\,800\ m^2 - (74\,300\ m^2 + 1\,200\ m^2)$

$= 88\,800\ m^2 - 75\,500\ m^2$

$= 13\,300\ m^2 = \mathbf{1\ ha\ \ 33\ a}$

136. a) $110 \cdot 75\ m^2 - 102 \cdot 68\ m^2 = 8\,250\ m^2 - 6\,936\ m^2 = 1\,314\ m^2$
Das Spielfeld in A-Dorf ist **1 314 m²** kleiner. (Die Produkte wurden in Nebenrechnungen bestimmt!)

b) Aus der nicht maßstäblichen Skizze ist ersichtlich, dass sich die Streifenfläche aus je zwei gleich großen Rechtecken ergibt.

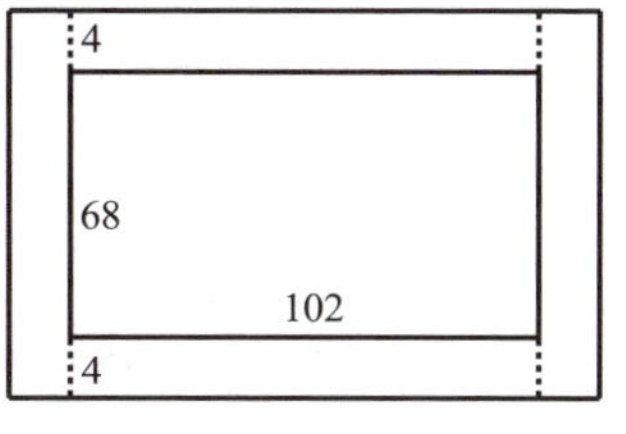

$A = 2 \cdot (68 + 2 \cdot 4) \cdot 4\ m^2 + 2 \cdot 102 \cdot 4\ m^2$

$= 2 \cdot 76 \cdot 4\ m^2 + 2 \cdot 102 \cdot 4\ m^2$

$= 608\ m^2 + 816\ m^2 = 1\,424\ m^2$

Der Streifen hat eine Fläche von **1 424 m²**.

c) $u = 2 \cdot (102\ m + 8\ m) + 2 \cdot (68 + 8\ m) - 8\ m$

$= 2 \cdot 110\ m + 2 \cdot 76\ m - 8\ m = 220\ m + 152\ m - 8\ m = 364\ m$

Die Barriere ist **364 m** lang.

137. a) Man zerlegt die Fläche in Rechtecksflächen.

$A = 2 \cdot 6 \cdot 2\ cm^2 + 2 \cdot 2 \cdot 2\ cm^2 + 4 \cdot 2\ cm^2$

$= 24\ cm^2 + 8\ cm^2 + 8\ cm^2$

$= \mathbf{40\ cm^2}$

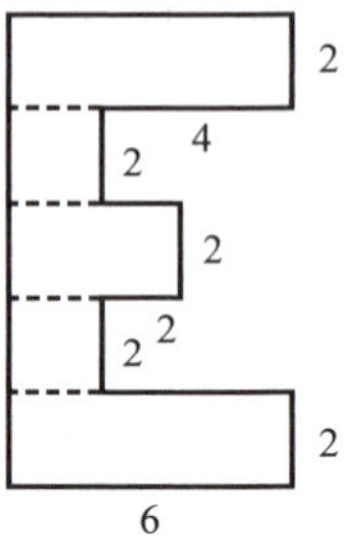

b) Man subtrahiert von der großen Quadratfläche die kleine Quadratfläche.

$A = 24 \cdot 24\ cm^2 - 12 \cdot 12\ cm^2$

$= 576\ cm^2 - 144\ cm^2$

$= \mathbf{432\ cm^2}$

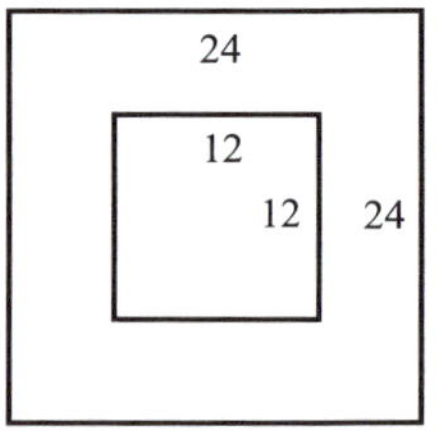

c) Man zerlegt in Rechtecksflächen und beachtet, dass die Dreiecksfläche halb so groß ist wie die zugehörige Rechteckfläche.

$A = 6 \cdot 3\ cm^2 + 7 \cdot 6\ cm^2 + 6 \cdot 2\ cm^2 : 2$

$= 18\ cm^2 + 42\ cm^2 + 6\ cm^2 = \mathbf{66\ cm^2}$

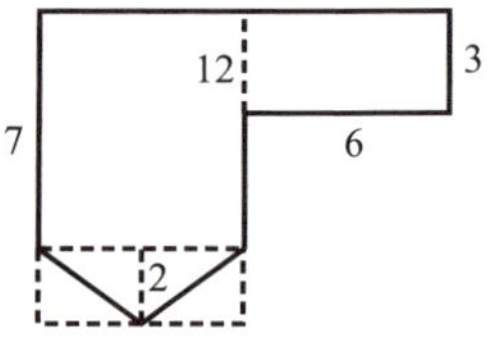

d) Jede Dreiecksfläche ist halb so groß wie die zugehörige Quadratfläche.

$A = 4 \cdot 4 \cdot 4\ cm^2 : 2$

$= 64\ cm^2 : 2 = \mathbf{32\ cm^2}$

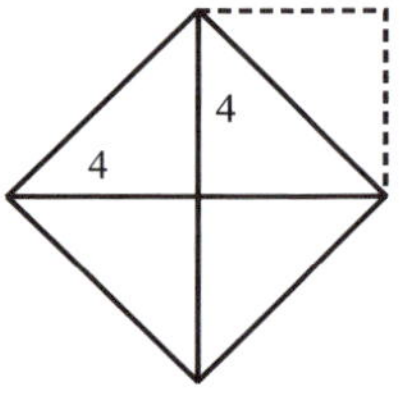

138. a) Wenn man die Kantenlänge des Würfels verdoppelt, so wächst jede der sechs Flächen auf das $2 \cdot 2 = 4$-fache $\Rightarrow$ Die Oberfläche wird **viermal so groß**.

b) Wenn man alle Kantenlängen eines Quaders verdreifacht, so wächst jede der sechs Flächen auf das $3 \cdot 3 = 9$-fache $\Rightarrow$ Die Oberfläche wird **neunmal so groß**.

c) Es sind fünf Flächen zu streichen.

$A = 12 \cdot 8\ m^2 + 2 \cdot 12 \cdot 2\ m^2 + 2 \cdot 8 \cdot 2\ m^2$

$= 96\ m^2 + 48\ m^2 + 32\ cm^2 = 176\ m^2$

Man muss für $\mathbf{176\ m^2}$ Farbe kaufen.

d) $O_Q = 2 \cdot a \cdot b + 2 \cdot a \cdot c + 2 \cdot b \cdot c = 832$

Einsetzen liefert:

$$\begin{aligned} 2 \cdot 16 \cdot 12 + 2 \cdot 16 \cdot c + 2 \cdot 12 \cdot c &= 832 \\ 384 + 32 \cdot c + 24 \cdot c &= 832 \\ 56 \cdot c &= 832 - 384 \\ 56 \cdot c &= 448 \\ c &= 448 : 56 \\ c &= \mathbf{8} \end{aligned}$$

Die Höhe des Quaders beträgt **8 cm**.

139. a) Differenzbetrag ist der Betrag für die Erschließungskosten.
$(134\,064 - 97\,128) : 54 = 36\,936 : 54 = \mathbf{684}$
(Der Quotient wurde in einer Nebenrechnung bestimmt).
Das Grundstück hat eine Fläche von **684 m²**.

b) Mit Erschließungskosten:

$$\begin{array}{r} 134064 : 684 = \mathbf{196} \\ \underline{684} \\ 6566 \\ \underline{6165} \\ 4104 \\ \underline{4104} \\ 0 \end{array}$$

Ein Quadratmeter kostete einschließlich Erschließungskosten **196 €**.
Ohne Erschließungskosten:
196 € − 54 € = **142 €**
Ein Quadratmeter kostete ohne Erschließungskosten **142 €**.

140. Legt man die Seiten der Figuren, die von den Quadratseiten stammen, auf die Rechteckseiten, dann bleibt um die Diagonale des Rechtecks eine Fläche frei, die den Inhalt von 1 cm^2 besitzt.

Lösungen der Schulaufgaben

Schulaufgabe 1

1. a) 7 HB 4 ZM 5 M 2 H = **700 000 045 000 200**

b) 880 106 001 101 = **8 HMd 8 ZMd 1 HM 6 M 1 T 1 H 1 E**

c) Vorgänger **V = 199 889**; Nachfolger **N = 199 891**

2. a) MMCMLXXVI = **2 976**

b) 1 843 = 1 000 + 800 + 40 + 3
1 843 = **MDCCCXLIII**

3. a) Es wird jeweils 7 addiert: 8, 15, 22, 29, **36, 43, 50** …

b) Es wird 2 subtrahiert, dann verdoppelt:
14, 12, 24, 22, 44, 42, 84, 82, **164, 162** …

c) 1. Glied: 7
2. Glied: $2 \cdot 7 - 1 = 13$
3. Glied: $2 \cdot 13 - 1 = 25$
4. Glied: $2 \cdot 25 - 1 = 49$
5. Glied: $2 \cdot 49 - 1 = 97$
Die Zahlenfolge lautet: **7, 13, 25, 49, 97** …

4. a) **L = {8, 16, 24, 32, 40, 48, 56}**

b) **L = {1 010, 1 030, 1 050, 1 070, 1 090, 1 110}**

c) $T_{16} = \{1, 2, 4, 8, 16\}$: Teilermenge der Zahl 16
Durch Einsetzen erhält man: **L = {4, 8, 16}**

d) Durch Einsetzen erhält man: **L = {7, 8, 9, 10, 11}**

5. a) **falsch**, da $12 - 10 = 2$ gilt.

b) **wahr**, da 2 kein Element der Vielfachenmenge von 4 ist.

c) **sinnlos**, da keine Aussage vorliegt.

d) **wahr**, da $64 - 49 = 15$ gilt.

e) **sinnlos**, da keine Aussage vorliegt.

f) **wahr**, da $\mathbb{N}$ eine Teilmenge von $\mathbb{N}_0$ ist.

Schulaufgabe 2

1. a) (1) 4 ZB 7 HT 2 ZT 8 Z 5 E = **40 000 000 720 085**

(2) 3 801 000 000 009 = **3 B 8 HMd 1 Md 9 E**

(3) 2 481 = 2 000 + 400 + 80 + 1

2 481 = **MMCDLXXXI**

(4) MMDXLVI = **2 546**

b) Vorgänger **V = 999 099**; Nachfolger **N = 999 101**

2. a) Das 23. Element der Menge V_7 ist $23 \cdot 7 =$ **161**.

b) Das 28. Element der Menge M ist $65-(28-1)=65-27=$ **38**.

c) Da jetzt 5, 6, 7, usw. addiert werden, waren vorher 4 bzw. 3 bzw. 2 bzw. 1 addiert worden: **2**, **3**, **5**, **8**, 12, 17, 23, 30, …

d) Teilermenge von 12: $\mathbf{T_{12} = \{1, 2, 3, 4, 6, 12\}}$

3. a) **15 < 17 < 19 < 21 < 23 < 25 < 27 < 29 < 31**

b) 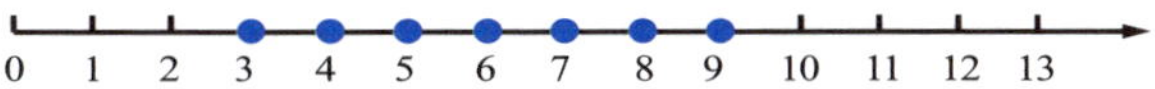

Gesucht ist die Menge **{3, 4, 5, 6, 7, 8, 9}**.

c) Eine mögliche Ungleichung **4 < x < 8**.

4. a) **L = {15, 20, 25, 30, 35}**

b) **L = {10}**

c) **L = {17, 18, 19}**

d) **L = { }**

5. a) 9 + **4** = 13, d. h. □ = 4

b) 12 **∈** V_2, da 12 ein Element der Vielfachenmenge von 2 ist.

c) 7 · 8 **>** 7 + 8, da 56 > 15 gilt.

d) $T_{16} \supseteq T_8$, da die Teiler der Zahl 8 eine Teilmenge der Menge der Teiler der Zahlen 16 bilden.

Schulaufgabe 3

1. a) In der Lösungsmenge L einer Ungleichung stehen diejenigen Elemente aus der Grundmenge G, die beim **Einsetzen in die Ungleichung** eine **wahre Aussage** ergeben.

b) Eine wahre Aussage ergeben beim Einsetzen die Zahlen 8, 9, 10, 11, 12
$\Rightarrow$ **L = {8, 9, 10, 11, 12}**

2. a) Es ergibt sich die folgende Ungleichungskette:
6 453 > 6 354 > 4 653 > 4 356 > 3 654 > 3 456

b) 1. Glied: 6
2. Glied: $3 \cdot 6 - 2 = 16$
3. Glied: $3 \cdot 16 - 2 = 46$
4. Glied: $3 \cdot 46 - 2 = 136$
5. Glied: $3 \cdot 136 - 2 = 406$
Zahlenfolge: **6**, **16**, **46**, **136**, **406**, …

3. a) (1) $4 + 55 > 5 + x$ $\quad G = V_3$
Einsetzen liefert wahre Aussagen für 3, 6, …, 51
$\Rightarrow$ **L = {3, 6, 9, …, 51}**

(2) Die Aussage ist für jede Zahl $x \in G$ wahr, d. h.
$x + 7 \geq 3 + x$ (w) $\Rightarrow$ **L = G = ℕ**

(3) $x + 45 = 55$ $\quad G = V_4$
$x = 55 - 45$
$x = 10$
Da $10 \notin G \Rightarrow$ **L = { }**

b) (1) $17 + x > 23 \quad \Rightarrow \quad x =$ **7**
(2) $x + 92 \geq 117 \quad \Rightarrow \quad x =$ **25**

4. a) Da von den Zeichen V, L, D jeweils nur eines stehen darf, gilt für die größte Zahl: **DLXXXV = 585**

b) 1 964 = 1 000 + 900 + 60 + 4
1 964 = **MCMLXIV**

c) Das Zehnersystem ist ein **Stellenwertsystem**, d. h. jede Stelle hat ihre eigene Bedeutung. Im **römischen Zahlsystem** werden die Zahlen durch **Addition** geschrieben, d. h. die einzelnen Stellen haben nicht einen vorgegebenen Wert einer Stufenzahl.

5. a) (1) Beim Einsetzen ergibt sich jeweils eine wahre Aussage für 8, 16, 24, 32 $\Rightarrow$ **L = {8, 16, 24, 32}**

(2) $T_{24} = \{1, 2, 3, 4, 6, 8, 12, 24\} \Rightarrow$ **L = {8, 12, 24}**

b) $V_3 = \{3, 6, 9, 12, \ldots\}$

$T_{30} = \{1, 2, 3, 5, 6, 10, 15, 30\}$

Mögliche Einsetzungen für eine wahre Aussage:

$\mathbf{3} < \mathbf{5} < 15$

$\mathbf{3} < \mathbf{6} < 15$

$\mathbf{3} < \mathbf{10} < 15$

$\mathbf{6} < \mathbf{10} < 15$

$\mathbf{9} < \mathbf{10} < 15$

Schulaufgabe 4

1. a) Der Wert der Summe wird um $18 - 11 = $ **7 größer**.

b) Der Wert der Differenz wird um $12 + 3 = $ **15 größer**.

2. a) $4 + x \leq 10 - x \quad G = \mathbb{N}_0$

Einsetzen liefert wahre Aussagen für x = 0, 1, 2, 3 $\Rightarrow$ **L = {0, 1, 2, 3}**

b) $9 - x > 3 \quad G = V_3$

L = {3}

c) $x - 4 - (72 + 49) = 186 \qquad G = \mathbb{N}$

$x - 4 - 121 = 186$

$x - 125 = 186$

$x = 186 + 125$

$x = 311 \Rightarrow$ **L = {311}**

3. a) (1) $784 - (516 + 183) = 784 - 699 = \mathbf{85}$

$(784 - 516) + 183 = 268 + 183 = \mathbf{451}$

Die Ergebnisse sind **nicht gleich**.

(2) Das **Assoziativgesetz** gilt **nur für Summen**, nicht aber für Differenzen.

b) Der Term ist eine **Differenz**. Der **Minuend** ist die Summe aus der Differenz der Zahlen 968 und 413 sowie der Zahl 1 416. Der **Subtrahend** ist die Differenz der Zahlen 3 719 und 2 548.

$[(968-413)+1\,416]-(3\,719-2\,548)$
$=[555+1\,416]-1\,171$
$=1\,971-1\,171=\mathbf{800}$

c) $\mathbf{(736+593)-(736-593)}=1\,329-143=\mathbf{1\,186}$

4. a) $5\,040+576+4\,582+124+260$ (Kommutativ- und Assoziativgesetz)
$=(5\,040+260)+(576+124)+4\,582$ (Assoziativgesetz)
$=(5\,300+700)+4\,582$
$=6\,000+4\,582$
$=\mathbf{10\,582}$

b)

11 018	5 + ③	= 8
− 7 283	8 + ②	= 10
3 735	3 + 8	= 1①

5. Fahrtstrecken am 4. Tag: x

$87+71+(71-7)+x=285$
$87+71+64+x=285$
$222+x=285$
$x=285-222$
$x=\mathbf{63}$

Am 4. Tag fahren sie **63 km**.

Schulaufgabe 5

1. a) Man addiert nebeneinander:
1 354 + 2 058 007 + 3 645 742 + 2 941 993 = **8 647 096**

b) Man subtrahiert nebeneinander:
309 984 − 85 005 = **224 979**

2. a)

	8**1**010	
−	**4**1053	
−	6**9**5**4**	
	330**0**3	

$3 + 3 + ④ = 10$
$5 + 5 + ⓪ = 10$
$0 + 0 + ⑨ = 9$
$4 + 6 + 1 = 1①$
$4 + ④ = 8$

b) Die Summe auf den einzelnen Linien muss 57 ergeben. Man erhält:

18	**23**	**16**
17	**19**	**21**
22	**15**	20

3. a) (612 + 224) − (581 − 245) = 836 − 336 = **500**

b) (812 − 616) + [928 − (547 − 423)]
= 196 + [928 − 124]
= 196 + 804
= **1 000**

4. a) Der Term ist eine **Summe**. Der **1. Summand** ist die Differenz aus der Differenz der Zahlen 5 944 und 3 816 und der Zahl 1 288. Der **2. Summand** ist die Differenz aus der Zahl 6 912 und der Differenz der Zahlen 8 244 und 1 792.
[(5 944 − 3 816) − 1 288] + [6 912 − (8 244 − 1 792)]
= [2 128 − 1 288] + [6 912 − 6 452]
= 840 + 460
= **1 300**

b) [(4 248 + 3 816) − 2 582] − [(2 481 − 872) − 927]
= [8 064 − 2 582] − [1 609 − 927]
= 5 482 − 682
= **4 800**

oder im Baum:

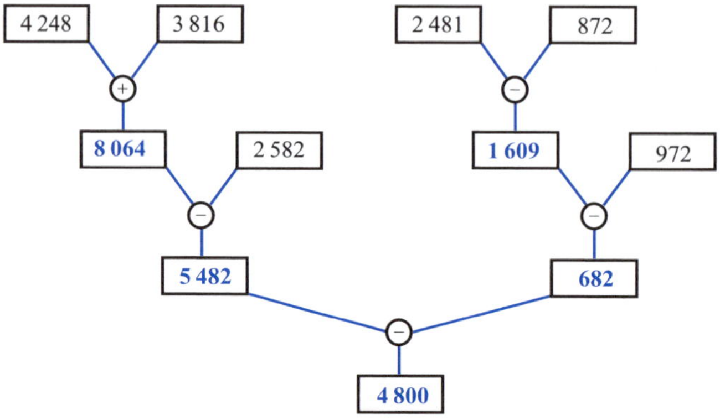

5. **$10\,000 - [2\,513 + (2\,513 + 500) + (2\,513 + 500 - 613)]$**
$= 10\,000 - [2\,513 + 3\,013 + 2\,400]$
$= 10\,000 - 7\,926$
$= \mathbf{2\,074}$

David erhält **2 074 €**.

Schulaufgabe 6

1. a) Das Assoziativgesetz der Addition erlaubt, dass man in einer Summe **Summanden zu Teilsummen zusammenfassen** darf.

b) Der Wert der Differenz wird um $7 + 19 = $ **26 kleiner**.
$44 - 12 = 32 \Rightarrow 37 - 31 = 6 \Rightarrow 32 - 6 = 26$

2. a) $51 + x < 93$ $\quad G = V_9$
$\mathbf{L = \{9, 18, 27, 36\}}$

b) $[(133 + 418) - 159] - x = 314$ $\quad G = \{3, 10, 17, 24, ...\}$
$[551 - 159] - x = 314$
$392 - x = 314$
$x = 392 - 314$
$x = 78$

Beim Einsetzen von 78 würde sich eine wahre Aussagen ergeben. Da 78 nicht in der Grundmenge G liegt, folgt: $\mathbf{L = \{\ \}}$.

c) $28 + x < 36 - x \qquad G = \mathbb{N}_0$
Einsetzen liefert wahre Aussagen für $x = 0, 1, 2, 3$.
$\Rightarrow$ **L = {0, 1, 2, 3}**

3. a) Die Zahl sei x.
$2 \cdot x \leq 998 : 2$

b) **$76 - (87 - 28) - (27 + 14) =$**

c) Der Term ist eine **Differenz**. Der **Minuend** ist die Summe der Zahlen 387 und 54. Der **Subtrahend** ist die Summe aus der Zahl 84 und der Differenz der Zahlen 219 und 72.

4. Die gesuchte Zahl sei x.

$$\mathbf{x - (239 + 448) = 149 - 29}$$
$$x - 687 = 120$$
$$x = 120 + 687$$
$$x = \mathbf{807}$$

Die gesuchte Zahl heißt **807**.

5. a) (1) A oder B ist die leere Menge.
(2) A besitzt ein Element und B besitzt drei Elemente oder umgekehrt.
(3) A hat ein, B zwölf oder A hat zwei und B sechs oder A hat drei und B hat vier Elemente oder jeweils umgekehrt.
Tabelle:

Elementezahl A	1	2	3	4	6	12
Elementezahl B	12	6	4	3	2	1

b) (1) Es gibt vier Aufstiege und jeweils drei Abstiege,
d. h. es gibt $4 \cdot 3 =$ **12** Möglichkeiten.
(2) Vier Aufstiege und vier Abstiege sind möglich,
d. h. es gibt $4 \cdot 4 =$ **16** Möglichkeiten.

Schulaufgabe 7

1. a) Distributivgesetz: $(a+b)\cdot c=a\cdot c+b\cdot c$; a, b, $c\in\mathbb{N}_0$
z. B. $\mathbf{(11+12)\cdot 7=11\cdot 7+12\cdot 7}=77+84=161$

b) Der Wert des Quotienten wird auf den **8. Teil verkleinert.**

2. a) $447:3-147:3=\mathbf{(447-147):3}=300:3=\mathbf{100}$

b) $(39-3\cdot 13):(129-32\cdot 4)=\mathbf{(39-39):(129-128)}=0:1=\mathbf{0}$

c) $(11^2-12\cdot 10):(12\cdot 13-3\cdot 52)=\mathbf{(121-120):(156-156)}=$
$1:0$ **nicht definiert!**

d) $254\cdot 99=\mathbf{254\cdot(100-1)}=254\cdot 100-254\cdot=25\,400-254=\mathbf{25\,146}$

3.
$$
\begin{aligned}
&(48-48:16)\cdot 4 + 6\cdot(17^2-13\cdot 13) + 265\cdot 0 - 1350:150\\
&= (48-3)\cdot 4 + 6\cdot(289-169) + 0 - 9\\
&= 45\cdot 4 + 6\cdot 120 - 9\\
&= 180 + 720 - 9\\
&= 900 - 9\\
&= \mathbf{891}
\end{aligned}
$$

4. a) $439-126:x=418 \qquad G=\mathbb{N}_0.$
Auf der linken Seite der Gleichung steht eine **Differenz**.
Zuerst Probe auf den Subtrahenden:
$126:x=439-418$
$126:x=21$
Probe auf den Divisor:
$x=126:21$
$x=\mathbf{6}\Rightarrow \mathbf{L=\{6\}}$

b) Die gesuchte Zahl heiße x.
$$
\begin{aligned}
\mathbf{x:[3\cdot(28+17)]} &= \mathbf{28-17}\\
x:[3\cdot 45] &= 11\\
x:135 &= 11\\
x &= 135\cdot 11\\
x &= \mathbf{1485}
\end{aligned}
$$
Die gesuchte Zahl ist **1 485**.

5. Otto vor Alf vor Ute vor Iris.

Schulaufgabe 8

1. a) $2 \nmid 319$, weil 319 ungerade
$3 \nmid 319$, weil QS(319) = 13 nicht durch 3 teilbar ist
$5 \nmid 319$, weil Endziffer ungleich 0 oder 5
$7 \nmid 319$, weil Division durch 7 nicht aufgeht
$11 \mid 319$, weil $319 = 11 \cdot 29$
$\Rightarrow$ 319 ist **keine Primzahl**.

b) $y : x = (2^2 \cdot 3^2 \cdot 5 \cdot 11^2) : (2 \cdot 3^2 \cdot 11) = 2 \cdot 5 \cdot 11 = \mathbf{110}$
Die Zahl x ist **110 mal** in y enthalten.

2. a) (1) Der Wert der Summe **wächst um** $17 + 23 = \mathbf{40}$.
(2) Der Wert der Differenz wird um $17 - 12 = $ **5 kleiner**.

b) $\mathbf{(312 + 78) - (312 - 78)} =$

3. a) Der Term ist eine **Differenz**. Der **Minuend** ist die Differenz aus der Zahl 839 und der Summe der Zahlen 613 und 98. Der **Subtrahend** ist die Differenz der Zahlen 4 015 und 3 988.

$$
\begin{aligned}
&[839 - (613 + 98)] - (4\,015 - 3\,988)\\
&= [839 - 711] - 27\\
&= 128 - 27\\
&= \mathbf{101}
\end{aligned}
$$

b) Rechenbaum:

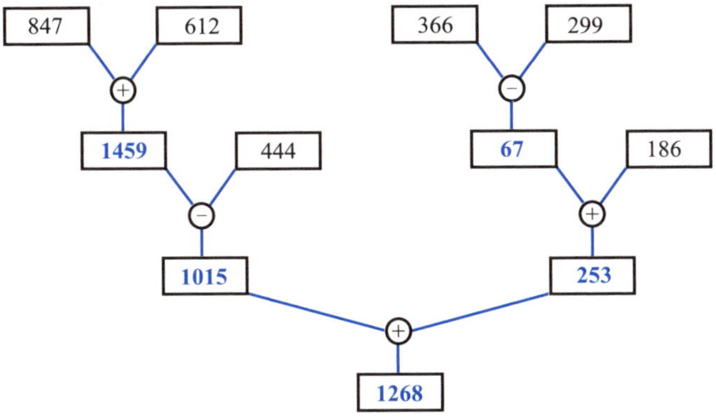

Termansatz und Berechnung:

$$
\begin{aligned}
&\mathbf{[(847+612)-444]} &+& \mathbf{[(366-299)+186]}\\
=\ &[1459-444] &+& [67+186]\\
=\ &1\,015 &+& 253\\
=\ &\mathbf{1\,268}
\end{aligned}
$$

4. a) $x+121=681-(535+214) \qquad G=\mathbb{Z}$

$x+121=681-749$

$x+121=-68$

$x=-68-121$

$x=\mathbf{-189} \Rightarrow \mathbf{L=\{-189\}}$

b) $5\,005-[3\,406-(4\,001-1\,004)]-x=4\,906+514 \qquad G=\mathbb{Z}$

$5\,005-[3\,406-2\,997]-x=5\,420$

$5\,005-409-x=5\,420$

$4\,596-x=5\,420$

$x=4\,596-5\,420$

$x=\mathbf{-824} \Rightarrow \mathbf{L=\{-824\}}$

5. x sei die Anzahl der Personen, die zu Beginn im Bus waren.

$x+24-13-10+4=32$

$x+5=32$

$x=\mathbf{27}$

Zu Beginn saßen **27 Personen** im Bus.

Schulaufgabe 9

1. a) $\mathbf{3\,|\,n}$, weil QS(3 760 932) = 30 durch 3 teilbar ist.

$\mathbf{4\,|\,n}$, weil 32 durch 4 teilbar ist.

$\mathbf{6\,|\,n}$, weil $3\,|\,n$ und $2\,|\,n$.

$\mathbf{9\nmid n}$, weil QS(n) = 30 nicht durch 9 teilbar ist.

$\mathbf{12\,|\,n}$, weil $3\,|\,n$ und $4\,|\,n$.

b) $3\,760\,932 : x = 36$

$x = 3\,760\,932 : 36$

Die Gleichung ist **nicht lösbar**, da die Zahl durch 4 und 9 teilbar sein müsste. Nach Teilaufgabe a gilt aber, dass 9 kein Teiler der Zahl ist.

2. a) $83 - (44 - 26) - (23 - 38) + (102 - 44) - 150$
$= 83 - 18 - (-15) + 58 - 150 = 83 - 18 + 15 + 58 - 150$
$= (83 + 15 + 58) - (18 + 150)$
$= 156 - 168 = \mathbf{-12}$

b) $-3 + x = -6$
$x = -6 - (-3)$
$x = -6 + 3$
$\mathbf{x = -3}$
Die Zahl heißt **–3**.

c) Welche Aussage ist wahr (w), welche falsch (f)?
(1) $\mathbb{N}_0 \subseteq \mathbb{Z}$ **(w)**
(2) $\mathbb{N}_0 = \mathbb{Z}$ **(f)**, weil in $\mathbb{Z}$ auch die negativen Zahlen enthalten sind.
(3) $\mathbb{N}_0 \cup \mathbb{Z}^- = \mathbb{Z}$ **(w)**
(4) $\mathbb{N} = \mathbb{Z}^+$ **(w)**

3. a) (1) **(w)**
(2) **(f)** Gegenbeispiel: $(-2) + (-6) = -8$
(3) **(f)** Gegenbeispiel: $(-8) - (-2) = -6$
(4) **(w)**

b) $-66 - x < -58$
$x > -66 + 58$
$\mathbf{x > -8} \quad \Rightarrow \quad \mathbf{L = \{-7, -6, -5, \dots\} = \{x \mid x > -8 \wedge x \in \mathbb{Z}\}}$

4. a) $(9\,724 - 2\,377) - (6\,108 - 4\,861)$
$= 7\,347 - 1\,247$
$= \mathbf{6\,100}$

b) **Subtrahiere** von der **Differenz** der Zahlen 9 724 und 2 377 die **Differenz** der Zahlen 6 108 und 4 861.

c) Der Term ist eine **Differenz**.

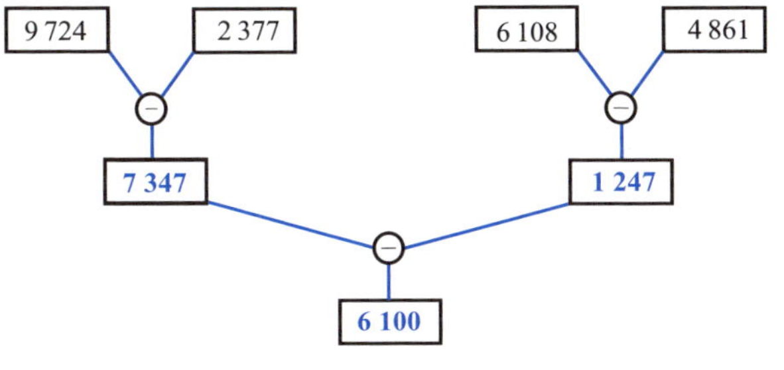

5. $\mathbf{1\,292 - [278 + 364 + (364 - 33)]}$
$= 1\,292 - [278 + 364 + 331]$
$= 1\,292 - 973$
$= \mathbf{319}$

Die Familie ist am vierten Tag **319 km** gefahren.

Schulaufgabe 10

1. a) $\mathbf{3 \mid n}$, weil QS(1263960) = 27 durch 3 teilbar ist.
$\mathbf{6 \mid n}$, weil $2 \mid n$ und $3 \mid n$
$\mathbf{8 \mid n}$, weil 960 durch 8 teilbar ist.
$\mathbf{9 \mid n}$, weil QS(n) = 27 durch 9 teilbar ist.
$\mathbf{18 \mid n}$, weil $2 \mid n$ und $9 \mid n$.

b) Die Gleichung ist **nicht lösbar**, da $9 \mid 162\,351$, aber $9 \nmid 252\,341$, d. h. 9 ist **kein Teiler der Summe der Zahlen** auf der rechten Seite der Gleichung.

2. a) $8 + 41 > x + 41 \qquad G = V_2$
Aus der Form der Ungleichung sieht man, dass $x < 8$ gelten muss.
$\Rightarrow \mathbf{L = \{2, 4, 6\}}$

b) $25 - x > 15 - x \qquad G = \mathbb{Z}$
Aus der Form der Gleichung sieht man, dass diese Ungleichung stets erfüllt, d. h. allgemeingültig ist,
$\Rightarrow \mathbf{L = G = \mathbb{Z}}$

c) $(100 + x) - x = 64 + 36 \qquad G = \mathbb{N}_0$
Man erkennt, dass diese Gleichung für jede Zahl aus der Grundmenge G erfüllt wird.
$\Rightarrow \mathbf{L = G = \mathbb{N}_0}$

d) $x - [6\,401 - (2\,817 - 1\,928) - 1\,314] = 5\,912 - 2\,689 \qquad G = \mathbb{N}$
$x - [6\,401 - 889 - 1\,314] = 3\,223$
$x - 4\,198 = 3\,223$
$x = 3\,223 + 4\,198$
$x = \mathbf{7\,421} \Rightarrow \mathbf{L = \{7\,421\}}$

3. a) $(191-627)+346=-436+346=-90$

b) $736-98=736-100+2=636+2=638$

c) $131-148-24+86-15=(131+86)-(148+24+15)=217-187=30$

d) Das triff nur für die Zahl **Null** zu.

e) Die Zahl kann **nicht negativ** sein, d. h. sie muss entweder null oder positiv sein.

4. a) **5a, 5b, 7a**: $32+35+33=100$

6a, 6b, 7b: $39+30+31=100$

b) Die Zahl x gebe die Anzahl der freien Plätze an.

$$\begin{aligned} x+123+98+347+108 &= 876 \\ x+676 &= 876 \\ x &= 876-676 \\ x &= 200 \end{aligned}$$

Es blieben **200 Plätze** frei.

5. x gebe den Betrag von Max an.

$$\begin{aligned} x+143+(143+58)+(143+143+58-60) &= 1\,000 \\ x+143+201+284 &= 1\,000 \\ x+628 &= 1\,000 \\ x &= 1\,000-628 \\ x &= 372 \end{aligned}$$

Max besitzt **372 €**.

Schulaufgabe 11

1. a) 502, 512, …, 592 $\Rightarrow$ Es gibt **zehn** solche Zahlen.

b) (1) $QS(3\,976)=3+9+7+6=25$

(2) größte dreistellige Zahl mit $QS=12$: **930**
kleinste dreistellige Zahl mit $QS=12$: **129**

2. a) Die Zahl kann **nicht positiv** sein, d. h. sie muss entweder null oder negativ sein.

b) $(-21)+(-66)=-(21+66)=\mathbf{-87}$
$(-21)+(+66)=+(66-21)=\mathbf{+45}$
$(+21)+(-66)=-(66-21)=\mathbf{-45}$

c) $a+x=b \Rightarrow \mathbf{x=b-a}$

3. a) Es sind alle Zahlen $z \in \mathbb{Z}$ von –1 bis 7 gesucht,
d. h. **–1, 0, 1, 2, 3, 4, 5, 6, 7**

b) Gesucht sind die beiden Zahlen $-4-5=\mathbf{-9}$ und $-4+5=\mathbf{1}$.

4. a) (1) $225 = 450:2$, weil $450:2=225$ gilt.
(2) $666\,066 > 660\,666$
(3) $91 < 38 \cdot 3$, weil $38 \cdot 3 = 114$ gilt.

b) Es gilt: $\mathbf{789<798<879<897<978<987}$

c) Es wird die Zahl verdoppelt, dann drei subtrahiert.
…, **8, 5, 10**, 7, 14, 11, 22, 19, 38, 35, **70, 67, 134**, …

5. a) $14>5>0>-9>-11>-12$

b) (1) $-7+3=\mathbf{-4}$
(2) $-1+4=\mathbf{+3}$
(3) $-11+9=\mathbf{-2}$
(4) $-9-1=\mathbf{-10}$

Schulaufgabe 12

1. a) Distributivgesetz für eine Differenz:
$\mathbf{(a-b)\cdot c=a\cdot c-b\cdot c}$; a, b, $c \in \mathbb{Z}$

b) Der Wert des Quotienten wird $2\cdot 2=$ **4-mal so groß**.

2. a) (1) $0:a=\mathbf{0}$
(2) $a:a=\mathbf{1}$
(3) $a:0$ **nicht definiert!**

b) $a \in \mathbb{N}$; $b \in \mathbb{N}_0$: $a \cdot b = 0$
Der Wert eines Produktes ist nur dann null, wenn wenigstens ein Faktor null ist. Da a nicht null werden kann ($a \in \mathbb{N}$!) **muss b = 0** gelten.

c) $3 \cdot x \cdot (6-x)=0$, wenn $x=0$ oder $x=6$ ist.
$\Rightarrow \mathbf{L=\{0; 6\}}$

3. a) (1) $[35-(35-35)]:[35:(35:35)]$
$= [35-0] : [35:1]$
$= 35 : 35$
$=$ **1**

(2) $(999+9):[99-9\cdot(99-90)]$
$= 1008 : [99-9\cdot 9]$
$= 1008 : [99-81]$
$= 1008 : 18$
$=$ **56**

b) $x\cdot 786 = 112\,481 + 23\,497$
$x\cdot 786 = 135\,978$
$x = 173$ Die Zahl heißt **173**.

4. a) $(-672)\cdot(-23) = 672\cdot 23 =$ **15 456**

$$\begin{array}{r} \underline{672\cdot 23} \\ 1344 \\ \underline{2016} \\ 15456 \end{array}$$

b) $(-2)^2 = +4 =$ **4**
$(-2)^3 =$ **– 8**
$-2^4 = -(2\cdot 2\cdot 2\cdot 2) =$ **–16**

c) (1) $(-12)\cdot(-8) = +96 > 0$ **(w)**
(2) $(-12)\cdot(+13) = -156 < -10$! **(f)**
(3) $(-12)^6 > 0$ **(w)**, weil $(-)\cdot(-)\cdot(-)\cdot(-)\cdot(-)\cdot(-) = +$
(4) $(-8)^4 < (-8)^6$ **(w)**, weil $8^4 < 8^6$

5. a)

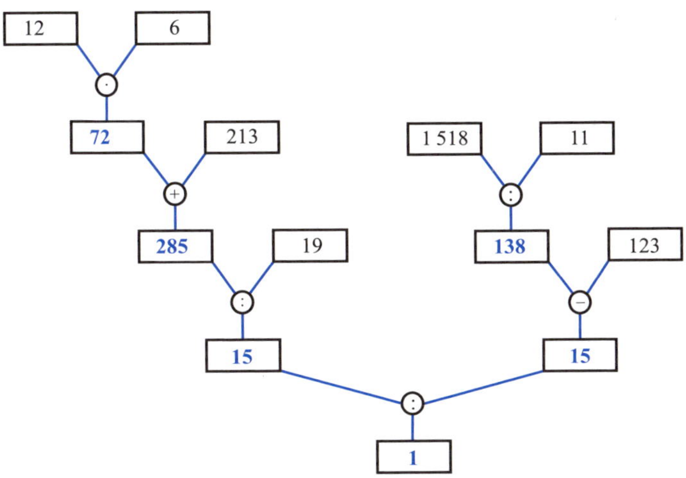

b) **$[(12 \cdot 6 + 213) : 19] : [1\,518 : 11 - 123]$**=
Der Term ist ein **Quotient**.

c) (1) $x^2 = 64 \Rightarrow x = \mathbf{8}$
(2) $x = 14^2 - 13^2 = 196 - 169 = \mathbf{27}$

Schulaufgabe 13

1. a) $84 > 7 \cdot x \geq 56$ $G = \mathbb{N}$
$L = \{8, 9, 10, 11\}$

b) $(11 \cdot x) \cdot 16 = 11 \cdot (16 \cdot 18)$ $G = \mathbb{N}$
Da für ein Produkt sowohl Kommutativgesetz als auch Assoziativgesetz gelten, liefert der Vergleich der beiden Seiten: $x = 18 \Rightarrow$ **$L = \{18\}$**

c) $45 \cdot x \cdot 138 \cdot 0 = 0$
Da das Produkt auf der linken Seite wegen des Faktors 0 stets den Wert 0 hat, kann man für x jede Zahl aus $\mathbb{N}$ einsetzen und erhält immer eine wahre Aussage $\Rightarrow$ **$L = G = \mathbb{N}$**
Die Gleichung ist allgemeingültig.

d) $21 \cdot (84 : x) = 84$
Da die Division durch 21 die Multiplikation mit 21 „neutralisiert“, gilt:
$x = 21 \Rightarrow$ **$L = \{21\}$**

2. a) Der Wert des Produktes wird $4 : 2 =$ **2-mal so groß**.

b) Der Wert des Quotienten wird $3 \cdot 2 =$ **6-mal so groß**.

3. a) $8 \cdot 12 - 4 \cdot (64 : 4 + 4)$
$= 96 - 4 \cdot (16 + 4)$
$= 96 - 4 \cdot 20 = 96 - 80$
$= \mathbf{16}$

b) $1407\,600 : 255 = \mathbf{5\,520}$

```
1275
‾‾‾‾
 1326
 1275
 ‾‾‾‾
   510
   510
   ‾‾‾
    00
     0
    ‾‾
     0
```

c) $(108\,€ - 36\,€) : 12$ Cent
$= 72\,€ : 12$ Cent
$= 7\,200$ Cent $: 12$ Cent
$=$ **600**

d) 3 t 90 kg $: 15 = 3\,090$ kg $: 15 =$ **206 kg**
$3\,090 : 15$ wird als Nebenrechnung ausgerechnet.

e) $211 - 165 : x = 5 \cdot 40$
$211 - 165 : x = 200$
Probe auf den Subtrahenden:
$165 : x = 211 - 200$
$165 : x = 11$
Probe auf den Divisor:
$x = 165 : 11$
$x = 15$

4. **$[2 \cdot (289 - 98 \cdot 2)] : (34 + 47) =$**

5. a) $4 \cdot (-7 + 15) + 2 \cdot (-9 - 13)$
$= 4 \cdot 8 + 2 \cdot (-22)$
$= 32 - 44$
$=$ **-12**

b) $(24 - 16) : (-2) = 8 : (-2) =$ **-4**
$(24 - 16) : (-2) = 24 : (-2) - 16 : (-2) = -12 + 8 =$ **-4**

c) **(f)** Gegenbeispiel: $(+2)^3 = +8$

Schulaufgabe 14

1. a) Wenn $7 : 0 = x$ gelten würde, dann müsste die Probe $x \cdot 0 = 7$ stimmen. Da aber $x \cdot 0 = 0$ gilt, gibt es **keine Lösung für einen Quotienten mit dem Divisor Null**. Durch null darf man nicht dividieren!

b) Die gesuchte Zahl soll x heißen.
$x : (73 - 36) = 11 \cdot 27$
$x : 37 = 297$
$x = 297 \cdot 37$
$x =$ **10 989**

Die gesuchte Zahl heißt **10 989**.
Das Produkt $297 \cdot 37$ wird in einer Nebenrechnung berechnet.

c) **Welche Zahl** muss man durch den **Quotienten** der Zahlen 84 832 und 352 dividieren, um die **Differenz** der Zahl 4 907 und 3 999 zu erhalten?

2. a) $(5^3 \cdot 2^3 - 3^3 \cdot 37) \cdot 9\,999 + 1$
$= (125 \cdot 8 - 27 \cdot 37) \cdot 9\,999 + 1$
$= (1\,000 - 999) \cdot 9\,999 + 1$
$= 1 \cdot 9\,999 + 1$
$= 9\,999 + 1 = \mathbf{10\,000}$

b) $[3\,618 - (248 \cdot 18 - 4\,288) : 22] : 19 - 190$
$= [3\,618 - (4\,464 - 4\,288) : 22] : 19 - 190$
$= [3\,618 - 176 : 22] : 19 - 190$
$= [3\,618 - 8] : 19 - 190$
$= 3\,610 : 19 - 190$
$= 190 - 190$
$= \mathbf{0}$

c) „Punktrechnung vor Strichrechnung" ist eine Vereinbarung, **um mathematische Ausdrücke einfacher schreiben** zu können.

3. a) $(49 - x^2) \cdot (x - 4) = 0$ $\quad G = \{4, 5, 6, 7\}$
Einsetzen liefert wahre Aussagen für $x = \mathbf{4}$ und $x = \mathbf{7} \Rightarrow \mathbf{L = \{4; 7\}}$

b) $2 \cdot x : x = 2$ $\quad G = \mathbb{N}$
Da sich die Multiplikation und die Division durch x gegenseitig „neutralisieren", bleibt die wahre Aussage $2 = 2$ übrig, d. h. für x kann jede Zahl aus der Grundmenge G eingesetzt werden.
$\Rightarrow \mathbf{L = G = \mathbb{N}}$. Die Gleichung ist allgemeingültig.

c) $81 : x^3 = 3$ $\quad G = \mathbb{N}$
Probe auf den Divisor: $x^3 = 81 : 3$
$x^3 = 27 \Rightarrow x = \mathbf{3} \Rightarrow \mathbf{L = \{3\}}$

4. $T(x) = (x^2 + 9) : x^2 + 9$
Der Term ist eine **Summe**. Der **1. Summand** ist ein Quotient, dessen Divident die Summe aus x^2 und 9 ist und dessen Divisor x^2 ist. Der **2. Summand** ist die Zahl 9.

$T(3) = (3^2 + 9) : 3^2 + 9 = (9 + 9) : 9 + 9$
$= 18 : 9 + 9 = 2 + 9 = \mathbf{11}$

5. a) (1) $503-(856-195)+(470-922+215)$
$=503-661-237$
$=503-898$
$=\mathbf{-395}$

(2) $(503-856)-(195+470)-(922+215)=-353-665-1\,137=\mathbf{-2\,155}$

b) $(38-(-21))-(-14+57)=(38+21)-(-14+57)=59-43=\mathbf{16}$

c) (1) $-3^4=\mathbf{-81}$

(2) $(-3)^4=+81=\mathbf{81}$

Schulaufgabe 15

1. a) $14-[23-(34-57)-(24-40)]$
$=14-[23-(-23)-(-16)]$
$=14-[23+23+16]=14-62$
$=\mathbf{-48}$

b) $[(-83-124)+(-35+78)]\cdot(-3)$
$=[-207+43]\cdot(-3)$
$=(-164)\cdot(-3)$
$=+492$
$=\mathbf{492}$

c) (1) $(3-5)^2=(-2)^2=+4=\mathbf{4}$

(2) $3^2-5^2=9-25=\mathbf{-16}$

2. a) $\mathbf{305+(614+81)}=305+695=\mathbf{1\,000}$

b) **Addiere** zur **Summe** der Zahlen 618 und 459 die **Differenz** der Zahlen 928 und 771.

$(618+459)+(928-771)$
$=1\,077+157$
$=\mathbf{1\,234}$

3. a) $(578+322)+x=1808$ $\quad G=\mathbb{N}_0$
$910+x=1808$
$x=1808-910$
$x=\mathbf{898}\Rightarrow \mathbf{L=\{898\}}$

b) $(293-78)-x=203$ $\quad G=\{1,3,5,7,...\}$

$$\begin{aligned} 215-x&=203\\ x&=215-203\\ x&=12 \end{aligned}$$

Da $12 \notin G$ gilt, folgt: $L=\{\ \}$

4. a) Die gesuchte Zahl sei x.

$$\begin{aligned} x-(18\,192+23\,432)&=12\,113\\ x-41\,624&=12\,113\\ x&=12\,113+41\,624\\ x&=53\,737 \end{aligned}$$

Die gesuchte Zahl heißt **53 737**.

b)

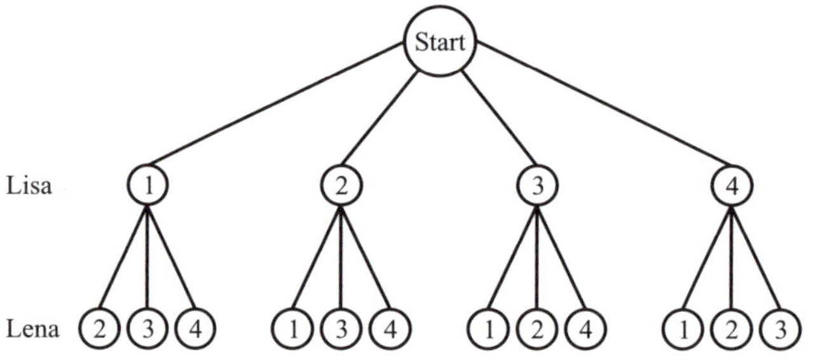

Es gibt $4 \cdot 3 = 12$ mögliche Sitzordnungen

5. Gesamtkosten – Verkaufspreis = Verlust

$(5\,025+90-15\cdot 333):15=(5\,115-4\,995):15=120:15=8$

Der Kaufmann erlitt einen Verlust von **8 €** pro Anorak.

Das Produkt $15 \cdot 333$ wird als Nebenrechnung berechnet.

Schulaufgabe 16

1. a) Mit „Rechnen in einer Zeile“ ist gemeint, dass keine Nebenrechnungen mit Untereinanderschreiben verwendet werden dürfen.

$[9\,008-(4\,328-619)]-(7\,938-4\,829)-833$
$=[9\,008-3\,709]-3\,109-833$
$=5\,299-3\,109-833$
$=2\,190-833$
$=\mathbf{1\,357}$

b) Der Wert der Differenz wird um $7+4=$ **11 größer**.

c) $(637-389)-x=89$ $\quad G=V_3$

$248-x=89$

Probe auf den Subtrahenden:

$x = 248 - 89 = 159$

Da $159 \in V_3 \Rightarrow$ **$L=\{159\}$**

2. a) $(-24):8-4-15:5-12\cdot(-7)=-3-4-3+84=$ **74**

b) $(31+(-41))\cdot(-30)-(48-64)\cdot 3=-10\cdot(-30)-(-16)\cdot 3=300+48=$ **348**

c) Mit -1, weil $(-1)\cdot a=$ **$-a$** ergibt.

3. a)

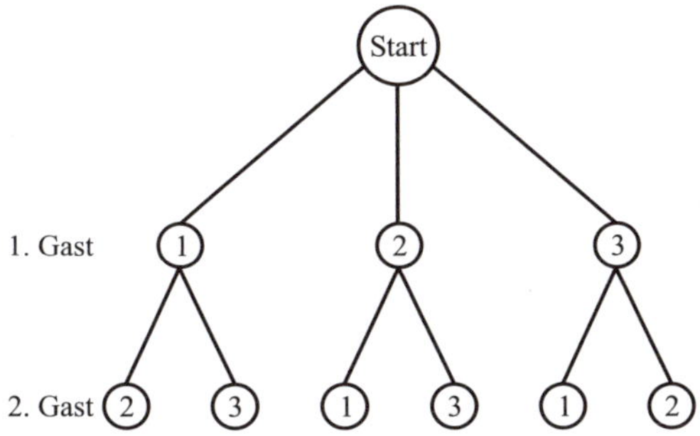

Es gibt $3\cdot 2=$ **6** Möglichkeiten der Belegung

b) Drei Elemente sind z. B. (x | 1 | +), (y | 5 | 0), (z | 1 | #).
$A\times B\times C$ besitzt $3\cdot 2\cdot 3=$ **18** Elemente.

c) **[(594 – 381) – 128] + [508 – (691 – 244)]**

= [213 – 128] + [508 – 447]

= 85 + 61

= **146**

oder

Berechnung im Baum:

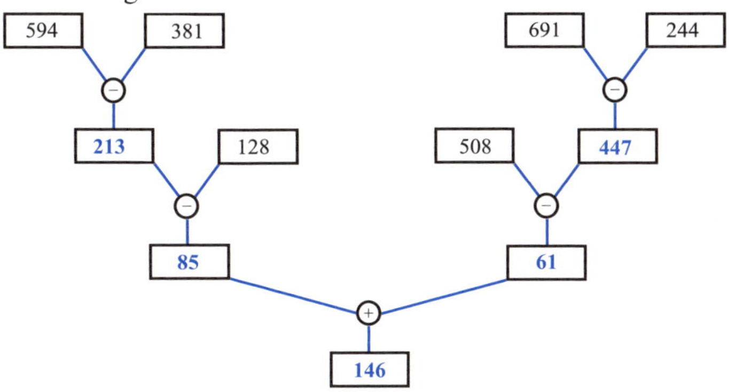

4. $[(14 \cdot 305 - 4\,966 : 13) : 54] : [(16^2 - 58 \cdot 4) : 3]$
$= [(4\,270 - 382) : 54] : [(256 - 232) : 3]$
$= [3\,888 : 54] : [24 : 3]$
$= 72 : 8 = \mathbf{9}$

Schwierige Produkte und Quotienten wurden in Nebenrechnungen bestimmt.

5. Zwischen x und y sind vier „Zwischenräume“, die insgesamt den Wert 48 haben, d. h. ein Zwischenraum hat den Wert 12. Daraus folgt:
Die Zahl x ist $100 - 12 = \mathbf{88}$ und die Zahl y ist $100 + 3 \cdot 12 = 100 + 36 = \mathbf{136}$.

Schulaufgabe 17

1. a) (1) 4 kg 40 mg = 4 000 000 mg + 40 mg = **4 000 040 mg**
(2) 2 Std 25 min = 145 min = 145 · 60 Sek = **8 700 Sek**
(3) 29 km 8 dm = 2 900 000 cm + 80 cm = **2 900 080 cm**

b) (1) 3 kg 60 g : 4 = 3 060 g : 4 = **765 g** — **Teilung**
(2) 10 Std 40 min : 1 Std 20 min = 640 min : 80 min = **8** — **Messung**
(3) (3,6 km + 400 m) : 500 m = 4 000 m : 500 m = **8** — **Messung**

2. a) $(x+7)^2 = 324 \qquad G = \mathbb{N}_0$
Da $18^2 = 324$ gilt, muss gelten:
$x + 7 = 18 \Rightarrow x = \mathbf{11} \Rightarrow \mathbf{L = \{11\}}$

b) $3^{x+1} = 81$
Da $3^4 = 81$ gilt, muss gelten:
$x + 1 = 4 \Rightarrow x = \mathbf{3} \Rightarrow \mathbf{L = \{3\}}$

c) $x^2 + 3 = 199$
$x^2 = 196$
$x = \mathbf{14}$, da $14^2 = 14 \cdot 14 = 196$ gilt.

3. $[(1\,000\,000 - 55\,666) : 207 + 2\,104] : 66 - 4^3 + 99 \cdot 16$
$= [944\,334 : 207 + 2\,104] : 66 - 64 + 1\,584$
$= [4\,562 + 2\,104] : 66 - 64 + 1\,584$
$= 6\,666 : 66 - 64 + 1\,584 = 101 - 64 + 1\,584$
$= 37 + 1\,584$
$= \mathbf{1\,621}$

Die Quotienten wurden in Nebenrechnungen bestimmt.

4. a) $(13\,340\ € + 14\,600\ € + 15\,020\ € + 9\,560\ € + 13\,480\ €) : 5$
$= 66\,000\ € : 5$
$= \mathbf{13\,200\ €}$
Die durchschnittliche tägliche Einnahme betrug **13 200 €**.

b) $1\,750\ m : 7\ cm = 175\,000\ cm : 7\ cm = \mathbf{25\,000}$
Der Maßstab ist **1 : 25 000**.

5. x sei der Geldbetrag, den Sascha von seiner Patentante geschenkt bekommt.

$$794 + 150 + 100 - 48 + x = 1\,299$$
$$1\,044 - 48 + x = 1\,299$$
$$996 + x = 1\,299$$
$$x = 1\,299 - 996$$
$$x = \mathbf{303}$$

Die Patentante muss ihm **303 €** schenken.

Schulaufgabe 18

1. a) (1) $\mathbf{a \cdot (b - c) = a \cdot b - a \cdot c}$
(2) $\mathbf{(a - b) : c = a : c - b : c}$

b)

	9	1	0	0	**0**
−		**9**	8	4	1
−	5	3	6	**9**	4
−	**1**	8	4	8	0
		8	**9**	8	5

5 + 4 + 1 = (10)
9 + 8 + (9) + 4 = 30
(9) + 7 + 6 + 8 = 30
11 + 8 + 3 + (9) = 30
(1) + 8 = 9

c) Die Summe muss jeweils 42 ergeben, da $18 + 12 + 9 + 3 = 42$ gilt.

18	**5**	**4**	15
7	12	**13**	10
11	**8**	9	**14**
6	17	16	3

d) Der Wert des Quotienten bleibt **unverändert**.

2. a) $\mathbf{(681+462)-(912-633)} = 1\,143 - 279 = \mathbf{864}$

b) $6\,006 \cdot 16 - 8\,800 \cdot 12 - 4\,444 : 11 - 92$
$= 96\,096 - 105\,600 - 404 - 92$
$= 96\,096 - (105\,600 + 404 + 92)$
$= 96\,096 - 106\,096$
$= \mathbf{-10\,000}$
Alle Produkte wurden in Nebenrechnungen bestimmt.

3. a) (1) $(788 + 325) + x < x + (4\,319 - 3\,205);\ G = \mathbb{Z}$
$1\,113 + x < x + 1\,114$
Aus der Form der Ungleichung erkennt man, dass sich bei jeder Einsetzung für x eine wahre Aussage ergibt.
$\Rightarrow \mathbf{L = G = \mathbb{Z}}$

(2) $(888 - x) + x = (1\,644 - 243) - 514;\ G = \mathbb{Z}$
$(888 - x) + x = 1\,401 - 514$
$(888 - x) + x = 887$
Aus der Gleichung erkennt man, dass es keine Zahl aus G gibt, die beim Einsetzen eine wahre Aussage liefert.
$\Rightarrow \mathbf{L = \{\ \}}$

b) Die gesuchte Zahl sei x.
$\mathbf{(65\,417 - 23\,918) - x = 74\,309 - 23\,560}$
$41\,499 - x = 50\,749$
$x = 41\,499 - 50\,749$
$x = \mathbf{-9\,250}$

Die Zahl heißt **–9 250**.

4. a) $24\,323 - [(8\,041 + 9\,030 + 2\,041) - (48\,716 - 43\,927)]$
$= 24\,323 - [19\,112 - 4\,789]$
$= 24\,323 - 14\,323$
$= \mathbf{10\,000}$

b) Für die Goldmedaille stehen 8 Läufer zur Verfügung, für die Silbermedaille noch 7 und für die Bronzemedaille noch 6. Es gibt also $8 \cdot 7 \cdot 6 = \mathbf{336}$ verschiedene Möglichkeiten der Verteilung.

5. $[(-39) + (-35) + (-19) + (-3) + (+2) + (+12) + (+15) + (+10) + (+2) + (-4)$
$+ (-26) + (-35)] : 12 =$
$= [-39 -35 -19 -3 +2 +12 +15 +10 +2 -4 -26 -35] : 12$
$= (-120) : 12$
$= \mathbf{-10}$
Die mittlere Jahrestemperatur in Kalt beträgt **–10 °C**.

Schulaufgabe 19

1. a) $\mathbf{(a-b):c=a:c-b:c}$; a, b, $c \in \mathbb{Z} \wedge c \neq 0$

b) $91:13-52:13=\mathbf{(91-52):13}=39:13=\mathbf{3}$

c) $387:x=9$
Probe auf den Divisor:
$x=387:9=\mathbf{43}$
Man erhält den Divisor eines Quotienten, wenn man den Dividenden durch den Wert des Quotienten dividiert.

2. a)
$$\begin{aligned}&(37\cdot 21+53\cdot 42) : (98\cdot 33-7\cdot 319)\\ =\ &(777+2\,226) : (3\,234-2\,233)\\ =\ &3\,003 : 1\,001\\ =\ &\mathbf{3}\end{aligned}$$
Alle Produkte werden mit Nebenrechnungen bestimmt!

b) **Subtrahiere** vom **Quotienten** der Zahlen 34 428 und 38 die **Differenz** der Zahlen 1 103 und 197.
$$\begin{aligned}&34\,428:38 - (1\,103-197)\\ =\ &906 - 906\\ =\ &\mathbf{0}\end{aligned}$$
Der Quotient 34 428 : 38 wird in einer Nebenrechnung bestimmt.

3.
$$\begin{aligned}\text{Einkaufspreis} + \text{Kosten} + \text{Gewinn} &= \text{Verkaufspreis}\\ \mathbf{15\cdot 5 + 20 + 25} &= \mathbf{(15\cdot 3-5)\cdot x}\\ 75 + 20 + 25 &= (45-5)\cdot x\\ 120 &= 40\cdot x\\ x &= 120:40\\ x &= \mathbf{3}\end{aligned}$$
Er müsste 1 kg Äpfel für **3 €** verkaufen.

4. a) $1^3+2^3+3^3=6^2$
$\mathbf{1+8+27=36}$ wahre Aussage

b) $4^3=4\cdot 4\cdot 4=64$
$3^4=3\cdot 3\cdot 3\cdot 3=81$ $\Rightarrow \mathbf{4^3 \neq 3^4}$
Für Potenzen gilt das Kommutativgesetz **nicht**.

c) $a^2 + b^2 = c^2$
z. B. a = 3, b = 4, c = 5, weil
$3^2 + 4^2 = 5^2$
$9 + 16 = 25$
oder
z. B. a = 5, b = 12, c = 13, weil
$5^2 + 12^2 = 13^2$
$25 + 144 = 169$
usw.

5. 434 m – 500 m = **–66 m**
Der Schneesee liegt auf der Höhe **–66 m** bezogen auf die Berghütte.

Schulaufgabe 20

1. a) $605 \cdot 231 - (123 + 77) \cdot (1\,536 - 985)$
$= 605 \cdot 231 - 200 \cdot 551$
$= 139\,755 - 110\,200$
$=$ **29 555**

Die Produkte werden in Nebenrechnungen bestimmt.

b) 218862 : 567 = **386**
```
218862 : 567 = 386
1701
----
 4876
 4536
 ----
  3402
  3402
  ----
     0
```

c) „Punkt vor Strich" ist eine Vereinbarung, um Rechnungen einfacher schreiben zu können, d. h. um **Klammern zu sparen**.
Man müsste z. B. schreiben: $244 - 88 \cdot 2 = 244 - (88 \cdot 2)$

2. a) $(5^2 - 4^2 - 3^2) : 16^2$
$= (25 - 16 - 9) : 256$
$= 0 : 256$
$=$ **0**

b) $(85 \cdot 69) : (34 + 35)$
$= (85 \cdot 69) : 69$
$=$ **85**, da sich die Multiplikation mit 69 und die Division durch 69 gegenseitig „neutralisieren".

c) $(14 \cdot 15) : (170 - 13^2)$
$= 210 : (170 - 169)$
$= 210 : 1$
$=$ **210**

3. a) Es fehlen noch $600\,h\ell = 60\,000\,\ell$
$60\,000 : 500 = 120$
Das Auffüllen dauert noch $120\text{ min} = 2$ Std, d. h. das vollständige Auffüllen des Beckens dauert insgesamt **2 Std**.

b) In einer Stunde fließen $60 \cdot 500\,\ell = 30\,000\,\ell = 300\,h\ell$ zu, d. h. im Becken sind dann $600\,h\ell + 300\,h\ell =$ **900** $h\ell$.

4. a) $\mathbf{(a + b) - c \cdot (d - a)}$

b) (1) $x : 36 = 45 \qquad G = \mathbb{N}_0$
$x = 45 \cdot 36$
$x = 1\,620 \Rightarrow$ $\mathbf{L = \{1\,620\}}$
Der Wert Produktes $45 \cdot 36$ wird in einer Nebenrechnung bestimmt.

(2) $(733 - 291) + x < 81 + 387 \qquad G = \{2, 4, 6, \ldots\}$
$442 + x < 468$
$\Rightarrow$ $\mathbf{L = \{2, 4, 6, \ldots, 24\}}$

5. Da die Erhöhung insgesamt 80 Cent ausmacht, entspricht dieser Betrag dem Preis für ein Tuch aus dem Fünferpack.
Jetzt kostet ein Tuch 80 Cent + 20 Cent = **1 €**.

Schulaufgabe 21

1. a) $\{[12\cdot 200-(8\cdot 13+14^2)]:7-12^2\}:12$
$=\{[2\,400-(104+196)]:7-144\}:12$
$=\{[2\,400-300]:7-144\}:12$
$=\{2\,100:7-144\}:12$
$=\{300-144\}:12$
$=156:12$
$=\mathbf{13}$

b) **15 · 120 Cent + x · 150 Cent = 3 000 Cent**
$1800\text{ Cent}+x\cdot 150\text{ Cent}=3\,000\text{ Cent}$
$x\cdot 150\text{ Cent}=3\,000\text{ Cent}-1\,800\text{ Cent}$
$x\cdot 150\text{ Cent}=1\,200\text{ Cent}$
$x=1\,200\text{ Cent}:150\text{ Cent}$
$x=\mathbf{8}$

8 Schüler haben ein Eis zu 1,50 € bestellt.

2. a) (1) 105 547 : 23 = **4589**
92
135
115
204
184
207
207
0

(2) 37 Std 24 min = 37 · 60 min + 24 min =
= 2220 min + 24 min = 2244 min

2 244 Min : 12 = **187 Min**
12
104
96
84
84
0

b) 345 km = 345 000 m = 34 500 000 cm
34 500 000 : 23 = **1 500 000**
Der Maßstab der Karte ist **1 : 1 500 000**

3. a) $[(65^2 - 15^2) : 40 - 25] \cdot (165 - 135 : 3)$
$= [(4\,225 - 225) : 40 - 25] \cdot (165 - 45)$
$= [4\,000 : 40 - 25] \cdot 120$
$= [100 - 25] \cdot 120$
$= 75 \cdot 120 = \mathbf{9\,000}$

b) $x : (4\,496 : 281) = 4\,019 - 3\,994$
$x : 16 = 25$
$x = 25 \cdot 16$
$x = \mathbf{400}$

Der Wert des Quotienten $4\,496 : 281$ wurde in einer Nebenrechnung bestimmt.

4. $T(x) = (x - 5) \cdot (18 - 2 \cdot x) \qquad G = \mathbb{N}_0$

a) Der Term ist ein **Produkt**. Der **1. Faktor** ist die Differenz aus x und 5. Der **2. Faktor** ist die Differenz aus der Zahl 18 und dem Produkt aus 2 und x.

b) In der Definitionsmenge D eines Terms stehen **diejenigen Elemente** aus der Grundmenge G, die **beim Einsetzen** in den Term **einen definierten Ausdruck** liefern.

Im Beispiel gilt:
In den ersten Faktor $(x - 5)$ darf man alle Zahlen $x \geq 5$ einsetzen.
In den zweiten Faktor $(18 - 2 \cdot x)$ darf man alle Zahlen $x \leq 9$ einsetzen.
$\Rightarrow \mathbf{D = \{5, 6, 7, 8, 9\}}$

c) $T(6) = (6 - 5) \cdot (18 - 2 \cdot 6) = 1 \cdot 6 = \mathbf{6}$
$T(8) = (8 - 5) \cdot (18 - 2 \cdot 8) = 3 \cdot 2 = \mathbf{6}$

d) Einsetzen liefert: $\mathbf{L = \{5, 9\}}$

5. $(452 + 38 - 210) : 35 = 280 : 35 = \mathbf{8}$
Nadine muss noch **8 Monate** zahlen.

Schulaufgabe 22

1. a) $0:(6\,510:30)=\mathbf{0}$, da der Dividend den Wert null hat.

b) $1\,410:(13^2-12^2-5^2)=1\,410:(169-144-25)=1\,410:0$ **nicht definiert!** Die Division durch null ist nicht erlaubt!

c) 8 Std 33 min : 3 = 513 min : 3 = **171 min**

d) 12 m 50 cm : 2 m 50 cm = 1 250 cm : 250 cm = **5**

2. a) $2\cdot136\cdot25\cdot2=(2\cdot2\cdot25)\cdot136=100\cdot136=\mathbf{13\,600}$

b) $125\cdot37\cdot8=(125\cdot8)\cdot37=1\,000\cdot37=\mathbf{37\,000}$

c) $79\cdot14+21\cdot14=(79+21)\cdot14=100\cdot14=\mathbf{1\,400}$

3. a) $840:70+[12^2:3+(20-5)\cdot18-8\cdot15]:9+21^2$
$=12+[144:3+15\cdot18-120]:9+441$
$=12+[48+270-120]:9+441$
$=12+198:9+441$
$=12+22+441$
$=\mathbf{475}$

b) Der Term ist eine **Differenz**. Der **Minuend** ist die Zahl 74. Der **Subtrahend** ist der Quotient mit der Summe des Produktes der Zahlen 16 und 2 und der Zahl 3 als Dividend und der Zahl 7 als Divisor.

c) $6\,300:x=450$ $\qquad G=\mathbb{N}$
$x=6\,300:450$
$x=\mathbf{14}$

d) Die Zahl heiße x.
$\mathbf{x:36=18}$
$x=18\cdot36$
$x=\mathbf{648}$
Die gesuchte Zahl heißt **648**.

4. a) $\mathbf{(4\,500-160\cdot20-300):20}$
$=(4\,500-3\,200-300):20$
$=1\,000:20$
$=\mathbf{50}$
Der Verkauf eines Skianzugs brachte einen Gewinn von **50 €**.

b) Man vergleicht den Preis am Wohnort mit den Gesamtkosten beim Kauf im Großmarkt.
1 320 € – (1 230 € + 25 € + 70 · 65 Cent)
= 1 320 € – (1 230 € + 25 € + 45,50 €)
= 1 320 € – 1 300,50 € = **19,50 €**
Man spart im Großmarkt **19,50 €**.

5. a) (1) 8 cm 5 mm · 250 000
= 85 mm · 250 000
= 21 250 000 mm
= 21 250 m
= **21 km 250 m**.
Die wirkliche Entfernung beträgt **21 km 250 m**.

(2) 75 km : 250 000 = 7 500 000 cm : 250 000 = **30 cm**
Die Entfernung auf der Karte beträgt **30 cm**.

b) 30 km : 4 cm = 3 000 000 cm : 4 cm = **750 000**
Der Maßstab der Karte müsste **1 : 750 000** sein.

Schulaufgabe 23

1. a) (1) 12 Std 35 min : 5 = 755 min : 5 = **151 min**

(2) 4 m 5 mm : 4 cm 5 mm = 4 005 mm : 45 mm = **89**

(3) 749925 : 135 = **5555**

$$\begin{array}{l} \underline{675} \\ \ \ 749 \\ \ \ \underline{675} \\ \ \ \ \ 742 \\ \ \ \ \ \underline{675} \\ \ \ \ \ \ \ 675 \\ \ \ \ \ \ \ \underline{675} \\ \ \ \ \ \ \ \ \ 0 \end{array}$$

(4) $(2^7 - 7^2) - (3^4 - 4^3) =$
$= (128 - 49) - (81 - 64) = 79 - 17 = \mathbf{62}$

b) 165 km : 11 cm = 16 500 000 cm : 11 cm = **1 500 000**
Der Maßstab beträgt **1 : 1 500 000**.

2. $T(x) = (7 - x) \cdot (3^3 - x^3)$ $\qquad G = \mathbb{N}_0$

a) Der Term ist ein **Produkt**. Der **1. Faktor** ist die Differenz aus 7 und x.
Der **2. Faktor** ist die Differenz aus 3^3 und x^3.

b) In den Faktor $(7 - x)$ können alle Zahlen $x \le 7$ eingesetzt werden.
In den Faktor $(3^3 - x^3)$ können alle Zahlen $x \le 3$ eingesetzt werden.
$\Rightarrow$ **D = {0, 1, 2, 3}**

c) Durch Einsetzen aus D erhält man: **L = {3}**

3. a) $42\ \text{cm} \cdot 150\,000 = 6\,300\,000\ \text{cm} = \mathbf{63\ km}$

Die Strecke ist in Wirklichkeit **63 km** lang.

b) $4\,500\,000\ \text{cm} : 150\,000 = \mathbf{30\ cm}$

Die Strecke beträgt auf der Karte höchstens **30 cm**.

c) $126\ \text{mm} : 63\,000\,000\ \text{mm} = \mathbf{1 : 500\,000}$

Die Karte ist im Maßstab **1 : 500 000** angefertigt.

4. $11\ \text{cm} \cdot 10\,000 = 110\,000\ \text{cm} = 1\,100\ \text{m};\ 2\,080\ \text{m} - 1\,100\ \text{m} = \mathbf{980\ m}$
Der Zwischensee liegt in Bezug auf den Hochberg auf **–1 100 m**, in Bezug auf den Meeresspiegel **980 m** ü. M.

5. $(2\,216 - 70 - 1\,570) : 12 = 576 : 12 = \mathbf{48}$
Familie Fröhlich muss monatlich **48 €** zahlen.

Schulaufgabe 24

1. a) $(2^6 - 6^2) - (3^4 - 4^3) = (64 - 36) - (81 - 64) = 28 - 17 = \mathbf{11}$

b) $[52\,909 - (249 \cdot 17 + 13\,763) : 44] : 28 + 5 \cdot 25$
$= [52\,909 - (4\,233 + 13\,763) : 44] : 28 + 125$
$= [52\,909 - 17\,996 : 44] : 28 + 125$
$= [52\,909 - 409] : 28 + 125$
$= 52\,500 : 28 + 125$
$= 1\,875 + 125$
$= \mathbf{2\,000}$

Die Werte der Produkte und Quotienten wurden in Nebenrechnungen bestimmt.

c) $3\ \text{Std}\ 30\ \text{min} : 7$
$= (3 \cdot 60\ \text{min} + 30\ \text{min}) : 7$
$= 210\ \text{min} : 7$
$= \mathbf{30\ min}$

2. a) (1) $37\,044 : x = 42 \qquad G = \mathbb{N}$

$x = 37\,044 : 42$

$x = \mathbf{882} \qquad \Rightarrow \mathbf{L = \{882\}}$

(2) $(3\,310 - 2\,986) : x = 20\,736 : 384$

$324 : x = 54$

$x = 324 : 54$

$x = \mathbf{6}$

Die gesuchte Zahl lautet **6**.

b) Die Zahl sei x.

$23 \cdot 74 \cdot 2 - x = (1\,817 - 1\,009) : 2$

$3\,404 - x = 404$

$x = 3\,404 - 404$

$x = \mathbf{3\,000}$

Die gesuchte Zahl heißt **3 000**.

3. –304 € + 144 € = **–160 €**

Die Preisänderung von Winterkatalog zu Winterkatalog beträgt **–160 €**, d. h. der Pelzmantel ist um 160 € billiger geworden.

4. a) $60 \cdot 12$ € + $125 \cdot 8$ € = 720 € + 1 000 € = **1 720 €**

Die Gesamteinnahme beträgt **1 720 €**.

b) x sei der Betrag, den die 3. Person erhält.

$\mathbf{348 : 3 + 348 : 2 + x = 348}$

$116 + 174 + x = 348$

$290 + x = 348$

$x = 348 - 290$

$x = \mathbf{58}$

Die 1. Person erhält **116 €**, die 2. Person erhält **174 €** und die 3. Person erhält **58 €**.

5. $\mathbf{(19\,500 - 3\,770 - 7\,000) : 18}$

$= 8\,730 : 18 = \mathbf{485}$

Frau Raser muss monatlich **485 €** zahlen.

Schulaufgabe 25

1. a) $2{,}87\text{ m} + \frac{1}{2}\text{ m} + 1\text{ m } 5\text{ cm}$
$= 287\text{ cm} + 50\text{ cm} + 105\text{ cm}$
$= 442\text{ cm} = \mathbf{4\text{ m } 42\text{ cm}}$

b) $14\text{ km}^2\ 42\text{ ha} : 7 + 13\text{ ha } 9\text{ a} \cdot 8$
$= 1\,442\text{ ha} : 7 \quad + 1\,309\text{ a} \cdot 8$
$= 206\text{ ha} \quad + 10\,472\text{ a}$
$= 206\text{ ha} \quad + 104\text{ ha } 72\text{ a}$
$= \mathbf{310\text{ ha } 72\text{ a}}$

c) $18\text{ ha } 60\text{ m}^2 : 15\text{ m}^2$
$= 180\,060\text{ m}^2 : 15\text{ m}^2$
$= \mathbf{12\,004}$

2. $A = s^2 = 19\,600\text{ m}^2 \Rightarrow s = 140\text{ m}$
$u = 4 \cdot s = 4 \cdot 140\text{ m} = \mathbf{560\text{ m}}$
Der Umfang beträgt **560 m**.

3. a)

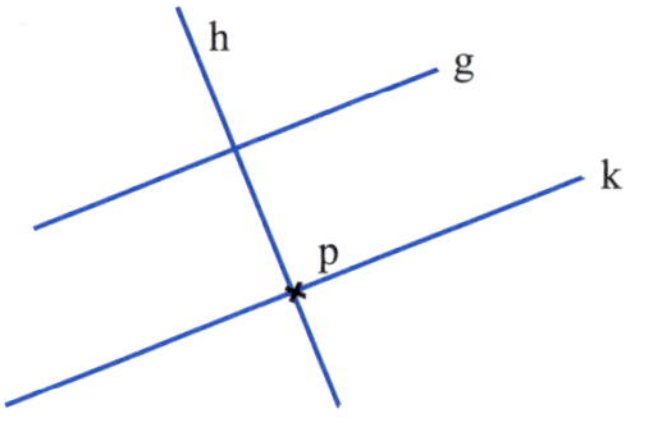

Die Gerade h ist die **Symmetrieachse** des gesamten Gebildes.

b) (1) $u_R = 2 \cdot (a + b)$ und $a = 2b$
$2 \cdot (2b + b) = 24\text{ m}$
$2 \cdot 3b = 24\text{ m}$
$6b = 24\text{ m}$
$b = \mathbf{4\text{ m}} \Rightarrow a = \mathbf{8\text{ m}}$

Die Seitenlängen betragen **4 m** und **8 m**.

(2) Längs der 8 m langen Seite benötigt man 4 Quadrate. Es passen zwei solche Streifen nebeneinander, d. h. man benötigt $4 \cdot 2 =$ **8 Quadrate**.

4. a)

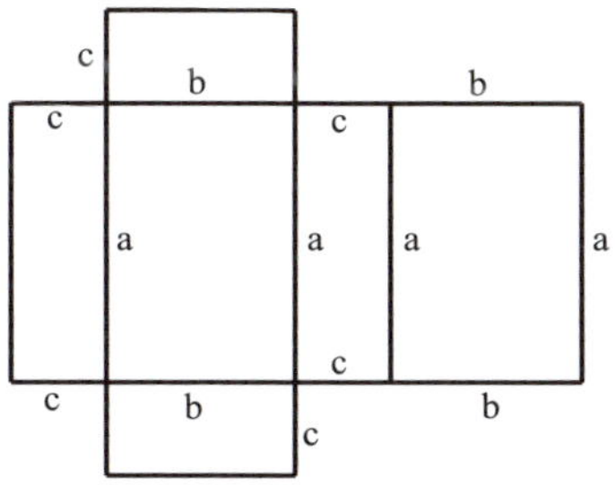

b) $O_Q = 2 \cdot a \cdot b + 2 \cdot a \cdot c + 2 \cdot b \cdot c$
$= 48\ dm^2 + 24\ dm^2 + 16\ dm^2$
$= \mathbf{88\ dm^2}$
Die Oberfläche beträgt **88 dm²**.

c) $\ell = 2 \cdot a + 2 \cdot b + 4 \cdot c + 12\ cm$
$= 12\ dm + 8\ dm + 8\ dm + 12\ cm$
$= 28\ dm + 12\ cm$
$= 292\ cm$
$= \mathbf{2\ m\ 92\ cm}$
Man benötigt **2 m 92 cm Schnur**.

5. a) Man muss folgende Flächen belegen:
$(15\ m + 2\ m + 2\ m) \cdot 2\ m$ zweimal und $9\ m \cdot 2\ m$ zweimal.
$A = 2 \cdot 19 \cdot 2\ m^2 + 2 \cdot 9 \cdot 2\ m^2$
$= 76\ m^2 + 36\ m^2$
$= \mathbf{112\ m^2}$
oder: Die Wegfläche ergibt sich auch als Differenz zweier Rechtecke.
$A = 19 \cdot 13\ m^2 - 15 \cdot 9\ m^2$
$= 247\ m^2 - 135\ m^2$
$= \mathbf{112\ m^2}$

b) Längsstreifen: $(19 \cdot 5) \cdot (2 \cdot 5) = 95 \cdot 10 = 950$ Platten, da auf 19 m $19 \cdot 5 = 95$ Platten passen und $2 \cdot 5 = 10$ Streifen nebeneinander.
Querstreifen: $(9 \cdot 5) \cdot (2 \cdot 5) = 45 \cdot 10 = 450$ Platten.
Man benötigt $2 \cdot 950 + 2 \cdot 450 = 1\,900 + 900 =$ **2 800 Platten**.

c) $112 \cdot (24 + 65) = 112 \cdot 89 =$ **9 968**
Die Gesamtkosten betragen **9 968 €**.

Schulaufgabe 26

1. a) $3\ km^2\ 5\ a = 3\,000\,000\ m^2 + 500\ m^2 = \mathbf{3\,000\,500\ m^2}$

b) (1) $(4\ m^2 - 3\ m^2\ 8\ dm^2) : 4$
$= (400\ dm^2 - 308\ dm^2) : 4$
$= 92\ dm^2 : 4$
$= \mathbf{23\ m^2}$

(2) $390\ a : 13\ m^2 = 39\,000\ m^2 : 13\ m^2 = \mathbf{3\,000}$

2. a)

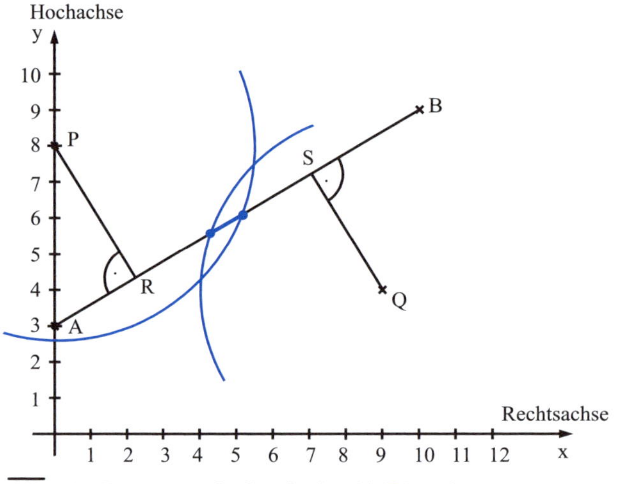

$\overline{AB} \approx 11{,}7$ cm ⇒ Die Straße ist **11,7 km** lang.
$\overline{PR} \approx 4{,}3$ cm ⇒ Abstand des Bauernhofes **P** von der Straße: **4,3 km**
$\overline{QS} \approx 3{,}8$ cm ⇒ Abstand des Bauernhofes **Q** von der Straße: **3,8 km**

b) Man konstruiert den Kreis um P mit Radius 5,5 cm und den Kreis Q mit dem Radius 5 cm. Alle Punkte auf der Strecke [AB], die **auf oder innerhalb beider Kreise** liegen, kommen als Haltestellen in Frage.

3. **61 ha 24 a + (61 ha 24 a – 17 ha 89 a) + (61 ha 24 a – 17 ha 89 a + 3 ha 56 a)**
= 6 124 a + 4 335 a + 4 691 a
= 15 150 a
= **151 ha 50 a**
Der gesamte Grundbesitz beträgt **151 ha 50 a**.

4. $u_R = 2 \cdot \ell + 2 \cdot b = 44\ m + 28\ m = 72\ m$
$u_Q = 4 \cdot s = 72\ m \Rightarrow s = \mathbf{18\ m}$

5. a)

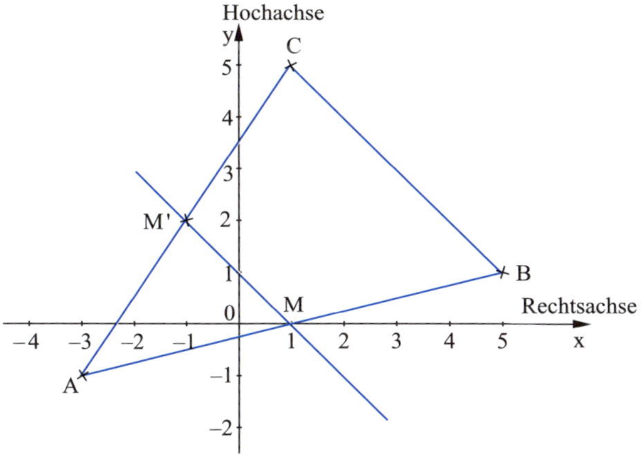

Die Abbildung ist verkleinert!

Länge der Seite [AB] ≈ **8,2 cm**
Länge der Seite [AC] ≈ **7,2 cm**
Länge der Seite [BC] ≈ **5,7 cm**

Innenwinkel bei
A: $\alpha \approx$ **42°**
B: $\beta \approx$ **59°**
C: $\gamma \approx$ **79°**

b) M' hat die Koordinaten **M'(–1 | 2)** und ist der **Mittelpunkt** der Seite [AC].

Schulaufgabe 27

1. a) Unter allen Rechtecken mit gleichem Flächeninhalt hat das **Quadrat** den kleinsten Umfang:

$36 = 1 \cdot 36 \Rightarrow u = 74$ cm $36 = 3 \cdot 12 \Rightarrow u = 30$ cm
$36 = 2 \cdot 18 \Rightarrow u = 40$ cm $36 = 4 \cdot 9 \Rightarrow u = 26$ cm
$36 = 6 \cdot 6 \Rightarrow$ **u = 24 cm**

b) $u = 2 \cdot (\ell + b) = 72$ cm und $\ell = 2 \cdot b$
$\ell + b = 36$ cm
$3 \cdot b = 36$ cm $\Rightarrow b = 12$ cm; $\ell = 24$ cm

$A = \ell \cdot b = 12 \cdot 24\ \text{cm}^2 = \mathbf{288\ cm^2}$

c) $u = 2\text{ cm} + 6\text{ cm} + 7\text{ cm} + 4\text{ cm} + 3\text{ cm} + 4\text{ cm} + 2\text{ cm} + 6\text{ cm} + 7\text{ cm} +$
$+ 4\text{ cm} + 3\text{ cm} + 4\text{ cm} = \mathbf{52\text{ cm}}$

Zur Flächenberechnung zerlegt man die Figur in Rechtecke.

$A = 2 \cdot 6\text{ cm}^2 + 3 \cdot 2\text{ cm}^2 + 2 \cdot 6\text{ cm}^2 + 3 \cdot 2\text{ cm}^2 + 2 \cdot 6\text{ cm}^2$
$= 12\text{ cm}^2 + 6\text{ cm}^2 + 12\text{ cm}^2 + 6\text{ cm}^2 + 12\text{ cm}^2$
$= \mathbf{48\text{ cm}^2}$

oder einfacher:

$6 \cdot 12\text{ cm}^2 - 2 \cdot 3 \cdot 4\text{ cm}^3$
$= 72\text{ cm}^2 - 24\text{ cm}^2$
$= \mathbf{48\text{cm}^2}$

2. a) $\mathbf{360 : 4 + 360 : 3 + x = 360}$

$$90 + 120 + x = 360$$
$$210 + x = 360$$
$$x = 360 - 210$$
$$x = \mathbf{150}$$

Es sind **90 Handbälle**, **120 Fußbälle** und **150 Gymnastikbälle** vorhanden.

b) Wenn 36 Bälle mehr verkauft wurden, dann wurden $180 + 18 = $ **198 Bälle** verkauft und $180 - 18 = $ **162 Bälle** blieben im Laden.

oder:

x Anzahl der im Laden bleibenden Bälle

$$x + x + 36 = 360$$
$$2 \cdot x = 360 - 36$$
$$2 \cdot x = 324$$
$$x = \mathbf{162}$$
$$x + 36 = \mathbf{198}$$

3. a) $12 \cdot s = 60\text{ cm} \Rightarrow s = \mathbf{5\text{ cm}}$ Kantenlänge
$O = 6 \cdot s^2 = 6 \cdot 25\text{ cm}^2 = \mathbf{150\text{ cm}^2}$
Die Gesamtfläche des Würfelnetzes ist die Oberfläche des Würfels.

b) $(185\text{ dm}^2\ 30\text{ mm}^2 - 8\text{ dm}^2\ 50\text{ cm}^2\ 30\text{ mm}^2)$
$- (850\text{ cm}^2\ 3\text{ mm}^2 - 85\,003\text{ mm}^2) =$
$= (1\,850\,030\text{ mm}^2 - 85\,030\text{ mm}^2) - (85\,003\text{ mm}^2 - 85\,003\text{ mm}^2)$
$= 1\,765\,000\text{ mm}^2 - 0\text{ mm}^2$
$= 1\,765\,000\text{ mm}^2$
$= \mathbf{176\text{ dm}^2\ 50\text{ cm}^2}$

4. Aus der Zerlegung eines Rechtecks ist bekannt, dass eine Dreiecksfläche halb so groß ist wie eine Rechteckfläche.

$$A = 4 \cdot 8\,\text{cm}^2 + 4 \cdot 3\,\text{cm}^2 : 2 - 4 \cdot 2\,\text{cm}^2 : 2$$
$$= 32\,\text{cm}^2 + 6\,\text{cm}^2 - 4\,\text{cm}^2$$
$$= \mathbf{34\,cm^2}$$

Der Flächeninhalt beträgt **34 cm²**.

5. a) $\mathbf{(300 \cdot 250\,cm^2 - 185 \cdot 150\,cm^2) : (15 \cdot 15\,cm^2)}$
$$= (75\,000\,\text{cm}^2 - 27\,750\,\text{cm}^2) : 225\,\text{cm}^2$$
$$= 47\,250\,\text{cm}^2 : 225\,\text{cm}^2$$
$$= \mathbf{210}$$

Man benötigt **210 Fliesen**.

b) 1 Fliese kostet 460 Cent.
$$210 \cdot 460\,\text{Cent} + 1\,230\,€$$
$$= 96\,600\,\text{Cent} + 1\,230\,€$$
$$= 966\,€ + 1\,230\,€$$
$$= \mathbf{2\,196\,€}$$

Die Gesamtkosten betragen **2 196 €**.

Schulaufgabe 28

1. a) $(25+83) \cdot 397 - 397 \cdot 83$
$$= 397 \cdot (25 + 83 - 83)$$
$$= 397 \cdot 25$$
$$= (400 - 3) \cdot 25$$
$$= 400 \cdot 25 - 3 \cdot 25$$
$$= 10\,000 - 75 = \mathbf{9\,925}$$

b) $[6\,533 - (4\,675 : 25 + 53) : 15] \cdot 27 - 959$
$$= [6\,533 - (187 + 53) : 15] \cdot 27 - 959$$
$$= [6\,533 - 240 : 15] \cdot 27 - 959$$
$$= [6\,533 - 16] \cdot 27 - 959$$
$$= 6\,517 \cdot 27 - 959$$
$$= 175\,959 - 959 = \mathbf{175\,000}$$

Produkte und Quotienten wurden in Nebenrechnungen bestimmt.

c) (12 ha 36 a + 97 ha 36 a) : 52
= 109 ha 72 a : 52
= 10 972 a : 52 = **211 a**

2. a) $u = 2 \cdot (125\ m + 60\ m) = 2 \cdot 185\ m = 370\ m$
Der Zaun ist **370 m** lang.

b) (1)

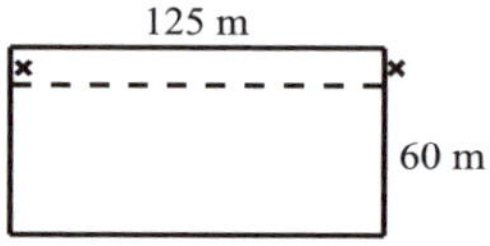

$A = 125 \cdot 60\ m^2 - 1\,875\ m^2$
$= 7\,500\ m^2 - 1\,875\ m^2$
$= \mathbf{5\,625\ m^2}$

Die Restfläche beträgt **5 625 m²**.

(2) $125 \cdot x = 1\,875$
$x = 1\,875 : 125$
$x = 15$

Das abgetrennte Grundstück hat eine Breite von 15 m. Es bleiben ihm $2 \cdot x = 2 \cdot 15\ m =$ **30 m** Zaun übrig.

3. a) Zwei Geraden g und h sind parallel, wenn **sie eine gemeinsame Lotgerade** besitzen.

b)

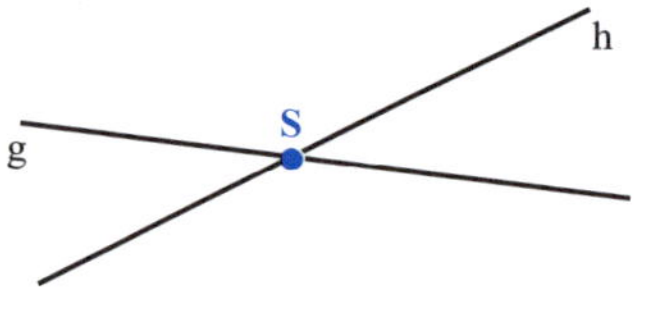

S muss der **Schnittpunkt** der Geraden g und h sein.

4. a) Die blaue Fläche errechnet man, indem man von der Gesamtfläche die nicht besäte Fläche abzieht.

$A = 20 \cdot 25\ m^2 - 3 \cdot 25\ m^2 - 10 \cdot 7\ m^2 - 15 \cdot 1\ m^2$
$= 500\ m^2 - 75\ m^2 - 70\ m^2 - 15\ m^2$
$= 500\ m^2 - 160\ m^2$
$= 340\ m^2$

Man benötigt $340 \cdot 50\ g = 17\,000\ g =$ **17 kg Grassamen**.

b) Länge ℓ des Zaunes:
$\ell = 2 \cdot 25\ m + 16\ m + 10\ m = 50\ m + 16\ m + 10\ m = 76\ m$

Kosten:
$76 \cdot 52\ € + 2 \cdot 2 \cdot 8 \cdot 65\ € = 3\,952\ € + 2\,080\ € =$ **6 032 €**
Der Zaun kostet **6 032 €**.

5.

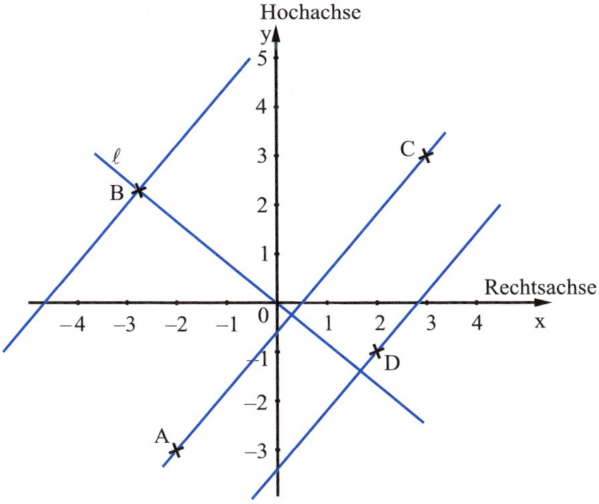

Schulaufgabe 29

1. a) (1) $(4+x)\cdot 3<25 \qquad G=\mathbb{N}_0$

Einsetzen ergibt:

$L_1=\{0, 1, 2, 3, 4\}$

(2) $2^x \geq 8 \qquad G=\mathbb{N}_0$

Einsetzen liefert:

$L_2=\{3, 4, 5, 6, \dots\}$

$\mathbf{L=L_1\cap L_2=\{3; 4\}}$

b) (1) $29\,677-[(172\,692:369+508)\cdot 34-4\,507]$

$=29\,677-[(468+508)\cdot 34-4\,507]$

$=29\,677-[976\cdot 34-4\,507]$

$=29\,677-[33\,184-4\,507]$

$=29\,677-28\,677$

$=\mathbf{1\,000}$

Die Werte von Quotient und Produkt wurden in Nebenrechnungen bestimmt.

(2) 788 a − 3 ha 8a = 788 a − 308 a = 480 a = **4 ha 80 a**

(3) $19\text{ m}^2\ 20\text{ dm}^2 : 24\text{ cm}^2 = 192\,000\text{ cm}^2 : 24\text{ cm}^2 = \mathbf{8\,000}$

2. a) Der Flächeninhalt **vervierfacht** sich, der Umfang **verdoppelt** sich.

b) $A_R = a \cdot b$; $a = 20$ m $\qquad A_R = 18$ a $= 1\,800$ m^2
$20 \text{ m} \cdot b = 1\,800 \text{ m}^2$
$b = 90$ m
$u_R = 2 \cdot (a + b) = 2 \cdot (20 \text{ m} + 90 \text{ m}) = 2 \cdot 110 \text{ m} = \mathbf{220\ m}$
Der Umfang beträgt **220 m**.

c)
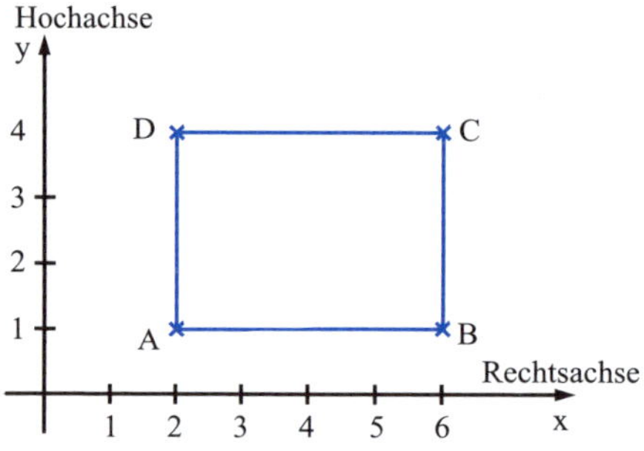

Für den Punkt D muss gelten:
D(2|4), d. h.
$d_1 = 2$
$d_2 = 4$

3. a) $\mathbf{81\ m^2 : (30 \cdot 30\ cm^2)} = 810\,000 \text{ cm}^2 : 900 \text{ cm}^2 = \mathbf{900}$
Man benötigt mindestens **900 Fliesen**.

b) Die 900 Fliesen reichen nur dann aus, wenn die Maße **genau „passen“**, d. h. **kein Verschnitt an den Rändern** auftritt. In der Praxis ist dies aber fast ausgeschlossen, sodass man mehr Fliesen benötigt.

4. $\mathbf{(50\ a - 11\ a - 2 \cdot 600\ m^2) : 6}$
$= (5\,000 \text{ m}^2 - 1\,100 \text{ m}^2 - 1\,200 \text{ m}^2) : 6$
$= 2\,700 \text{ m}^2 : 6$
$= \mathbf{450\ m^2}$

Jedes Mittelgrundstück hat eine Fläche von **450 m²**.

5. Die Fläche kann aufgeteilt werden:

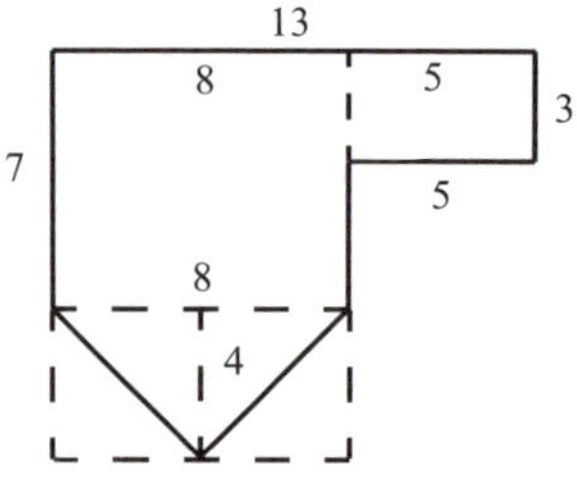

$A = 8 \cdot 7 \text{ cm}^2 + 5 \cdot 3 \text{ cm}^2 + 8 \cdot 4 \text{ cm}^2 : 2 =$
$= 56 \text{ cm}^2 + 15 \text{ cm}^2 + 16 \text{ cm}^2 =$
$= \mathbf{87\ cm^2}$

Die Gesamtfläche beträgt **87 cm²**.

Schulaufgabe 30

1. a) (1) $12\ dm^2\ 8\ cm^2 = \mathbf{1\,208\ cm^2}$
(2) $1\ km^2\ 40\ a = \mathbf{1\,004\,000\ m^2}$

b) Berechne:
(1) $0{,}25\ dm^2 - 5\ mm^2 = 2\,500\ mm^2 - 5\ mm^2 = \mathbf{2\,495\ mm^2}$
(2) $1\ a\ 8\ m^2 : 9\ m^2 = 108\ m^2 : 9\ m^2 = \mathbf{12}$

2. Man benötigt
$2 \cdot 20\ cm + 2 \cdot 12\ cm + 4 \cdot 3\ cm + 2 \cdot 1\ cm + 25\ cm$
$= 40\ cm + 24\ cm + 12\ cm + 2\ cm + 25\ cm$
$=$ **103 cm Schnur**.

3. a) $35\ m : 7\ cm$
$= 3\,500\ cm : 7\ cm$
$= \mathbf{500}$
Der Maßstab beträgt **1 : 500**.

b) Die Wasseroberfläche setzt sich aus zwei Rechtecksflächen zusammen.
$A = 20 \cdot 15\ m^2 + 20 \cdot 10\ m^2$
$= 300\ m^2 + 200\ m^2$
$= \mathbf{500\ m^2}$

c) $50\,000\ dm^2 : 2\ dm^2 = 25\,000$
$\Rightarrow$ Es werden **25 000 Platten** benötigt.

d) $\mathbf{500 \cdot 55\ € + 5 \cdot 10 \cdot 8 \cdot 48\ €}$
$= 27\,500\ € + 19\,200\ €$
$= \mathbf{46\,700\ €}$
Die Gesamtkosten betragen **46 700 €**.

e) Man kann die Plattenfläche wie nebenstehend in Rechtecke mit der Breite 5 m aufteilen. Man erhält A' in m^2:

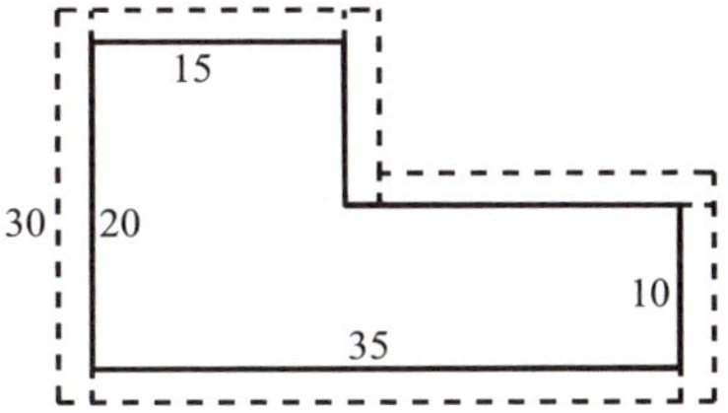

$A' = 30 \cdot 5 + 15 \cdot 5 + 15 \cdot 5 + 20 \cdot 5 + 15 \cdot 5 + 35 \cdot 5$
$= 150 + 75 + 75 + 100 + 75 + 175$
$= \mathbf{650\ m^2}$
Der Betonstreifen hat eine Fläche von $\mathbf{650\ m^2}$.

4. Die Zahl 24 ist der größte gemeinsame Teiler von 72 und 96, d. h.
Herr Rosig kann 24 Sträuße binden. Jeder Strauß enthält $72:24=$ **3 gelbe** und $96:24=$ **4 rote Tulpen**.

5. a) Zelegt man $84=2^2\cdot 3\cdot 7$, $140=2^2\cdot 5\cdot 7$ und $196=22\cdot 7^2$ in Primfaktoren, so erkennt man, dass der größtmögliche Abstand $2^2\cdot 7=28$ cm beträgt, da $2^2\cdot 7$ in allen drei Zerlegungen enthalten ist.

b) Das kleinste Regal besteht aus 84 cm : 28 cm = 3 Zwischenräumen, d. h. man benötigt **zwei Regalbretter** (ohne Boden und Deckel!).

(Bitte blättern Sie um)

Englisch Grundwissen

Englisch Grundwissen 5. Klasse .... Best.-Nr. 90505
Klassenarbeiten Englisch 5. Klasse mit CD .... Best.-Nr. 905053
Englisch Grundwissen 6. Klasse .... Best.-Nr. 90506
Klassenarbeiten Englisch 6. Klasse mit CD .... Best.-Nr. 905063
Englisch Grundwissen 7. Klasse .... Best.-Nr. 90507
Englisch Grundwissen 8. Klasse .... Best.-Nr. 90508
Englisch Grundwissen 9. Klasse .... Best.-Nr. 90509
Englisch Grundwissen 10. Klasse .... Best.-Nr. 90510
Englisch Übertritt in die Oberstufe .... Best.-Nr. 82453
Kompakt-Wissen Kurzgrammatik .... Best.-Nr. 90461

Englisch Textproduktion

Textproduktion 9./10. Klasse .... Best.-Nr. 90541

Englisch Leseverstehen

Leseverstehen 5. Klasse .... Best.-Nr. 90526
Leseverstehen 6. Klasse .... Best.-Nr. 90525
Leseverstehen 8. Klasse .... Best.-Nr. 90522
Leseverstehen 10. Klasse .... Best.-Nr. 90521

Englisch Hörverstehen

Hörverstehen 5. Klasse mit CD .... Best.-Nr. 90512
Hörverstehen 6. Klasse mit CD .... Best.-Nr. 90511
Hörverstehen 7. Klasse mit CD .... Best.-Nr. 90513
Hörverstehen 9. Klasse mit CD .... Best.-Nr. 90515
Hörverstehen 10. Klasse mit CD .... Best.-Nr. 80457

Englisch Rechtschreibung

Rechtschreibung und Diktat
5. Klasse mit 3 CDs .... Best.-Nr. 90531
Rechtschreibung und Diktat
6. Klasse mit CD .... Best.-Nr. 90532
Englische Rechtschreibung 9./10. Klasse .... Best.-Nr. 80453

Englisch Wortschatzübung

Wortschatzübung 5. Klasse mit CD .... Best.-Nr. 90518
Wortschatzübung 6. Klasse mit CD .... Best.-Nr. 90519
Wortschatzübung Mittelstufe .... Best.-Nr. 90520

Englisch Übersetzung

Translation Practice 1 / ab 9. Klasse .... Best.-Nr. 80451
Translation Practice 2 / ab 10. Klasse .... Best.-Nr. 80452

Englisch: Zentrale Prüfungen

Jahrgangsstufentest Englisch
6. Klasse mit CD Gymnasium Bayern .... Best.-Nr. 954661
Zentrale Klassenarbeit Englisch mit CD
10. Klasse Gymnasium Baden-Württemberg .... Best.-Nr. 80456
Zentrale Lernstandserhebung Englisch
LSE 8 NRW, Mecklenburg-Vorpommern .... Best.-Nr. 515581
Zentrale Prüfung Englisch ZP 10 NRW .... Best.-Nr. 554601
Mittlerer Schulabschluss Berlin Englisch mit CD .... Best.-Nr. 111550
Mittlerer Schulabschluss/Sek I
Mündliche Prüfung Englisch Brandenburg .... Best.-Nr. 121550
Besondere Leistungsfeststellung Englisch mit CD
10. Klasse Gymnasium Sachsen .... Best.-Nr. 1454601
Besondere Leistungsfeststellung Englisch
10. Klasse Gymnasium Thüringen .... Best.-Nr. 1654601

Französisch

Französisch 1. Lernjahr .... Best.-Nr. 905502
Rechtschreibung und Diktat 1./2. Lernjahr
mit 2 CDs .... Best.-Nr. 905501
Französisch im 2. Lernjahr .... Best.-Nr. 905503
Französisch im 3. Lernjahr .... Best.-Nr. 905504
Wortschatzübung Mittelstufe .... Best.-Nr. 94510
Kompakt-Wissen Kurzgrammatik .... Best.-Nr. 945011
Zentrale Klassenarbeit Französisch
10. Klasse Gymnasium Baden-Württemberg .... Best.-Nr. 80501

Latein

Latein I/II im 1. Lernjahr 5./6. Klasse .... Best.-Nr. 906051
Latein I/II im 2. Lernjahr 6./7. Klasse .... Best.-Nr. 906061
Übersetzung im 1. Lektürejahr .... Best.-Nr. 906091
Wiederholung Grammatik .... Best.-Nr. 94601
Wortkunde .... Best.-Nr. 94603
Kompakt-Wissen Kurzgrammatik .... Best.-Nr. 906011

Biologie/Chemie

Besondere Leistungsfeststellung Biologie
10. Klasse Gymnasium Thüringen .... Best.-Nr. 1657001
Besondere Leistungsfeststellung Chemie
10. Klasse Gymnasium Thüringen .... Best.-Nr. 1657301
Chemie – Mittelstufe 1 .... Best.-Nr. 90731

Geschichte

Kompakt-Wissen Geschichte
Unter-/Mittelstufe .... Best.-Nr. 907601

Ratgeber „Richtig Lernen"

Tipps und Lernstrategien – Unterstufe .... Best.-Nr. 10481
Tipps und Lernstrategien – Mittelstufe .... Best.-Nr. 10482

17-V1M